2016年
长江暴雨洪水

水利部信息中心
水利部长江水利委员会水文局　编著

中国水利水电出版社
www.waterpub.com.cn

·北京·

内 容 提 要

本书全面系统地介绍了2016年长江流域的暴雨洪水概要，详细比较、分析了暴雨洪水成因、暴雨洪水过程、洪水特征、洪水组成及暴雨天气气候成因等，对水库拦蓄和溃垸排涝进行分析，并介绍了水文监测预报预警系统在防御2016年长江暴雨洪水中发挥的作用。本书资料翔实，数据准确可靠，分析科学合理，定性定量准确，具有较强的科学性、实用性和权威性。

本书适合于社会经济、防汛抗旱、水文气象、规划设计、农田水利、防洪减灾等领域的技术、科研人员及政府决策人员阅读，对流域水利规划、设计、工程建设、防洪减灾以及国民经济发展具有较高的研究、分析、参考、保留价值和重要的使用价值。

图书在版编目（CIP）数据

2016年长江暴雨洪水 / 水利部信息中心，水利部长
江水利委员会水文局编著. -- 北京 ：中国水利水电出版
社，2019.9
ISBN 978-7-5170-7976-7

Ⅰ．①2… Ⅱ．①水… ②水… Ⅲ．①长江流域－暴雨
洪水－研究－2016 Ⅳ．①P333.2

中国版本图书馆CIP数据核字(2019)第200748号

审图号：GS（2019）4431 号

责任编辑：李丽艳　李丽辉

书　　　名	**2016 年长江暴雨洪水** 2016 NIAN CHANGJIANG BAOYU HONGSHUI
作　　　者	水　利　部　信　息　中　心 水利部长江水利委员会水文局 编著
出 版 发 行	中国水利水电出版社 （北京市海淀区玉渊潭南路 1 号 D 座　100038） 网址：www. waterpub. com. cn E - mail：sales@ waterpub. com. cn 电话：（010）68367658（营销中心）
经　　　售	北京科水图书销售中心（零售） 电话：（010）88383994、63202643、68545874 全国各地新华书店和相关出版物销售网点
排　　　版	中国水利水电出版社微机排版中心
印　　　刷	北京印匠彩色印刷有限公司
规　　　格	184mm×260mm　16 开本　16 印张　389 千字　1 插页
版　　　次	2019 年 9 月第 1 版　2019 年 9 月第 1 次印刷
定　　　价	**128.00 元**

《2016 年长江暴雨洪水》参编单位

水利部信息中心

水利部长江水利委员会水文局

湖北省水文水资源局

湖南省水文水资源勘测局

江西省水文局

安徽省水文局

江苏省水文水资源勘测局

《2016 年长江暴雨洪水》编撰委员会

主　　编　　王　俊　刘志雨

副 主 编　　程海云　孙春鹏　周新春　闵要武　唐运忆

　　　　　　胡余忠　李国文　李嗣军　宁迈进　尹志杰

统　　稿　　冯宝飞　陈瑜彬　邱　辉　尹志杰

主要编写人员

水 利 部 信 息 中 心	尹志杰	赵兰兰	王　容	李　磊
	王金星	王　琳	朱春子	朱　冰
水利部长江水利委员会水文局	杨文发	邹冰玉	李玉荣	张方伟
	许银山	李妍清	陈　芳	张　涛
	訾　丽	高　珺	吴　琼	袁　晶
湖 北 省 水 文 水 资 源 局	伍朝晖	冯小冲	李　晶	
湖 南 省 水 文 水 资 源 勘 测 局	李炳辉	张移郁		
江 西 省 水 文 局	李慧明	张　阳		
安 徽 省 水 文 局	史　俊	薛仓生	朱　琼	
江 苏 省 水 文 水 资 源 勘 测 局	闻余华	严　峰		

参 加 人 员

水 利 部 信 息 中 心	戚建国	李　岩	胡健伟	孙　龙
	侯爱中	胡智丹	卢洪健	郑　文
	黄昌兴	高唯清	张麓瑀	
水利部长江水利委员会水文局	李春龙	张　慧	张　俊	李世强
	葛松华	沈浒英	万汉生	袁雅鸣
	陈　力	曾　明	张　潇	王　乐
	秦　昊	顾　丽	邢雯慧	戴明龙
	陈　玺	欧阳俊	李　洁	牛文静
湖 北 省 水 文 水 资 源 局	陈　旺	卢　亮		
湖 南 省 水 文 水 资 源 勘 测 局	李　艳	匡燕鹉		
江 西 省 水 文 局	郭　铮	向奇志		
安 徽 省 水 文 局	汪朝霞	殷　寅		
江 苏 省 水 文 水 资 源 勘 测 局	何　健			

前　言

2016 年汛期，长江流域气候异常，梅雨期暴雨过程多，降雨强度大，6 月下旬至 7 月中下游干支流先后发生大洪水，部分支流发生特大洪水，形成长江中下游型区域性大洪水。干流监利以下江段全线超过警戒水位，莲花塘站洪峰水位接近保证水位，莲花塘以下江段主要测站洪峰水位列有实测记录以来第 3～7 位，其中大通以下江段超过 1999 年，为 1998 年以来最大。

2016 年洪水是较典型的区域性洪水，为全面总结 2016 年暴雨洪水特点，2016 年 10 月，原水利部水文局（水利信息中心）下发通知，要求水利部长江水利委员会水文局（简称长江委水文局）及相关省（直辖市）水文部门对 2016 年长江暴雨洪水开展深入调查和分析。长江委水文局根据通知要求及时编制了《2016 年长江暴雨洪水》编写大纲。根据《2016 年长江暴雨洪水》编写大纲要求，各参编单位组织力量对 2016 年长江暴雨洪水开展了深入的调查分析和总结工作，对暴雨特征、洪水地区组成、成因及特点，水库群拦蓄、溃垸排涝等工程措施的作用和影响进行了系统分析。

2017 年 5 月，原水利部水文局在北京对阶段性分析成果进行了审查。根据专家意见，9 月编写组在湖北赤壁进行了集中修改完善，2017 年 11 月完成本书初稿。

2017 年 12 月，水利部信息中心（水利部水文水资源监测预报中心）❶ 组织参编单位的专家代表，在北京进行了第二次审查，2018 年 2 月完成本书送审稿。

2018 年 3 月，水利部信息中心邀请国家防汛抗旱总指挥部办公室、长江防汛抗旱总指挥部办公室、长江委水文局及各省水文局等单位的专家在北京对本书送审稿进行了技术审查，2018 年 4 月形成本书定稿。

本书通过对 2016 年长江流域暴雨洪水进行全面总结分析，描述了暴雨洪水的发展过程，分析了暴雨时空分布、暴雨洪水成因、雨洪特点、洪水遭遇、洪水组成、洪水定性，并对水库群拦洪削峰、溃垸排涝的过程及影响进行了调查分析，探讨了 2016 年长江中下游干流洪量不大、水位偏高的成因，为今后的流域防汛、水库群联合调度、水资源统一调配、水利规划建设等工作提供了

---

❶　2017 年 10 月，原水利部水文局（水利信息中心）更名为水利部信息中心，加挂"水利部水文水资源监测预报中心"牌子。

宝贵的成果资料。

　　本书的编写得到了国家防汛抗旱总指挥部办公室、长江防汛抗旱总指挥部办公室及湖北、湖南、江西、安徽、江苏等省防汛抗旱指挥部办公室的大力支持，是水利部信息中心及长江流域广大水文工作者共同的心血和智慧的结晶。

　　由于编者技术水平的局限，书中难免存在一些不足和错误，恳请读者批评指正。

编　者

2018 年 7 月

目　录

2016 年长江暴雨洪水概要

2016 年汛期长江流域气候异常，暴雨过程多、强度大、雨带稳定，暴雨洪水遭遇恶劣，长江流域发生中下游型区域性大洪水，部分支流发生特大洪水。

0.1 降雨和洪水概况

受超强厄尔尼诺事件、西太平洋副热带高压偏强等气候因素影响，2016 年长江流域降雨总体偏多，但时空分布异常不均；主汛期（6—8 月）降雨前多后少，长江中下游干流附近降雨异常偏多。

2016 年长江流域全年降雨量为 1145mm，较常年（指 1981—2010 年 30 年平均值，下同）偏多 10%。主汛期降雨量为 488mm，较常年同期偏多 2%，其中 6 月降雨量为 197mm（偏多 18%），7 月为 190mm（偏多 12%），8 月则仅为 100mm（偏少 30%），降雨时间分布呈前多后少格局，且强降雨主要集中在梅雨期（6 月 18 日至 7 月 20 日）。从空间分布上看，长江中下游 6—8 月降雨较常年同期偏多 11%，梅雨期干流附近大部地区降雨偏多 1 倍以上（列 1951 年以来第 3 位❶），且局地强降雨突出，如湖北团风县横河站、罗田县双河口站梅雨期内累积雨量分别高达 1354mm、1268mm，与其多年平均年降雨量相当。

受强降雨影响，长江上游綦江、乌江及三峡区间诸支流发生较大洪水，中下游清江、资水、鄂东北诸河、修水、巢湖水系、水阳江、秦淮河等主要支流先后发生特大洪水或大洪水。由于暴雨洪水遭遇恶劣，长江上游和中下游干流接连发生编号洪水，监利以下江段全线超过警戒水位，莲花塘站洪峰水位接近保证水位，莲花塘以下江段和洞庭湖、鄱阳湖（以下简称"两湖"）湖区主要控制站洪峰水位列有实测记录以来第 3～7 位。

主汛期流域内降雨和洪水发展过程大致可分为 3 个阶段：

（1）第一阶段（6 月 18—29 日），长江干流沿线发生集中强降雨，多条支流暴发洪水，上游来水逐步增加，中下游干流水位持续上涨。

此阶段共发生 3 次降雨过程（18—21 日、22—25 日、26—29 日）。其中，第一次降雨过程中心位于乌江中游至澧水上游、鄱阳湖区和饶河等地；第二次降雨过程中心位于三峡、清江、乌江中游等地；第三次降雨过程中心位于乌江中游、澧水、陆水至中下游干流沿线。三次降雨过程累计 250mm 以上雨量笼罩面积共 8.8 万 km^2。

长江上游干支流来水增加，乌江及向家坝一寸滩区间多条支流出现短历时超警戒或超保证洪水；同时中下游干支流来水增加，沅江、澧水及长江下游多条支流发生短历时超警戒、超保证或超历史洪水。上游来水不断增加、中下游干流水位持续上涨，为后期形成长江编号洪水奠定了基础。

---

❶ 资料来自《2016 年中国气候公报》。

（2）第二阶段（6月30日至7月6日），长江流域发生入汛以来最强降雨过程，暴雨过程自上游开始，在中下游长时间维持，多条支流发生大洪水或特大洪水，上游、中下游干流接连发生编号洪水。

此阶段降雨中心位于中下游干流一线，500mm以上雨量笼罩面积为1.4万km²，250mm以上雨量笼罩面积为15.5万km²。

首先，长江上游乌江、三峡区间暴发洪水并在干流遭遇，形成长江2016年第1号洪水。其中，乌江武隆站洪峰流量为15300m³/s，三峡水库入库洪峰流量为50000m³/s。

随后，洞庭湖水系资水、沅江，长江中游干流附近地区，鄂东北诸河，鄱阳湖水系修水及长江下游水阳江、滁河等支流先后发生大洪水或特大洪水，局地洪灾严重，并在干流遭遇，中下游干流监利以下江段全线超警，形成长江2016年第2号洪水。

（3）第三阶段（7月13—20日），长江流域发生2次强降雨过程，多条支流暴发特大洪水，中下游干流再次超警。

第一次降雨过程（13—17日）中心位于鄱阳湖水系和洞庭湖水系北部等地，100mm以上雨量笼罩面积为8.2万km²；第二次降雨过程（18—20日）中心位于嘉陵江、屏寸区间、清江、澧水、江汉平原、汉江石泉以上、汉江中下游及武汉地区，250mm以上雨量笼罩面积为1.1万km²。

清江、洞庭湖水系沅江和澧水、长江中游干流附近地区、鄂东北等支流发生大洪水或特大洪水，中下游干流水位复涨，监利—汉口江段再次超警，直至7月底至8月初逐步退至警戒水位以下。

0.2 暴 雨 分 析

2016年长江流域降雨量总体较常年仅偏多1成，但降雨时空分布异常不均。入汛至梅雨期结束有两个明显的降雨集中时段，尤以梅雨期为甚。第一个降雨集中时段为4月上中旬，降雨主要集中在长江中下游干流及两湖水系，多雨中心位于长江中下游干流区间，4月上中旬长江中下游干流附近降雨比常年同期偏多1倍以上。另一个降雨集中时段为6月中旬至7月中旬，有两个降雨中心，分别位于长江上游干流区间、乌江及长江中下游干流区间，降雨较常年同期偏多1倍以上，尤其是长江下游干流偏多2倍以上。2016年暴雨主要特征如下。

（1）梅雨期长，梅雨量大。长江中下游梅雨期历时33d，较历年均值29.3d偏长。中下游干流附近大部地区梅雨量较多年均值偏多1倍以上，位居1951年以来第3位（第1位为1954年，其次为1996年）。长江中下游地区的湖北、湖南、安徽、江苏4省梅雨期也都偏长，梅雨量偏大，梅雨量大多位居本省历年梅雨量的前列。梅雨期单站降雨量最大的是湖北团风县横河站和罗田县双河口站，累积雨量分别高达1354mm、1268mm，与这两站多年平均年降雨量基本相当。

（2）暴雨过程多，降雨集中且雨带稳定。2016年汛期长江流域共发生18次暴雨过程，其中入汛至梅雨期结束共发生15次，且有10次主雨带位于长江中下游地区。梅雨期内发生6次暴雨过程，历时都在3d以上，雨区中心均位于中下游干流附近，最强一次暴雨过程发生在 6 月 30 日至 7 月 6 日，主雨区在长江中下游一带长时间维持达 7d，强度以大到暴雨为主。武汉地区、鄂东北、长江下游干流区间的过程面雨量分别为 537mm、320mm、297mm。过程面雨量大于 500mm 的笼罩面积约 1.4 万 km²，过程面雨量250～500mm 的笼罩面积约 14.1 万 km²，过程面雨量 100～250mm 的笼罩面积约 25.9 万 km²。其中，武昌气象站累积雨量 734.7mm，南京站累积雨量 489.2mm。

（3）暴雨强度大，降雨极值多。入汛至梅雨期结束，日雨量 50mm 以上笼罩面积超过 5 万 km² 的天数共有 25d，超过 10 万 km² 的天数共有 9d；长江流域 39 个分区中有 31 个分区出现了日暴雨，暴雨日数最多的有 16d，暴雨日数超过 10d 的有 7 个分区，暴雨范围广。入汛至梅雨期结束，每日均有单站暴雨出现，入梅后暴雨站数更多，梅雨期 33d 有 31d 出现单站大暴雨，达到特大暴雨量级的有 8d。梅雨期流域内不同历时暴雨强度大，多站创历史极值、超百年一遇。武汉江岸区二七站 1h 降雨量 119mm，排本站历史第 1 位；湖北荆门沙洋县拾桥（马良集）闸上站 3h、6h 雨量分别为 285mm、470mm，均排本站历史第 1 位；湖北荆门钟祥市罗家集站 24h 降雨量 681mm，排本站历史第 1 位；湖北黄冈市罗田县双河口站 3d、7d 累积雨量 448.5mm、847mm，分别排本站历史第 2 位、第 1 位。6 月 30 日 8 时至 7 月 6 日 17 时，武汉气象站累积雨量 581.5mm，刷新了有气象记录以来周降水量最大值，超过常年主汛期 3 个月总雨量（562.1mm）。

0.3 洪 水 分 析

0.3.1 洪水特征

0.3.1.1 洪峰

2016 年长江中下游干流及两湖出口主要控制站的洪峰水位列有实测记录以来第 3～7 位，其中大通以下江段主要站洪峰水位列第 3～4 位（为 1998 年以来最高水位）；九江、大通站洪峰流量均列有实测记录以来第 7 位，螺山、汉口等干流主要站洪峰流量列有实测记录以来第 25～30 位。

长江中下游干流监利以下江段及"两湖"出口主要控制站洪峰水位超警幅度为 0.51～1.97m，其中七里山站超警 1.97m；各站水位超警历时 8～30d，其中莲花塘、汉口、九江、大通站超警历时分别为 26d、18d、29d、26d。

0.3.1.2 径流量

2016 年长江流域径流量总体偏多，时空分布不均。在时程分布上，径流量前多后少；在空间分布上，上游基本正常，中下游偏多，嘉陵江、汉江严重偏少。其中，长江上游金沙江、支流岷江、上游干流寸滩站以及三峡水库径流量均偏少不足 1 成，支流嘉陵江偏少超 3 成，支流乌江偏多超 2 成；中游干流汉口站正常略偏多，下游干流大通站偏多超 1 成，汉江上游丹江口水库偏少 4 成，洞庭湖"四水"❶鄱阳湖"五河"❷合成径流量偏多 2～4 成。

---

❶ 本书指湘江、资水、沅江、澧水。
❷ 本书指赣江、抚河、信江、饶河、修水。

0.3.2 洪水还原及重现期分析

考虑水库群调度影响，还原长江中下游干支流主要控制站的水位、流量过程。选取年最大 7d、15d、30d 总入流洪量系列，进行重现期计算，见表 0.3 - 1。2016 年长江干流汉口以上江段洪水重现期为 3～5 年，小于 1996 年；汉口—大通江段洪水重现期接近 10 年，与 1996 年相当。其中，螺山、汉口、大通站的最大 30d 洪量重现期分别为 4 年、5 年和 8 年，大通站最大 7d 洪量重现期约为 13 年。

表 0.3 - 1　　　2016 年长江中下游干流主要控制站总入流洪量与 1996 年对比

站点	分析项目	1996 年			2016 年		
		洪量/亿 m³	排位	重现期/年	洪量/亿 m³	排位	重现期/年
螺山	总入流最大 7d 洪量	475	2/61	16	367	21/61	3
	总入流最大 15d 洪量	903	2/61	14	703	21/61	3
	总入流最大 30d 洪量	1590	4/61	14	1352	9/61	4
汉口	总入流最大 7d 洪量	493	2/61	11	399	20/61	3
	总入流最大 15d 洪量	945	3/61	12	766	24/61	3
	总入流最大 30d 洪量	1677	4/61	11	1498	8/61	5
大通	总入流最大 7d 洪量	525	8/58	8	565	6/58	13
	总入流最大 15d 洪量	1038	9/58	7	1038	9/58	7
	总入流最大 30d 洪量	1936	7/58	8	1941	6/58	8

还原后长江中下游干流沙市及以下江段将全线超警，见表 0.3 - 2。莲花塘—螺山江段将超过保证水位，其中，莲花塘—大通江段超警历时 26～29d，莲花塘—螺山江段超保历时 7d。

表 0.3 - 2　　　2016 年长江中下游干流主要控制站水位实测与还原分析

类别	项目	沙市	莲花塘	螺山	汉口	九江	大通
特征值	警戒水位/m	43.00	32.50	32.00	27.30	20.00	14.40
	保证水位/m	45.00	34.40	34.01	29.73	23.25	17.10
实测	最高水位/m	41.37	34.29	33.37	28.37	21.68	15.66
	最高超警戒水位/m	−1.63	1.79	1.37	1.07	1.68	1.26
	超警戒时间/d	0	26.00	18.00	18.00	29.00	26.00
还原后	最高水位/m	43.10	34.99	34.05	28.78	21.91	15.90
	最高超警戒水位/m	0.10	2.49	2.05	1.48	1.91	1.50
	超警戒时间/d	2.00	29.00	26.00	26.00	29.00	27.00
	超保证时间/d	0	7.00	7.00	0	0	0
还原—实测	最高水位/m	1.73	0.70	0.68	0.41	0.23	0.24
	超警戒时间/d	0	3.00	8.00	8.00	0	1.00

2016年莲花塘—螺山江段还原洪峰水位接近1996年，汉口以下江段还原洪峰水位较1996年偏高0.10～0.35m；但还原后的螺山、汉口及大通站30d洪量均较1996年偏小1成左右，出现洪峰水位偏高、洪量偏小的情况。

0.3.3 与典型历史洪水比较

近30年以来，长江流域先后于1995年、1996年、1999年、2002年发生中下游型区域性大洪水和1998年流域性大洪水。2016年洪水与典型历史洪水对比如下。

0.3.3.1 降雨情况

2016年最强降雨过程（6月30日至7月6日）与1996年7月13—18日、1998年7月19—25日、1999年6月21日至7月2日、2002年6月18—25日的暴雨过程从降雨强度、过程历时、强雨区等方面对比情况见表0.3-3。

表0.3-3　　　　　　　　　　　典型致洪暴雨过程比较

		1996年	1998年	1999年	2002年	2016年
日期		7月13—18日	7月19—25日	6月21日至7月2日	6月18—25日	6月30日至7月6日
降雨强度		大到暴雨	大到暴雨，局地大暴雨	大到暴雨	大到暴雨	大到暴雨，局地大暴雨
过程历时/d		6	7	12	8	7
强雨区		中下游干流、洞庭湖	沅江澧水、中下游干流和鄱阳湖水系北部	洞庭湖水系西部、乌江和中下游干流附近	长江下游干流、鄂东北、洞庭湖水系西部、乌江	中下游干流附近，特别是下游干流
累积单站最大雨量/mm		陆水大沙坪站370	饶河婺源站1165，修水万家埠站703	青弋江泾县站647	沅水石堤西站407	武汉武昌站735
笼罩面积/万 km²	≥250mm	6.6	8.6	26.5	0.8	15.5
	100～250mm	24	23.7	43.1	27.7	25.9
	50～100mm	18.8	47.9	54.2	42.7	35.7

从过程历时上看，除1999年略长外，其他年份均在6～8d；强降雨区、雨带形状各不相同，2016年与1996年相似性更高，长江中下游干流附近的降雨以1999年和2016年为最强；从单站累积雨量看，1998年最大，2016年次之。从各雨量等级的笼罩面积来看，1999年最大，2016年次之。

综上，2016年最强降雨过程（6月30日至7月6日）与1996年最强降雨过程（7月13—18日）较为相似，均为造成长江中下游型大洪水的典型暴雨过程。其中，2016年降雨中心位于中下游干流附近和两湖水系的北部，1996年降雨中心位于中下游干流以北和洞庭湖水系，雨带均呈西南东北走向，2016年位置较1996年略偏东偏北。2016年不同量级降雨笼罩面积均较1996年大，其中，250mm以上笼罩面积2016年比1996年大8.9万km²，50～100mm笼罩面积2016年比1996年大16.9万km²，偏大程度均达1倍左右。

0.3.3.2 洪水情况

从洪峰水位来看，2016年长江中下游干流主要控制站总体较1995年、2002年高，较

1998 年低，大通以下江段较 1999 年高；与 1996 年最为接近，九江以上江段洪峰水位略低于 1996 年，安庆以下江段洪峰水位略高于 1996 年。详见表 0.3 - 4 和表 0.3 - 5。

表 0.3 - 4　　2016 年长江流域各主要站年最高水位特征值与典型大水年的对比

河名	站名	历年实测最高洪峰水位/m	历史最高洪峰水位		典型大水年最高水位/m						2016 年最高水位在历史最高水位中的排序（降序）
			均值/m	统计年数	1995 年	1996 年	1998 年	1999 年	2002 年	2016 年	
长江	向家坝	283.18								276.07	
	寸滩	178.00	181.35	123	177.17	176.50	183.21	180.02	176.79	176.12	109
	宜昌	55.92	52.56	139	50.15	50.96	54.50	53.68	51.70	49.44	134
	莲花塘	35.80			33.41	35.01	35.80	35.54	34.75	34.29	5
	螺山	34.95	30.96	63	32.58	34.18	34.95	34.60	33.83	33.37	5
	汉口	29.73	25.53	150	27.79	28.66	29.43	28.89	27.77	28.37	5
	安庆	18.74			17.89	17.56	18.54	18.07	16.67	17.71	6
	大通	16.64	13.44	79	15.76	15.55	16.32	15.87	14.55	15.66	6
	芜湖	12.87			12.12	12.14	12.61	12.27		12.31	4
	马鞍山	11.46			10.97	11.08	11.46	11.16		11.16	3
	南京	10.22			9.89	10.14	9.88			9.96	4
岷江	高场	290.12	284.77	77	287.51	285.65	285.50	284.08	284.57	283.55	54
嘉陵江	北碚	208.17	194.73	77	188.51	185.64	198.46	192.08	190.74	181.30	78
乌江	武隆	204.63	193.18	65	193.80	201.41	195.24	204.63	197.15	196.09	24
洞庭湖	七里山	35.94	31.81	105	33.68	35.31	35.94	35.68	34.91	34.47	5
鄱阳湖	湖口	22.59	18.95	76	21.80	21.22	22.59	21.93	20.23	21.33	6

注　1. 历史最高洪峰水位均值统计截至 2015 年。
　　2. 由于向家坝站建站时间较短，故不对其作排序分析。

从水位超警、超保历时来看，2016 年受上游水库的拦蓄影响，中下游干流各站均未超过保证水位，超警历时较 1996 年偏短 6～25d。

从洪峰流量看，2016 年螺山站最大流量仅为 52100m³/s，较 1996 年（67500m³/s）偏小 2 成；汉口站最大流量为 57200m³/s，较 1996 年（70300m³/s）偏小 2 成；大通站最大流量为 71000m³/s，较 1996 年（75000m³/s）略偏小。

从洪量来看，大通总入流（实测）最大 7d 洪量大于其他典型年，最大 15d 接近 1999 年，次于 1998 年。

从螺山、汉口、大通及洞庭湖、鄱阳湖总入流（实测）洪水组成看，2016 年区间来水占比明显偏大，远超 1996 年及其他典型年，且统计时段越短越突出，充分说明区间来水较为集中，对抬升干流水位起到了关键作用。

表0.3-5　2016年长江中下游干支流主要控制站洪峰特征值与1996年的对比

站名	2016年							1996年			
	超警时间		超警/超保天数/d	洪峰特征				超警/超保天数/d	洪峰特征		
	开始时间	退出时间		水位/m	出现时间	最大超警幅度/m	历史排序		水位/m	最大超警/超保幅度/m	历史排序
监利	7月4日21时	7月10日21时	7	36.26	7月6日20时	0.76	10	26	37.06	1.56	4
	7月20日23时	7月24日15时	5	35.68	7月21日17时	0.18					
莲花塘	7月3日19时	7月28日21时	26	34.29	7月7日23时	1.79	5	32/8	35.01	2.51/0.61	3
螺山	7月4日13时	7月15日12时	12	33.37	7月7日20时	1.37	5	29/3	34.18	2.18/0.17	3
	7月20日13时	7月25日22时	6	32.32	7月22日20时	0.32					
汉口	7月4日21时	7月15日22时	12	28.37	7月7日4时	1.07	5	27	28.66	1.36	4
	7月20日11时	7月25日12时	6	27.83	7月21日23时	0.53					
黄石港	7月6日8时	7月13日14时	8	25.01	7月7日6时	0.51	7	23	25.56	1.06	4
码头镇	7月5日2时	7月27日9时	23	22.50	7月9日15时	1.00	7	35	22.90	1.40	6
九江	7月3日15时	7月31日16时	29	21.68	7月9日22时	1.68	7	41	21.78	1.78	6
安庆	7月3日18时	7月26日13时	24	17.71	7月9日9时	1.01	6	31	17.56	0.86	7
大通	7月3日3时	7月28日4时	26	15.66	7月8日23时	1.26	6	36	15.55	1.15	7
芜湖	7月3日1时	7月26日19时	24	12.31	7月8日15时	1.11	4	41	12.14	1.27	6
马鞍山	7月2日20时	7月27日8时	26	11.16	7月7日12时	1.16	3	51	11.08	2.08	5
南京	7月2日6时	7月31日8时	30	9.96	7月5日9时	1.46	4	44	9.89	1.39	5
城陵矶	7月3日17时	7月29日6时	27	34.47	7月8日3时	1.97	6	33/9	35.31	2.81/0.76	3
湖口	7月3日16时	7月31日23时	29	21.33	7月11日13时	1.83	6	40	21.22	1.72	7
星子	7月3日0时	8月5日22时	34	21.38	7月11日11时	2.38		47	21.14	2.14	7
新河庄	6月20日16时36分	7月31日6时	42/13	14.02	7月5日23时	3.02	2		13.28		4

注:芜湖、马鞍山的警戒水位发生变更,分别从原来的10.87m、9.00m调整为11.20m、10.00m;水阳江新河庄站水位连续超警戒水位42d,2016年主要支流控制站超警超保水位时长第1位。

分析表明，2016 年洪水与 1996 年洪水在降雨落区及强度、洪水量级等方面具有一定的相似性，同为长江中下游型区域性大洪水。

0.3.4 支流洪水

2016 年汛期，长江中下游多条支流发生超保证、超历史的大洪水或特大洪水，各有关省水文部门对发生在辖区内的洪水进行了综合分析和评价，其分析成果见表 0.3 - 6。总体上看，2016 年洪水区域性特征较突出和典型，但也存在差异性。湖北境内的清江、鄂东北等区域普遍出现超保证、超历史特大洪水，洪水量级大于 1998 年；湖南境内的资水发生历史第 1 位的特大洪水；江西境内的修水、饶河发生历史第 2 位的大洪水或中洪水，洪水量级大于 1999 年，仅次于 1998 年；安徽"三江"流域❶、巢湖流域等地区普遍发生历史第 1、第 2 位的大洪水，洪水量级大于 1998 年和 1999 年。

表 0.3 - 6　　　　　　　　2016 年长江中下游主要支流洪水分析成果

省份	河流	洪水描述及分析	洪水定性及评价
湖北	清江	水布垭水库 7 月 19 日 20 时出现最大入库流量 13100m³/s，为水布垭建库以来最大洪峰。 高坝洲水文站还原后的洪峰流量达 18300m³/s，略小于 1969 年洪峰（18900m³/s），重现期接近 100 年，为特大洪水	多支流发生超历史特大洪水，总体定性为超过 1998 年
	鄂东、鄂北诸河及江汉湖群	鄂东北连遭强暴雨袭击，鄂东北诸支流❷最大合成流量高达 25000m³/s，超历史记录（17300m³/s，1991 年 7 月 9 日）。五大湖泊长湖、洪湖、斧头湖、梁子湖、刁汊湖中有 4 个发生超保证洪水，长湖超过历史最高水位 0.15m，其中梁子湖超过历史最高水位 0.06m。 府澴河卧龙潭站还原洪峰流量为 8330m³/s，重现期接近 100 年。巴水马家潭站还原洪峰流量为 7450m³/s，是 1896 年以来的次大值，重现期超 50 年。滠水长轩岭站还原洪峰流量为 3310m³/s，重现期约 30 年。倒水李家集站还原洪峰流量为 3160m³/s，重现期约 20 年。举水柳子港站还原洪峰流量为 5620m³/s，重现期约 30 年	
湖南	资水	柘溪水库 7 月 4 日 14 时最大入库流量为 20400m³/s，超过建库后的最大值（17900m³/s，1996 年 7 月 15 日），为 1848 年以来第 1 位，重现期超 100 年，为特大洪水	洞庭湖水系资水发生超历史特大洪水，总体定性为局部区域性大洪水
江西	修水	柘林水库 7 月 4 日 3 时出现最大入库流量 7000m³/s。修水控制站永修站洪峰水位为 23.18m，超过警戒水位 3.18m，水位列 1947 年有实测资料以来第 2 位（历史最高水位 23.48m，1998 年 7 月 31 日），重现期约 25 年，为大洪水	鄱阳湖水系修水、饶河发生历史第 2 位的大洪水或中洪水，洪水量级大于 1999 年，仅次于 1998 年，总体定性为区域性大洪水
	饶河	饶河昌江渡峰坑站 6 月 20 日 5 时 48 分洪峰水位 33.89m，超过警戒水位 5.39m，排历史第 2 位，仅次于 1998 年 6 月 26 日的 34.27m；洪峰流量 7400m³/s，排历史第 4 位。 重现期约 15 年，属中洪水	

---

❶　"三江"流域指长江下游右岸水阳江、青弋江、漳河水系所组成的流域。
❷　鄂东北诸支流包括浕水隔蒲潭站、澴水花园站、府澴河卧龙潭站、滠水长轩岭站、倒水李家集站、举水柳子港站、巴水马家潭站、蕲水西河驿站的来水。

省份	河流	洪水描述及分析	洪水定性及评价
安徽	水阳江、青弋江、漳河	受"三江"流域主暴雨区偏下游及长江洪水顶托影响，"三江"流域洪水越往下游越严重，水阳江新河庄站和入江口当涂站均出现历史最大流量；水阳江新河庄站、水阳站连续超过警戒水位分别达42d、48d。 "三江"流域中水阳江、漳河水系发生了1999年以来最大洪水，"三江"水网区主要控制站的水位、流量、水量均大于1999年	"三江"流域、巢湖流域等地区普遍发生历史第1、第2位的大洪水，总体定性为大于1998年、1999年的流域性大洪水
	巢湖流域	湖区忠庙站7月7日4时洪峰水位12.77m，超过保证水位0.77m，列有资料以来第2位，重现期为50年；支流西河缺口站洪峰水位列1954年以来第1位。 巢湖流域发生仅次于1991年的大洪水	
	皖西南诸河及沿江湖泊群	皖西南诸河及沿江湖泊群中，菜子湖、白荡湖、枫沙湖、升金湖水位均历史第1位，武昌湖和华阳河湖泊群列历史第2位，黄湓河、尧渡河最高水位和洪量均列历史第1位，秋浦河下游水位列历史第1位。 皖西南诸河及沿江湖泊群洪水位居历史第2位，仅次于1954年洪水	
江苏	秦淮河	秦淮河东山站7月7日6时20分洪峰水位11.44m，超过历史最高水位0.27m（历史最高水位11.17m，2015年6月27日），重现期超过50年，为超历史特大洪水	秦淮河发生超历史特大洪水，总体定性为区域性特大洪水

0.3.5 洪水特点及高水位成因

（1）中下游干流洪量不大，水位偏高，高水位持续时间长。

2016年洪水期间，干流监利以下江段全线超警，各主要站洪峰水位居有历史记录以来的第3～7位。其中，莲花塘站7月7日23时出现洪峰水位34.29m，接近保证水位（34.40m），其余各主要控制站洪峰水位超警幅度为0.51～1.79m，大通以下江段洪峰水位超过1999年，为1998年以来最高；中下游干流主要控制站超警历时8～29d，其中黄石以下江段水位超警历时均在20d以上，九江、南京站水位超警历时近1个月，超警范围、超警历时均列1998年以来首位。

2016年洪水中下游干流各时段洪量总体均不到10年一遇，但监利以下水位持续偏高，出现洪量偏小而水位偏高的现象。

（2）多支流发生洪水，洪峰量级大。

3—7月，长江流域155条河245站发生超警戒及以上洪水，其中24条河29站点发生超保证水位的洪水，31条河35站点发生超历史记录的洪水，清江、资水、鄂东北诸河、修水、饶河、巢湖水系、水阳江及下游平原地区先后发生特大洪水，暴雨洪水遭遇恶劣。其中清江水布垭水库最大入库流量13100m³/s，资水柘溪水库最大入库流量20400m³/s，鄂东北的府澴河卧龙潭站洪峰流量9300m³/s，上述支流洪水重现期达100年以上，巢湖、水阳江等水系亦发生超历史记录的大洪水。鄂东北的滠水长轩岭站、倒水李家集站、举水柳子港站、府澴河卧龙潭站以及环水孝感站发生1～3次超警戒和超历史记录的洪水，7月2日2时，鄂东北诸支流合成流量为25000m³/s，超历史记录。湖北梁子湖7月7日22时

— 9 —

出现自 1958 年有水文观测记录以来的最高水位 21.44m，7 月 12 日 1 时水位再创历史新高，达到 21.49m。

（3）暴雨洪水遭遇恶劣，中下游洪水并发。

梅雨期中下游干流附近雨量较历史同期偏多 1 倍以上，位居 1951 年以来第 3 位，6 次暴雨过程的中心雨区均位于长江中下游干流附近，降雨集中且雨带稳定，暴雨过程间歇时间大多在 1d 左右。受其影响，鄂东北诸河、汉北河、青弋江、水阳江等区间支流暴发多次大洪水或特大洪水，暴雨与洪水连续遭遇，河湖水位节节攀升。

6 月底至 7 月上旬，受连续强降雨影响，中游鄂东北诸河（滠水、倒水、举水）与下游主要支流（青弋江、水阳江、巢湖、滁河、秦淮河等水系）几乎同时暴发超保证或超历史记录的洪水，中游及下游地区支流洪水集中并发，导致中游洪水与下游洪水严重遭遇，中下游干流主要控制站水位接近同步快速上涨并维持在较高值。下游干流南京站率先超警戒水位，下游江段水位偏高，下游洪水还来不及宣泄，又与区间洪水恶劣遭遇，导致长江中下游的江槽洪水壅塞，来水反复叠加，洪水宣泄不畅，形成中下游水位居高不下、超警历时持续近 1 个月的现象。南京站 7 月 5 日率先出现 9.96m 的洪峰水位，位居历史最高水位第 4 位。

（4）区间来水异常突出。

2016 年长江流域梅雨期的暴雨呈现出暴雨强度大、暴雨过程多，且雨带长时间稳定于长江中下游干流附近的显著特征。受之影响，长江中下游干流附近的区间来水峰高量大，异常突出。

从螺山、汉口、大通及洞庭湖、鄱阳湖总入流最大 7～60d 的洪量组成及对比来看，区间来水的占比明显偏大，且越往下游越严重，统计时段越短越突出。区间来水占比排位明显上升，如大通总入流（实测）洪量组成中，汉口—大通区间面积占比为 4.7%，2016 年最大 7d 洪量占比高达 30%，较面积占比大 6 倍多；典型年最大 7d 洪量占比最高为 1996 年的 5.7%，2016 年较典型年偏大 5 倍多；期间鄂东北诸支流最大合成流量高达 25000m³/s，超历史记录。

（5）下游顶托严重，洪水宣泄不畅。

受连续强降雨影响，长江中游鄂东北诸河的滠水、倒水、举水发生超历史记录的洪水，7 月 2 日，鄂东北诸支流合成流量超历史记录，受其顶托影响，汉口站最大 24h 水位涨幅 1.39m，创历史记录。汉口站出现洪峰水位时，螺山站与汉口站水位落差为 4.94m，较 1996 年偏小 0.57m，水面比降偏小，流速趋缓，水位流量关系明显左偏。

长江下游主要支流（青弋江、水阳江、滁河、巢湖水系等）自 6 月底起逐步上涨，各支流主要控制站水位相继超警，并在 7 月上旬出现洪峰，其中部分站点发生超保证或超历史的洪水。上述支流来水量级较大，历时长，洪水发生时间集中。受其顶托及干流来水双重影响，长江下游干流南京站、大通站分别于 7 月 2 日、3 日超警，在长江中下游干流南京以上江段及两湖出口控制站超警起始时间中分别列第 1 位和第 2 位。九江站出现洪峰水位时，汉口站与九江站水位落差 6.47m，较 1996 年（落差 6.81m）偏小 0.34m；大通站出现洪峰水位时，汉口站与大通站水位落差 12.58m，较 1996 年（落差 13.11m）偏小 0.53m，水面比降均偏小，河道宣泄不畅，水位被迫抬升。

（6）人类活动影响明显。

随着经济社会快速发展，人类活动对流域的产汇流特性带来显著影响。近年来，我国的城市化快速推进，城市化进程一般伴随着下垫面的急剧演替，导致地表地形起伏性、热力动力传导性、水力渗透性等性质的变化，对降水、蒸散发和径流等一系列水文气象要素产生复杂影响。此外，湖泊、洲滩民垸等分蓄洪能力减弱，沿江排涝能力（特别是城市）逐步提高，雨洪渍水快速排入长江，一定程度上对干流水位和防洪形势带来影响[1]。

0.4　工程措施的作用

目前，长江流域共建有堤防约 34000km，中下游干流安排有 40 处可蓄纳超额洪水约590 亿 m³ 的蓄滞洪区；已建成大中小型水库 5.12 万座，总库容约 3588 亿 m³，以三峡水库为骨干的重要大型防洪水库总防洪库容约达 627 亿 m³。

2016 年汛前，长江流域各主要水库有序消落，留足防洪库容。针对 2016 年长江第 1 号洪水、第 2 号洪水，联合调度长江上中游 30 余座大型水库，充分发挥拦洪、削峰、错峰等作用，合计拦蓄洪量 220 余亿 m³，分别降低荆江江段、莲花塘江段、汉口以下江段水位 0.80～1.70m、0.70～1.30m、0.20～0.40m，有效减轻了长江中游城陵矶江段和洞庭湖区防汛压力，避免了荆江江段超警和城陵矶地区分洪，取得了显著的防洪效益。

2016 年洪水期间，长江中下游平原区内涝较为严重。据不完全统计，湖北省和安徽省分别有 173 个和 129 个千亩以上圩垸进洪，分洪总水量分别约为 150 亿 m³ 和 167 亿 m³，为减轻相关区域的防洪压力发挥了重要作用。

第1章 流 域 概 况

1.1 自 然 地 理

1.1.1 地理概况

长江发源于青藏高原的唐古拉山主峰格拉丹东雪山西南侧，干流自西而东，横贯中国中部，流经青海、西藏、四川、云南、重庆、湖北、湖南、江西、安徽、江苏、上海等 11 个省（自治区、直辖市），支流展延至贵州、甘肃、陕西、河南、浙江、广西、广东、福建等 8 个省（自治区），于上海崇明岛以东注入东海，全长 6300 余 km[2,3]。长江流域介于东经 90°33′～122°19′和北纬 24°27′～35°54′之间，形状呈东西长、南北短的狭长形。流域西以芒康山、宁静山与澜沧江水系为界；北以巴颜喀拉山、秦岭、大别山与黄河、淮河水系相接；东临东海；南以南岭、武夷山、天目山与珠江和闽浙诸水系相邻；流域总面积约 180 万 km²，占我国陆地面积的 18.8%。

1.1.2 河流水系

长江干流自江源至湖北宜昌称上游，长 4500 余 km，集水面积约 100 万 km²；宜昌至江西湖口称中游，长约 955km，集水面积 68 万 km²；湖口至长江口称下游，长 938km，集水面积约 12 万 km²。

通常称通天河以上地区为江源区。在长江正源，沱沱河长 358km；与长江南源当曲汇合后至青海省玉树县境巴塘河口段称通天河，长 815km；由巴塘河口至四川省宜宾市，长 2308km，称金沙江；在宜宾接纳岷江后始称长江。宜宾—宜昌江段，又称川江，长约 1040km，川江的奉节白帝城至宜昌南津关，长约 200km，为著名的三峡江段。长江出三峡后，进入中下游冲积平原，江面展宽，水势变缓，其中枝城—城陵矶江段，通称荆江，以藕池口为界分为上、下荆江河段，下荆江河道异常曲折，为典型的蜿蜒性河道。长江下游河道，江阔水深，比降平缓，其中江阴以下为河口段，江面呈喇叭状展开，长江口苏北嘴与南汇嘴之间江面宽达 90km。长江大通以下为感潮江段，江水位受潮汐影响，有周期性的日波动，徐六泾以下划属长江口段，为陆海双相中等强度的潮汐河口。

长江流域水系发达，支流众多。长江上游的主要支流多位于左岸，有雅砻江、岷江、沱江、嘉陵江，右岸仅有乌江入汇。长江中游的主要支流多位于右岸，有清江、洞庭湖水系、鄱阳湖水系，左岸仅有汉江。长江下游两岸，入汇支流短小，主要支流有巢湖水系、青弋江水阳江水系、太湖水系。支流集水面积超过 1000km² 的有 437 条，超过 1 万 km² 的有 49 条，其中超过 8 万 km² 的一级支流有雅砻江、岷江、嘉陵江、乌江、湘江、沅江、汉江、赣江等 8 条，概况见表 1.1-1。长江流域水系分区及主要水文站分布见图 1.1-1（书后彩色插页）。

表 1.1-1　　　　　　　　长江流域面积大于 8 万 km² 支流的基本情况统计

序号	所在水系	支流名称	流域面积/km²	多年平均流量/（m³/s）	河道长度/km	天然落差/m
1	雅砻江	雅砻江	128000	1914	1637	4420
2	岷江	岷江	133000	2850	735	3560
3	嘉陵江	嘉陵江	159776	2120	1120	2300
4	乌江	乌江	87920	1690	1037	2124
5	洞庭湖	湘 江	93376	2070	844	756
6	洞庭湖	沅 江	88451	2070	1022	1462
7	汉 江	汉 江	159000	1640	1577	1962
8	鄱阳湖	赣 江	83500	2180	766	937

长江流域的湖泊分布，除江源地带有众多面积不大的高原湖泊外，多集中在中下游地区，中游的洞庭湖、鄱阳湖，下游的巢湖、太湖，居我国五大淡水湖之列。长江中下游通江湖泊众多，湖泊滞蓄洪水对长江洪水有很大的调蓄作用，削减了洪峰。至 20 世纪 80 年代末，除洞庭湖、鄱阳湖外，其余均已建闸控制或与江隔断。

1.2　气　候　特　征

长江流域地形复杂，地域辽阔，具有显著的季风气候和多样的地区气候。长江上游地区，北有秦岭、大巴山，冬季冷空气入侵的强度比中下游地区弱，南有云贵高原，东南季风不易到达，季风气候不如中下游明显。长江中下游地区，冬冷夏热、四季分明、雨热同季，季风气候十分明显。长江流域有 4 个气候带，即北温带、北亚热带、中亚热带和高原气候区。长江中下游干流以北，处于北亚热带中，而以南和四川盆地为中亚热带气候。长江流域幅员辽阔，地形复杂，东西地势高差数千米，地区气候差异显著。江源地区气温低，全年皆冬，降水少、风力大、日照多；金沙江地区干湿季分明，有"一山有四季，五里不同天"的立体气候特征；四川盆地气候温和、湿润多雨；长江中下游四季分明等。此外还有多种局地气候现象，如雅安的"天漏"、重庆的"雾都"等。

1.2.1　气温

长江流域的年平均气温呈东高西低、南高北低的分布趋势，中下游地区高于上游地区，江南高于江北，江源地区是全流域气温最低的地区。由于地形的差别，在以上总分布趋势下，形成四川盆地、云贵高原和金沙江谷地等封闭式的高低温中心区。长江中下游大部分地区年平均气温为 16～18℃。湖南、江西南部至南岭以北地区达 18℃ 以上，为全流域年平均气温最高的地区；长江三角洲和汉江中下游在 16℃ 附近；汉江上游地区为 14℃ 左右；四川盆地为闭合高温中心区，大部分地区为 16～18℃；重庆至万县地区达 18℃ 以上；云贵高原地区西部高温中心达 20℃ 左右，东部低温中心在 12℃ 以下，冷暖差别极大；金沙江地区高温中心在巴塘附近，年平均气温达 12℃，低温中心在理塘至稻城之间，平均气温仅 4℃ 左右；江源地区气温极低，年平均气温在 -4℃ 上下，呈北低南高分布。

1.2.2 降水

长江流域多年平均年降水量1086.6mm，由于地域辽阔，地形复杂，季风气候十分典型，年降水量和暴雨的时空分布很不均匀[4-6]。江源地区年降水量小于400mm，属于干旱带；流域内大部分地区在800～1600mm，属湿润带。年降水量大于1600m的特别湿润带，主要位于四川盆地西部和东部边缘、江西、湖南及湖北部分地区。年降水量在400～800mm的半湿润带，主要位于川西高原、青海、甘肃部分地区及汉江中游北部。年降水量达2000mm以上的多雨区都分布在山区，范围较小。

长江流域降水量的年内分配很不均匀。冬季（12月至翌年2月）降水量为全年最少。春季（3—5月）降水量逐月增加。6—7月，长江中下游月降水量约200mm。8月，主要雨区已推移至长江上游，四川盆地西部月降水量超过200mm，长江下游受副热带高压控制，8月的降水量比4月还少。秋季（9—11月），各地降水量逐月减少，大部分地区10月雨量比7月减少100mm左右。连续最大4个月降水量占年总量的百分率，下游地区为50%～60%，出现时间鄱阳湖为3—6月，干流区间上段为4—7月，下段为6—9月；中游地区为60%左右，出现时间湘江流域为3—6月，干流区间为4—7月，汉江下游为5—8月；上游地区为60%～80%，出现时间大多在6—9月。月最大降水量上游多出现在7月和8月，7月、8月两月降水量占全年降水量的40%左右；中下游南岸大多为5月和6月，两月降水量占全年降水量的35%左右；中下游北岸大多出现在6月和7月，两月降水量占全年降水量的30%左右。在雅砻江下游、渠江、乌江东部及汉江上游，9月降水量大于8月。降水量年内分配不均匀性上游较大，中下游南岸较小。

1.3 暴 雨 洪 水

长江流域降水较丰，降水量由东南向西北递减，山区大于平原，迎风坡大于背风坡。降水年内分配不均，年际变化较大[7-10]。除金沙江巴塘以上、雅砻江雅江以上及大渡河上游共约35万km²地区，因地势高、水汽条件差，基本无暴雨外，其他广大地区均可能发生暴雨。长江流域暴雨天气系统主要有冷锋低槽、低涡切变、梅雨锋及热带气旋（台风）等。

流域内主要暴雨区有5处，按其范围的大小依次是：江西暴雨区，湘西北、鄂西南暴雨区，大巴山暴雨区，川西暴雨区，大别山暴雨区。这5处多暴雨区也是年降水量多的地区，其中有两处在长江上游北岸，是长江三峡地区雨洪的主要来源，而且上游的暴雨大多自西向东或自西北向东南移动，恰与川江洪水传播方向一致，易形成三峡地区峰高量大的洪水。大暴雨和特大暴雨的地区分布与暴雨的分布趋势相似，但频次明显减少。

流域东南部2—3月就开始有暴雨发生。汉江、嘉陵江、岷江、沱江及乌江流域4月才开始出现暴雨。金沙江5月才有暴雨。长江上游和中游北岸暴雨大多在9—10月结束，而中下游南岸暴雨大多在11月结束，个别地区在12月结束。流域大部分地区暴雨发生在4—10月。暴雨的年际变化比年降水量的年际变化大得多，如大别山暴雨区的田桥平均年暴雨日数为6.6d，1969年暴雨日数多达17d，而1965年却只有1d；年暴雨日较少的雅砻江冕宁平均年暴雨日数为 2.5d，1975 年暴雨日数多达 10d，而 1969 年、1973 年、1974 年三年却没有暴雨。

最大 24h 点雨量自江源地区的 30 余 mm 向南递增至金沙江中下段的 200 余 mm。流域其他广大地区最大 24h 点雨量大多在 250～400mm。最大 24h 点雨量出现在 4—10 月，更集中在 6—8 月，其中以 7 月最多，占 38.1%。量级以 8 月的最大，600mm 以上的 24h 点雨量均出现在 8 月。出现在 9—10 月的最大 24h 点雨量站点数占总数的 11.6%，主要分布在华西秋雨区和长江三角洲，量级为 200～400mm。

流域洪水主要由暴雨形成。上游直门达以上少有洪水；直门达至宜宾洪水由暴雨和融冰化雪共同形成；宜宾至宜昌依次承接岷江、沱江、嘉陵江、乌江洪水，易形成干流洪峰高、洪量亦大的陡涨渐降型洪水过程；长江中下游干流洪水峰高量大，持续时间长，宜昌、汉口、大通多年平均年最大洪峰流量均在 50000m³/s 以上；大通以下为感潮江段，受上游来水和潮汐双重影响，长江口主要受风暴潮影响。支流岷江、嘉陵江、乌江、湘江、汉江及赣江多年平均年最大洪峰流量均超过 10000m³/s。宜昌站最大 30d 洪量组成中，金沙江来水约占 30%，嘉陵江与岷江两水系约占 38%，乌江占 10%，其他占 22%。大通站最大 60d 洪量组成中，宜昌来水占 51%，洞庭湖与鄱阳湖水系分别为 21% 和 15%，汉江占 5%，宜昌—大通区间约占 8%。

按暴雨地区分布情况，长江洪水可分为流域性大洪水、区域性大洪水两种类型。一般年份长江流域上下游、干支流洪峰相互错开，中下游干流可顺序承泄干支流洪水，不致造成大洪水。但遇气候反常，上游洪水提前，或中下游洪水延后，长江上游洪水与中下游洪水遭遇，形成流域性大洪水。上游干支流洪水相互遭遇或中游汉江、澧水等支流发生强度特别大的集中暴雨可形成区域性大洪水。此外山丘区短历时、小范围大暴雨可引发局部突发性洪水，长江河口三角洲地带受台风、风暴潮影响严重。长江洪水发生时间一般下游早于上游，江南早于江北。鄱阳湖水系、洞庭湖水系和清江一般为 4—8 月，乌江为 5—8 月，金沙江下段和四川盆地各水系为 6—9 月，汉江则为 7—10 月。长江上游干流洪水主要发生时间为 7—9 月，中下游干流因承泄上游和中下游支流的洪水，汛期为 5—10 月。

1.4 河 道 演 变

长江上游主要为库区及山区江段，受两岸基岩边界的控制，河道平面形态总体稳定。三峡水库蓄水运用以来，库区河道总体以淤积为主，2003 年 6 月至 2016 年 12 月，三峡库区淤积泥沙 16.38 亿 t，近几年均淤积泥沙 1.21 亿 t，水库排沙比为 24.1%，绝大部分泥沙淤积在水库 145m 水位以下的库容内；涪陵以上的变动回水区总体冲刷，重点淤沙江段淤积强度大为减轻。2016 年，在不考虑区间来沙的情况下，三峡水库淤积泥沙 0.33 亿 t，水库排沙比为 20.9%。

三峡水库蓄水运用前，长江中下游河势基本稳定，河床冲淤总体表现为相对平衡状态[11-18]。1998 年大水后，长江中下游江段河床冲刷较为剧烈，1998—2002 年，该江段冲刷量为 6.37 亿 m³，冲刷主要集中在中游江段，其冲刷量占总冲刷量的 86%。三峡水库蓄水后，长江中下游总体河势基本稳定，部分弯道段河床冲淤规律发生新变化，切滩撇弯现象初步显现，河道崩岸时有发生，局部河势仍处于不断调整变化之中。2002 年 10 月至 2016 年 11 月，宜昌—湖口江段冲刷泥沙 20.94 亿 m^3，且表现为滩槽均冲，明显大于水库蓄水前 1966—2002 年的 0.01 亿 m^3，湖口以下的长江下游江段河床也以冲刷为主。近年来，河床冲刷逐渐向下游发展，城陵矶以下江段河床冲刷强度有所增大，城陵矶—汉口江段和汉口—湖口江段 2012 年 10 月至 2016 年 11 月的年均冲刷强度相较于 2002—2011 年均值分别偏大 6.7 倍和 6.6 倍。2015 年 11 月至 2016 年 11 月，宜昌—湖口江段冲刷 4.65 亿 m^3，较常年有所增大。

1.5 防 洪 体 系

经过几十年（尤其是 1998 年大洪水后）大规模建设，长江上游初步形成了由干支流水库、河道整治工程、堤防护岸组成的防洪工程体系。长江中下游基本形成了以堤防为基础，三峡水库为骨干，其他干支流水库、蓄滞洪区、河道整治工程及防洪非工程措施相配套的综合防洪体系，防洪能力显著提高。

1.5.1 工程措施

目前，长江流域共建有堤防约 34000km，其中，长江中下游 3900 余 km 干堤基本达到 1990 年国务院批准的《长江流域综合规划简要报告》确定的标准；为保障重点地区防洪安全，长江中下游干流安排了 40 处可蓄纳超额洪水约 590 亿 m^3 的蓄滞洪区，其中荆江分洪区、杜家台蓄滞洪区、围堤湖垸、澧南垸和西官垸等 5 处蓄滞洪区已建分洪闸进行控制；已建成以防洪为首要任务的主要水库有三峡、丹江口、江垭、皂市等，具有较大防洪作用的水库还有溪洛渡、向家坝、锦屏一级、二滩、瀑布沟、五强溪、柘林、柘溪、隔河岩、水布垭、万安、漳河等，长江上游纳入 2016 年度联合调度的水库包括金沙江梨园、阿海、金安桥、龙开口、鲁地拉、观音岩、溪洛渡、向家坝，雅砻江锦屏一级、二滩，岷江紫坪铺、瀑布沟，嘉陵江碧口、宝珠寺、亭子口、草街，乌江构皮滩、思林、沙沱、彭水，长江干流三峡等 21 座水库[19-21]。

截至 2016 年，长江流域已建成大中小型水库 5.12 万座，总库容约 3588 亿 m^3，较 1995 年相比，水库数量增加了 12%，总库容增加了 152%。以三峡水库为骨干的重要大型防洪水库总防洪库容达 627 亿 m^3。随着三峡工程的投入运行，长江中下游防洪能力有了较大的提高，特别是荆江河段防洪形势有了根本性的改善。长江干支流主要江段现有防洪能力大致达到：荆江地区依靠堤防可防御 10 年一遇洪水，通过三峡水库调蓄，遇 100 年一遇及以下的洪水可使沙市水位不超过 44.50m，不需启用荆江地区蓄滞洪区，遇 1000 年一遇或类似 1870 年型的特大洪水，通过三峡水库的调节，可控制枝城泄量不超过 80000m^3/s，配合荆江地区蓄滞洪区的运用，可控制沙市水位不超过 45.00m，保证荆江河段行洪安全。城陵矶江段依靠堤防可防御 10～20 年一遇的洪水，考虑该地区蓄滞洪区的运用，可防御 1954 年型洪水；遇 1931 年、1935 年、1954 年型大洪水，通过三峡水库的调节，可减少分蓄洪量和土地淹没，一般年份基本上可不分洪（各支流尾闾除外）。武汉江段依靠堤防可防御 20～30 年一遇的洪水，考虑江段上游及本地区蓄滞洪区的运用，可防御 1954 年型洪水（其最大 30d 洪量约 200 年一遇）；由于上游洪水有三峡工程的控制，可以避免荆江大堤溃决后洪水对武汉的威胁；因三峡水库的调蓄、城陵矶附近地区洪水调控能力的增强，提高了长江干流洪水调度的灵活性，配合丹江口水库和武汉市附近地区的蓄滞洪区运用，可避免武汉水位失控。湖口江段依靠堤防可防御 20 年一遇的洪水，考虑江段上游及本地区蓄滞洪区比较理想地运用，可满足防御 1954 年型洪水的需要。汉江中下游依靠综合措施可防御 1935 年型大洪水，约相当于 100 年一遇。赣江可防御 20～50 年一遇的洪水，其他支流大部分可防御 10～20 年一遇的洪水，长江上游各主要支流依靠堤防和水库一般可防御 10 年一遇左右的洪水。

1.5.2 非工程措施

非工程措施是指包括法律、行政制度、预警预报等在内的减少洪灾损失的手段。其中，预警预报是防汛减灾最重要的非工程技术措施[22,23]。

1.5.2.1 水文站网

新中国成立后，先后开展了 4 次全国性的水文站网规划、建设和调整，基本形成了一个分布及配套比较合理、项目较为齐全的流域水文测报站网体系，总体上满足长江流域水文基本资料收集的要求。近些年，随着国家《水文基础设施建设规划（2013—2020 年）》的全面实施，以及中小河流水文监测系统和国家水资源监控能力等项目建设完工，基本水文站网得到进一步充实和加强，水文站网整体功能不断改善，为长江流域基本资料收集、流域开发治理、水利工程建设与管理、防汛抗旱、水资源管理等发挥了重要的作用，为解决国民经济建设和经济社会发展中的水问题提供了准确的水文资料。

据不完全统计数据，目前全流域有各类水文站点（不含中小河流站、山洪站）13967 处，其中水文站 951 个，水位站 2360 个，雨量站 10656 个；而 1998 年全流域有各类水文站点 6437 处，其中水文站 910 个，水位站 493 个，雨量站 4648 个。长江流域水文站网分布参见图 1.1-1。从 1998 年至 2016 年，经过对站网进行不断调整、补充和完善，站网布设更加合理，站网功能更加优化，提高了对重点江段、重点区域的洪水监测与预测预报的能力和水平，防洪抗旱减灾能力得到不断提高[24-29]。

1.5.2.2 水文测报

近 20 年来，随着国家加大水文测报能力建设的投入，特别是国家防汛指挥系统（一期、二期）、山洪灾害预警系统以及中小河流预警预报系统等相继建设，水文测报能力更是取得了长足进步[30-35]。

（1）信息采集。流域内各省份同步加快报汛能力建设。当前，长江流域内所有水雨情报汛站点基本实现了信息自动采集、自动报汛，特别是国家水情报汛网络建成后，信息传输高度自动化，效率大幅提高。据统计，目前流域内各水情部门每年送达国家防总信息 30 万～50 万条，30min 到报率 90%，错报率 0.01%。

（2）预警预报能力。1998 年大洪水后，国家进一步加大了水文预警预报体系的建设，基本形成了国家、流域、省（自治区、直辖市）、地（市）4 级水文部门分工协作的工作体系；建成预报站点达 3000 余个，预报方案达 5000 余个，形成了覆盖流域干支流的方案体系。随着计算机技术及通信技术的发展，各级水文部门均建设了满足自身需要的预报会商系统，实现了信息处理、模拟计算、多模型成果比较等的自动化，大幅提升了工作效率，特别是数值天气预报成果的引进及应用，更加有效地延长了洪水预报预见期。

（3）预报调度一体化。目前，长江流域已建成各类水库 5 万余座，总库容近 3600 亿 m^3，防洪库容约 630 亿 m^3，为充分发挥水库群的综合效益，流域水文部门与水库管理单位加强沟通协调，最大程度地共享信息，并建设了集信息共享、预报调度计算及远程会商于一体的预报调度平台。

1.6　洪　涝　灾　害

长江流域的洪灾基本上由暴雨洪水形成。洪灾分布范围广，除海拔 3000m 以上青藏高原的高寒、少雨区外，凡是有暴雨和洪水行经的地方，都可能发生洪灾。按暴雨地区分布和覆盖范围大小，通常将长江大洪水分为两类：一类是区域性大洪水，1860 年、1870 年及 1935 年、1981 年、1991 年洪水即为此类；另一类为流域性大洪水，1931 年、1954 年、1998 年和 1788 年、1849 年洪水即属此类。不论哪一类大洪水均会对中下游构成很大的威胁。此外，山丘区由短历时、小范围大暴雨引起的突发性洪水，往往产生山洪、泥石流、滑坡等灾害，严重威胁着人民生命财产的安全。上游高海拔地区存在冰湖溃决灾害。长江河口三角洲地带受风暴潮威胁最为严重。

长江中下游沿江两岸是我国经济社会发展的重要区域，而两岸平原区地面高程一般低于汛期江河洪水位数米至十数米，洪水灾害频繁、严重，一旦堤防溃决，淹没时间长，损失大。1931 年、1935 年大洪水，长江中下游死亡人数分别为 14.5 万人、14.2 万人；1954 年洪水为长江流域百年来最大洪水，长江中下游共淹农田 4755 万亩，死亡 3 万余人，京广铁路不能正常通车达 100d；1998 年大洪水长江中下游受灾范围遍及 334 个县（市、区）5271 个乡（镇），倒塌房屋 212.85 万间，死亡 1562 人。

长江上游和支流山丘区洪水一般具有峰高、来势迅猛、历时短和灾区分散的特点，局部区域性大洪水有时也造成局部地区的毁灭性灾害，山洪灾害常造成大量人员伤亡。1981 年 7 月，四川、重庆腹地的岷江、沱江、嘉陵江发生特大洪水灾害，受淹农田 1311 万亩，受灾人口 1584 万人，死亡 888 人[36]。2007 年 7 月 17 日，重庆市发生局部短历时特大暴雨洪灾，山区河流洪水暴涨，农作物受灾面积 350 万亩，死亡 56 人。2010 年 8 月 8 日，甘肃省甘南藏族自治州舟曲县城发生特大山洪泥石流灾害，死亡 1501 人，失踪 264 人。

第2章 雨水情概述

2.1 雨 情

2.1.1 降雨概况

2016 年长江流域面平均降水量 1145mm，较常年（指 1981—2010 年 30 年平均值，下同）偏多 1 成，其中，长江上游基本正常，中下游偏多超 1 成，见表 2.1-1。从长江流域降水空间分布来看（见图 2.1-1 和图 2.1-2），长江中下游干流及以南大部地区年雨量超过 1000mm，笼罩面积约 76 万 km²。其中，长江下游干流附近、赣江、抚河等地区超过 2000mm，笼罩面积约 8 万 km²，长江下游干流附近年降水量较常年偏多 5 成以上；长江上游干流附近大部地区超过 1000mm，部分地区降水偏多 2～5 成。

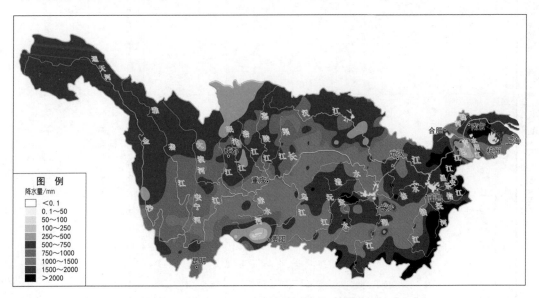

图 2.1-1 2016 年长江流域年降水量实况分布示意图

早在 2015 年枯季（11—12 月），两湖水系降水已出现较常年异常偏多的现象，其中，鄱阳湖水系降水偏多近 2 倍，洞庭湖水系偏多 1 倍多。2016 年 1—3 月，两湖水系南部地区降雨仍然偏多，造成 3 月中旬湘江、赣江、抚河等多条河流相继发生超警戒洪水，3 月 21 日长江流域进入汛期，入汛较常年偏早。长江中下游地区自 6 月 18 日入梅，7 月 20 日出梅，入梅和出梅时间均偏晚，梅雨期（33d，多年均值 29.3d）偏长，梅雨期降雨量明显偏多，降雨强度明显偏强，降雨中心位于长江中下游干流附近，且明显稳定少动，其降雨量较常年偏多 1 倍以上。出梅后中下游涝旱急转，7 月下旬和 8 月降雨明显偏少，8 月

表 2.1-1

2016年1—12月长江流域各分区各时段降水量统计

时段	项目	长江流域分区										长江上游	长江中下游	长江流域
		金沙江	岷沱江	嘉陵江	长江上游干流区	乌江	汉江	长江中游干流区	洞庭湖水系	长江下游干流区	鄱阳湖水系			
1月	降水量/mm	4.2	11.6	15.5	29.8	30.7	8.7	38.9	78	57.5	140.8	14.1	68.4	38.6
	距平/%	-30	36.5	112.3	33	32.3	-41.2	-18.1	18.9	17.3	69.6	30.6	28.3	29.1
2月	降水量/mm	9.9	17.3	9.8	15.5	12.6	17.2	29.2	33.3	33.4	54.7	12.3	33.2	21.7
	距平/%	47.8	24.5	-8.4	-34.9	-49	-19.6	-55.3	-59.3	-43.5	-50.6	-5.4	-52	-43.3
3月	降水量/mm	13.9	34.2	28.8	64.8	84	29.2	73.1	129.8	57.4	138.9	34.9	95.7	62.3
	距平/%	-2.1	15.9	21	60	114.8	-30.6	-22.6	9.8	-37.5	-21.8	39	-10.4	0.6
4月	降水量/mm	38.9	71.9	59.1	99.7	152.3	73.3	186.4	245.8	214.3	304.8	69.2	206.1	130.9
	距平/%	49.6	25.7	18.9	24.3	73.3	24	29.4	49.3	130.7	40.5	37.6	46.3	43.7
5月	降水量/mm	64.3	95	102.5	131	167.7	100.1	159	223.1	206.6	314.6	97.5	203.8	145.4
	距平/%	-1.7	0.8	14.5	2.3	13.2	9.8	-8.9	12.8	83.3	35.7	5.2	20.7	14.5
6月	降水量/mm	169.5	128.4	112.3	254.3	324.4	127.7	320.5	179.9	377.4	314.1	178.7	219.3	196.8
	距平/%	22.4	-7.7	-1.9	60.6	70.6	18	50.3	-14.8	103.7	12.7	25.8	11.7	18.2
7月	降水量/mm	167.3	190.7	139.8	128.1	107.3	199.7	337.2	222	393.5	204.5	154.4	234.1	190.3
	距平/%	-1	8.8	-19.1	-21	-39.2	23.5	48.2	34.5	108.5	25.8	-9.5	37.6	11.7
8月	降水量/mm	98.2	92.3	46.7	106.2	153.4	61.2	104.8	153.9	65.6	101	93.9	108.5	100.4
	距平/%	-30.6	-48.5	-67.2	-22.8	10.2	-54.1	-25.8	17.1	-55.6	-32.1	-36.4	-21.1	-29.8

— 20 —

时段	项目	长江流域分区										长江上游	长江中下游	长江流域
		金沙江	岷沱江	嘉陵江	长江上游干流区	乌江	汉江	长江中游干流区	洞庭湖水系	长江下游干流区	鄱阳湖水系			
9月	降水量/mm	160.4	146.7	69	76	61.8	63.4	41.9	68	162.9	157.5	117.8	90.5	105.6
	距平/%	50	22.8	-39.4	-23.2	-35.1	-36.7	-50.3	-14.9	102.6	74.8	8.9	3.2	6.7
10月	降水量/mm	43.1	49.7	79.8	67.3	84.1	108.3	96.4	80	202.7	69	59.3	95.7	75.6
	距平/%	-7.1	-7.8	43.5	-19.9	-6.5	-59.3	3.2	-10.9	217.7	-1.7	0	22.1	11.3
11月	降水量/mm	15	15.2	32.3	66.1	58.4	37.2	75.8	100	73.8	143.7	28.2	88.6	55.3
	距平/%	59.1	-8.5	34.7	59.6	35.2	13.3	30.5	48.6	17.7	102.9	41.3	53.4	49.1
12月	降水量/mm	2.5	5.6	5.1	17	19.2	14.9	47.5	50.3	67.7	33.9	6.7	40.5	21.8
	距平/%	-31.5	-15.7	-48	-19.5	-4.7	9.2	61.6	21.3	86.6	-28.9	-23.9	18.1	7.9
1—3月	降水量/mm	28	63	54	110	127	55	141	241	148	334	61	197	123
	距平/%	4	22	29	27	46	-30	-32	-9	-26	-10	25	-14	-6
4—9月	降水量/mm	699	725	529	795	967	625	1150	1093	1420	1397	712	1062	869
	距平/%	8	-5	-22	4	16	-4	17	15	76	24	0	18	9
6—8月	降水量/mm	435	411	299	489	585	389	763	556	837	620	427	562	488
	距平/%	-3	-17	-30	7	16	-4	31	9	60	5	-7	11	2
10—12月	降水量/mm	61	71	117	150	162	160	220	230	344	247	94	225	153
	距平/%	2	-9	31	3	5	40	21	16	111	31	7	32	22
1—12月	降水量/mm	788	858	701	1056	1256	842	1511	1564	1914	1979	867	1484	1145
	距平/%	8	-5	-14	6	17	0	11	11	64	18	2	14	10

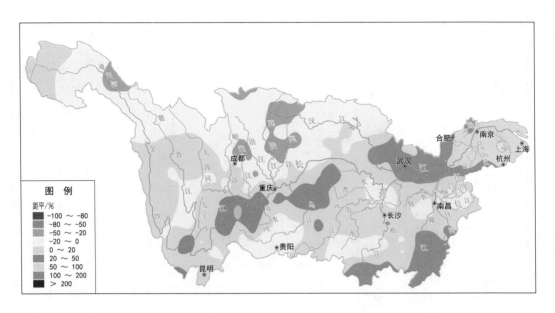

图 2.1-2 2016 年长江流域年降水量距平百分率分布示意图

偏少达 3 成。全年不同阶段雨情概况如下。

1—3 月，流域降水较常年同期略偏少，其中上游偏多超 2 成，中下游偏少超 1 成。各区降水情况：乌江偏多近 5 成，岷沱江、嘉陵江、长江上游干流区偏多 2～3 成，金沙江正常略偏多，两湖水系偏少 1 成，汉江、长江中游干流区、长江下游干流区偏少 3 成左右。流域降水主要集中在两湖水系，大部地区雨量大于 250mm，笼罩面积约 19 万 km²。详见表 2.1-1、图 2.1-3 和图 2.1-4。

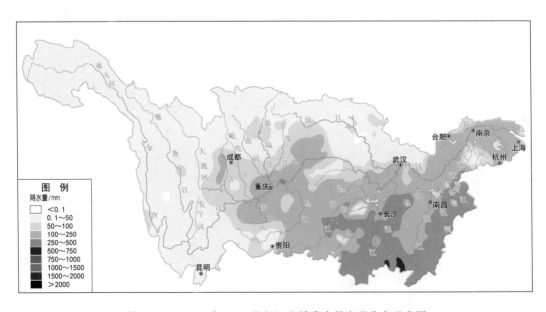

图 2.1-3 2016 年 1—3 月长江流域降水量实况分布示意图

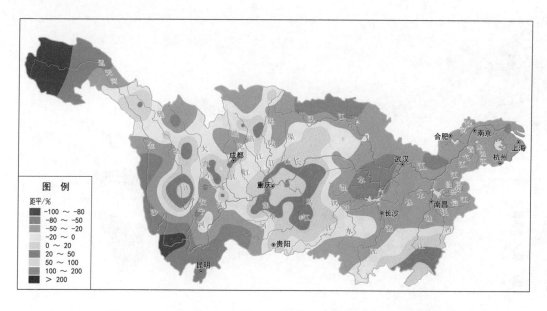

图 2.1-4　2016 年 1—3 月长江流域降水量距平百分率分布示意图

　　4—9 月，流域降水偏多 1 成，其中，上游降水正常，中下游偏多 2 成。偏多区域主要位于长江干流附近及以南地区，其中长江下游干流区偏多近 8 成，乌江、长江中游干流区、两湖水系偏多 2 成左右，金沙江偏多近 1 成；偏少区域主要在嘉陵江，偏少 2 成；其余各区基本正常。降水量呈现东南多、西北少的分布，鄱阳湖水系及长江下游干流部分地区雨量大于 1500mm，而长江上游北部雨量小于 500mm。详见表 2.1-1、图 2.1-5 和图 2.1-6。

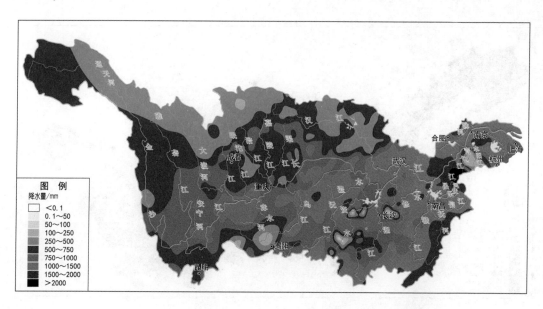

图 2.1-5　2016 年 4—9 月长江流域降水量实况分布示意图

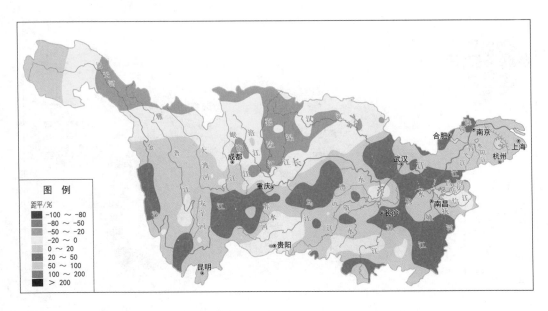

图 2.1-6　2016 年 4—9 月长江流域降水量距平百分率分布示意图

主汛期（6—8 月）流域降水基本正常，其中，上游偏少近 1 成，中下游偏多 1 成。降水偏多的区域主要位于长江干流沿线一带，偏多 2 成以上，其中，长江下游干流偏多 6 成，长江中游干流偏多 3 成，长江上游干流偏多近 1 成。偏少的区域主要位于长江上游北部，其中，嘉陵江偏少 3 成，岷沱江偏少近 2 成。金沙江下游、洞庭湖水系北部及长江中下游干流大部地区雨量超过 750mm，部分地区超过 1000mm；嘉陵江、岷江流域北部雨量小于250mm。详见表 2.1-1、图 2.1-7 和图 2.1-8。

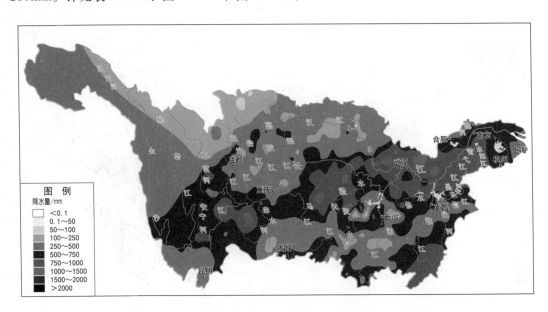

图 2.1-7　2016 年 6—8 月长江流域降水量实况分布示意图

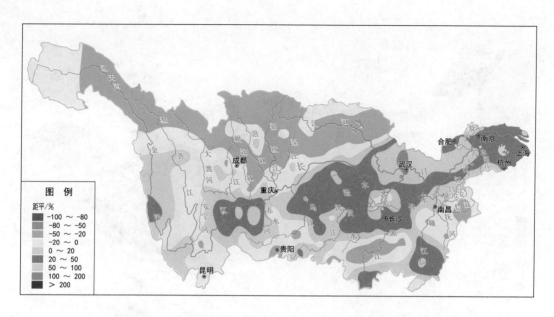

图 2.1-8　2016 年 6—8 月长江流域降水量距平百分率分布示意图

10—12 月，流域降水偏多 2 成，其中，上游略偏多，中下游偏多 3 成。各区降水情况：长江下游干流区偏多 1 倍多，汉江偏多 4 成，嘉陵江、鄱阳湖水系偏多 3 成，长江中游干流区、洞庭湖水系偏多 2 成左右，岷沱江偏少 1 成，其余各区基本正常。两湖水系部分地区及长江下游干流雨量大于 250mm，笼罩面积约 24 万 km^2。详见表 2.1-1、图 2.1-9 和图 2.1-10。

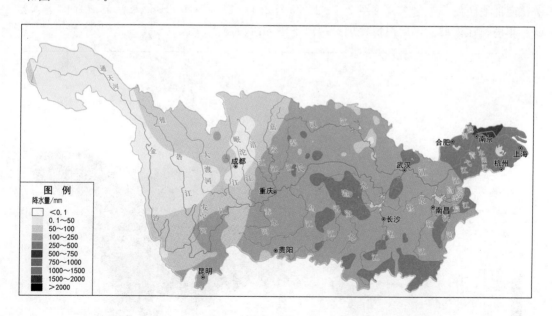

图 2.1-9　2016 年 10—12 月长江流域降水量实况分布示意图

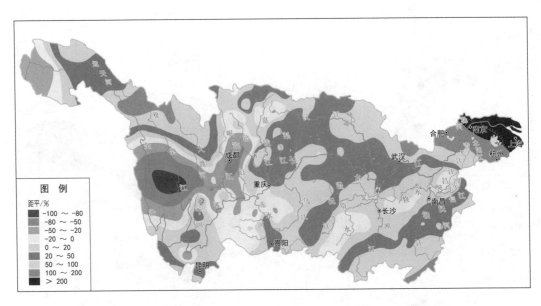

图 2.1-10 2016 年 10—12 月长江流域降水量距平百分率分布示意图

2.1.2 雨情发展过程及特点

2015 年 11—12 月，两湖水系降水出现异常偏多现象，其中，鄱阳湖水系降水较常年同期偏多近 2 倍，洞庭湖水系偏多 1 倍多。进入 2016 年，1 月和 3 月中上旬两湖水系降水仍偏多。2015 年 11 月至 2016 年 3 月中旬，两湖水系大部分地区降水偏多 2 成以上，其中，南部地区偏多 1 倍多（见图 2.1-11 和图 2.1-12），3 月 21 日长江流域提前进入汛期。年内长江流域入汛后雨情发展呈现以下不同阶段特点。

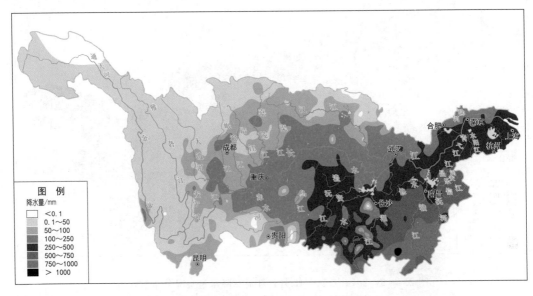

图 2.1-11 2015 年 11 月 1 日至 3 月 20 日长江流域降雨分布示意图

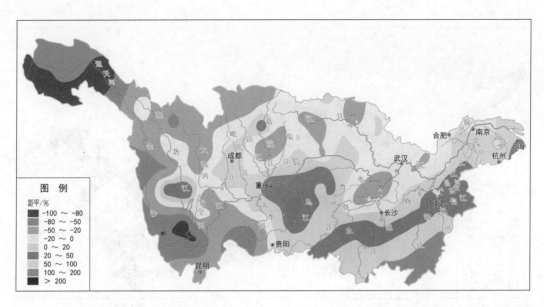

图 2.1-12 2015 年 11 月 1 日至 3 月 20 日长江流域降水量距平分布示意图

（1）汛初降水北少南多。3 月 21 日入汛至梅雨开始前（6 月 18 日入梅），长江流域降水呈现北少南多现象，期间多雨区主要位于中下游干流及以南地区，雨量大多超过500mm，鄱阳湖水系大部和洞庭湖水系局部雨量超过 750mm，其中，鄱阳湖水系东部雨量超过 1000mm。与 30 年同期均值相比，长江上中游干流以北大部分地区降水偏少，降水异常偏少的区域主要位于雅砻江上游干流附近、洞庭湖区和江汉平原附近；降水异常偏多的区域主要位于金沙江上中游交界处附近、向家坝—寸滩区间、下游干流以南。详见图2.1-13 和图 2.1-14。

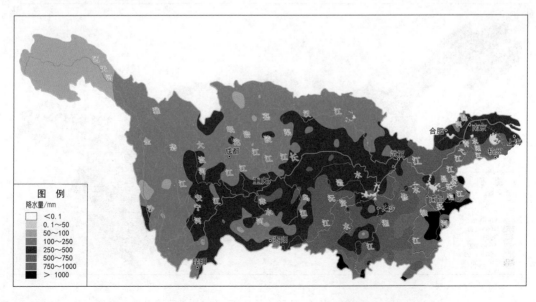

图 2.1-13 2016 年 3 月 21 日至 6 月 17 日长江流域降雨分布示意图

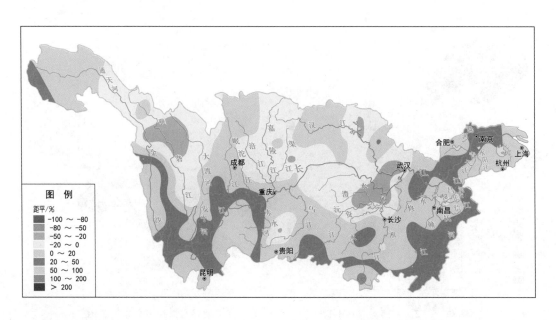

图 2.1-14　2016 年 3 月 21 日至 6 月 17 日长江流域降水量距平分布示意图

（2）梅雨期干流降雨偏多。6 月 18 日长江中下游入梅，7 月 21 日出梅，入梅时间偏晚，出梅时间明显偏晚，梅雨期偏长，梅雨量明显偏多，降雨强度明显偏强。流域降水主要集中在干流沿线，中下游干流附近雨量基本在 500mm 以上，鄂东北大部雨量在 750mm以上。与多年同期均值相比，降水偏多的区域主要位于干流沿线附近，其中，中下游干流沿线偏多 1 倍以上。详见图 2.1-15 和图 2.1-16。

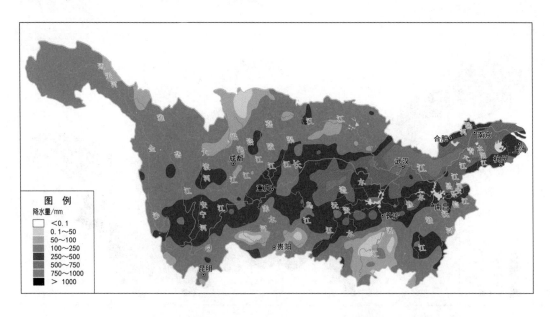

图 2.1-15　2016 年 6 月 18 日至 7 月 20 日长江流域降雨分布示意图

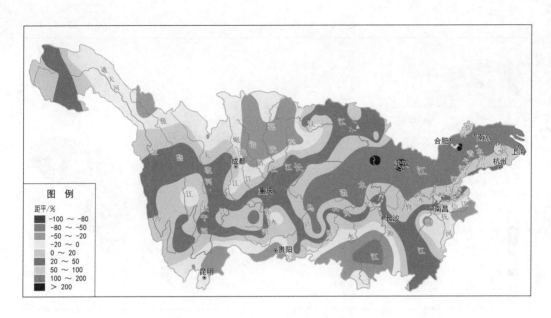

图 2.1-16　2016 年 6 月 18 日至 7 月 20 日长江流域降水量距平分布示意图

（3）盛夏初秋中下游干旱。出梅后，中下游发生明显的涝旱急转，7 月中旬及 8 月降水明显偏少，其中 8 月长江流域降水偏少 3 成，中下游部分地区出现干旱。期间（7 月 21 日至主汛期结束）降水主要发生在上游，部分地区累积雨量在 250mm 以上。与多年同期均值相比，流域大部降水偏少，干流及以北偏少 2 成以上，汉江上游、鄱阳湖水系东部、长江下游干流大部偏少 5 成以上。详见图 2.1-17 和图 2.1-18。

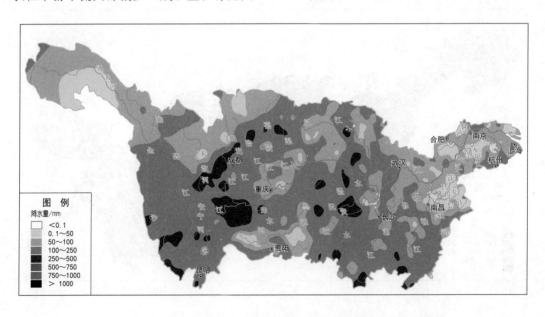

图 2.1-17　2016 年 7 月 21 日至 8 月 31 日长江流域降雨分布示意图

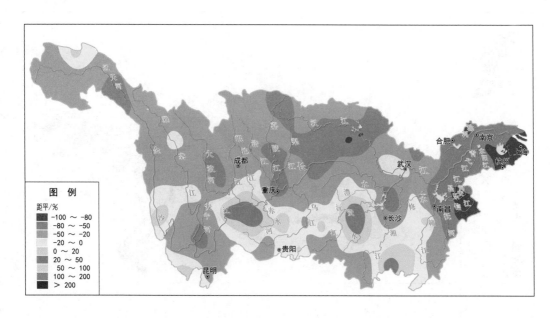

图 2.1-18　2016 年 7 月 21 日至 8 月 31 日长江流域降水量距平分布示意图

（4）秋汛期降水东西部多、中间少。秋汛期（9—10 月），金沙江流域、鄱阳湖水系、长江下游降水明显偏多，乌江和嘉陵江流域上游、长江中游干流附近、洞庭湖水系西南部偏少，华西秋雨不显著。详见图 2.1-19 和图 2.1-20。

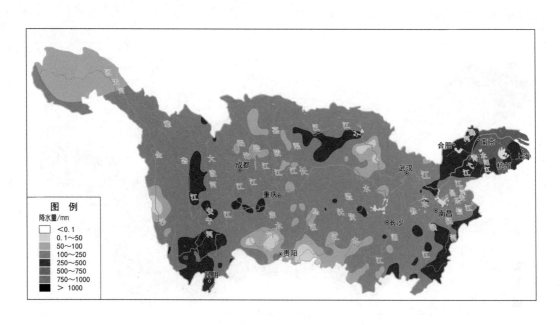

图 2.1-19　2016 年 9—10 月长江流域降雨分布示意图

图 2.1-20　2016 年 9—10 月长江流域降水量距平分布示意图

（5）汛后降水略偏多。11—12 月，长江流域大部分地区降水偏多，其中，金沙江中下游异常偏多，长江中下游偏多 2 成以上。详见图 2.1-21 和图 2.1-22。

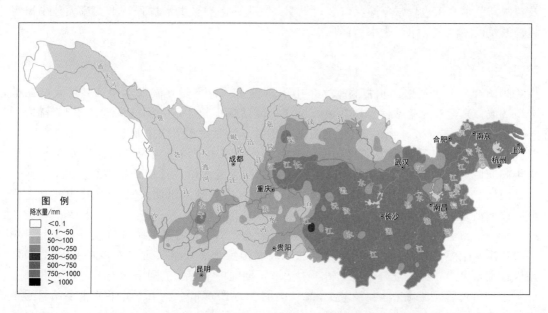

图 2.1-21　2016 年 11—12 月长江流域降雨分布示意图

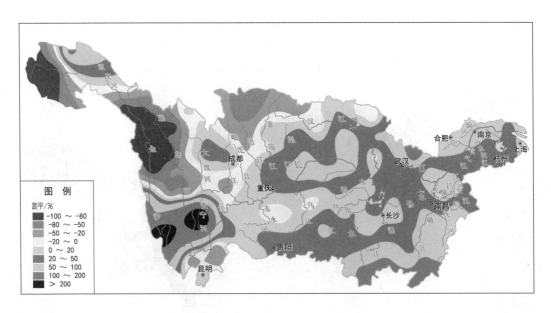

图 2.1-22　2016 年 11—12 月长江流域降水量距平分布示意图

2.2　水　　情

2016 年，长江流域来水总体偏多，前期来水丰，后期丰枯反复。汛前，中下游干流及"两湖"水系来水较常年同期偏多；汛期共发生两次编号洪水过程，干支流大范围出现超警戒及以上洪水；汛末来水总体偏少。

2.2.1　概况

2016 年长江上游来水正常略偏多，中下游偏多。各主要支流来水中，乌江武隆站偏多超 2 成，嘉陵江北碚站偏少超 3 成，汉江兴隆站偏少超 4 成，洞庭湖"四水"、鄱阳湖"五河"分别偏多 2 成、4 成；其他支流基本正常。各时段水情概述如下。

（1）1—2 月，受降雨偏多及水库消落影响，长江中下游干流及"两湖水系"来水较常年同期偏多，底水偏高。受连续降雨影响，长江干流水位 3 月初开始持续上涨，3 月下旬"两湖"水系部分支流发生超警洪水，长江流域提前进入汛期；5—6 月转为波动上涨或高位波动态势。

（2）入梅后，流域暴雨频发、干支流洪水遭遇严重，先后发生了三阶段洪水过程。第一阶段洪水主要发生在上游，期间金沙江下段及向家坝—寸滩区间支流多站发生超警戒、超保证洪水；第二、第三阶段洪水转至中下游，期间中下游大范围干支流出现超警洪水。

（3）出梅后，流域来水持续减少，9—10 月出现严重枯水，中下游干流主要站月最低水位居历史同期前列。11—12 月来水总体转丰，中下游干流螺山—大通站来水偏多 1～3 成，鄱阳湖"五河"合成流量较常年同期偏多 3～6 成。

2016 年 1—12 月长江干支流主要站平均流量统计见表 2.2-1，主要站水位与流量过程线见图 2.2-1～图 2.2-11。

表 2.2-1　**2016 年 1—12 月长江干支流主要站平均流量统计表**

河名	站名	项目	1月	2月	3月	4月	5月	6月	7月	8月	9月	10月	11月	12月	1—12月
金沙江	向家坝（屏山）	2016年流量/（m³/s）	2010	1900	2130	2450	2470	5350	8930	7680	7320	6450	3800	2430	4420
		历史同期平均流量/（m³/s）	1820	1590	1550	1710	2300	4470	9330	9680	10000	6470	3400	2180	4560
		距平/%	10.4	19.5	37.4	43.3	7.4	19.7	−4.3	−20.7	−26.8	−0.3	11.8	11.5	−3.1
长江	寸滩	2016年流量/（m³/s）	4960	4800	5510	6770	9430	14200	21100	16300	13500	12300	7830	5140	10200
		历史同期平均流量/（m³/s）	3760	3340	3660	4800	7160	13000	23500	21500	20200	13300	7290	4660	10600
		距平/%	31.9	43.7	50.5	41.0	31.7	9.2	−10.2	−24.2	−33.2	−7.5	7.4	10.3	−3.8
	三峡入库	2016年流量/（m³/s）	6260	6040	7350	10100	13400	21300	26500	18600	14500	13500	10000	6200	12800
		历史同期平均流量/（m³/s）	4680	4170	4870	7080	10900	17400	29100	25000	23600	16000	9460	5830	13200
		距平/%	33.8	44.8	50.9	42.7	22.9	22.4	−8.9	−25.6	−38.6	−15.6	5.7	6.3	−3.0
	宜昌	2016年流量/（m³/s）	7910	7270	8400	12800	16600	21600	26700	21100	11100	9700	10600	7500	13500
		历史同期平均流量/（m³/s）	4880	4580	5140	7230	11500	17500	28800	24900	22700	15100	9420	5940	13200
		距平/%	62.1	58.7	63.4	77.0	44.3	23.4	−7.3	−15.3	−51.1	−35.8	12.5	26.3	2.3
	螺山	2016年流量/（m³/s）	13100	12200	14800	24400	32000	32600	44200	33500	15500	12500	15500	10900	21800
		历史同期平均流量/（m³/s）	8270	8550	11300	15000	21400	28100	38600	32900	29200	20300	14200	9360	19800
		距平/%	58.4	42.7	31.0	62.7	49.5	16.0	14.5	1.8	−46.9	−38.4	9.2	16.5	10.1
	汉口	2016年流量/（m³/s）	13800	13600	15400	26600	33900	34500	49400	36500	16200	12900	16500	11800	23500
		历史同期平均流量/（m³/s）	9690	9910	12700	16600	23300	30300	42200	36500	32500	22900	16500	11100	22100
		距平/%	42.4	37.2	21.3	60.2	45.5	13.9	17.1	0.0	−50.2	−43.7	0.0	6.3	6.3
	大通	2016年流量/（m³/s）	20600	20500	21100	34700	47100	49800	65600	51000	26400	18400	21500	16900	32900
		历史同期平均流量/（m³/s）	12600	13300	18300	24100	31500	39700	50300	43500	38800	28900	21000	14900	28200
		距平/%	63.5	54.1	15.3	44.0	49.5	25.4	30.4	17.2	−32.0	−36.3	2.4	13.4	16.7

河名	站名	项 目	1月	2月	3月	4月	5月	6月	7月	8月	9月	10月	11月	12月	1—12月
岷江	高场	2016年流量/(m³/s)	1140	1050	1160	1260	2370	2990	5220	3530	3240	3100	1720	1330	2350
		历史同期平均流量/(m³/s)	872	818	961	1320	2020	3870	5550	5310	4340	2900	1670	1160	2580
		距平/%	30.7	28.4	20.7	-4.5	17.3	-22.7	-5.9	-33.5	-25.3	6.9	3.0	14.7	-8.9
嘉陵江	北碚	2016年流量/(m³/s)	673	507	556	853	1760	1850	3040	2070	658	1080	1400	784	1270
		历史同期平均流量/(m³/s)	510	415	539	876	1610	2510	5300	3730	3400	2140	1140	627	1910
		距平/%	32.0	22.2	3.2	-2.6	9.3	-26.3	-42.6	-44.5	-80.6	-49.5	22.8	25.0	-33.5
乌江	武隆	2016年流量/(m³/s)	1250	1240	1550	2560	2930	3940	3580	1890	716	883	1040	499	1840
		历史同期平均流量/(m³/s)	532	536	696	1200	2030	3040	3310	2020	1470	1260	974	609	1480
		距平/%	135.0	131.3	122.7	113.3	44.3	29.6	8.2	-6.4	-51.3	-29.9	6.8	-18.1	24.3
洞庭湖	"四水"合成	2016年流量/(m³/s)	5080	4150	6730	12500	13700	11500	11000	4700	2320	1750	2730	1770	6500
		历史同期平均流量/(m³/s)	2570	3200	5030	6900	8960	10700	8770	5300	3700	2970	3050	2340	5350
		距平/%	97.7	29.7	33.8	81.2	52.9	7.5	25.4	-11.3	-37.3	-41.1	-10.5	-24.4	21.5
汉江	兴隆	2016年流量/(m³/s)	574	595	623	652	666	861	1610	1140	648	622	753	611	780
		历史同期平均流量/(m³/s)	870	859	906	967	1128	1304	2172	2298	1990	1220	967	820	1300
		距平/%	-34.0	-30.7	-31.2	-32.6	-41.0	-34.0	-25.9	-50.4	-67.4	-49.0	-22.1	-25.5	-40.0
鄱阳湖	"五河"合成	2016年流量/(m³/s)	4630	4550	5760	10600	11800	10100	6840	2480	2400	2590	3070	2280	5590
		历史同期平均流量/(m³/s)	1810	2360	4430	5980	6880	8940	5340	3380	2610	1720	1960	1780	3930
		距平/%	155.8	92.8	30.0	77.3	71.5	13.0	28.1	-26.6	-8.0	50.6	56.6	28.1	42.2

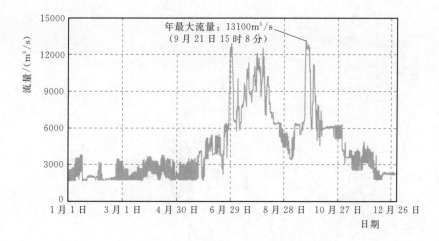

图 2.2-1 1—12 月金沙江向家坝站流量过程线

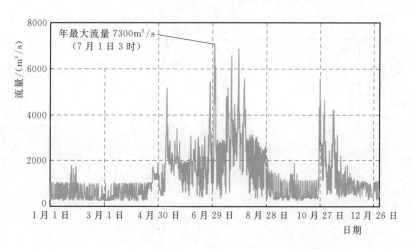

图 2.2-2 1—12 月嘉陵江北碚站流量过程线

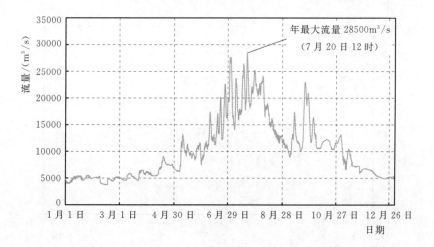

图 2.2-3 1—12 月长江干流寸滩站流量过程线

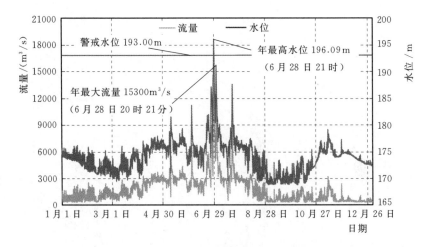

图 2.2-4　1—12 月乌江武隆站水位—流量过程线

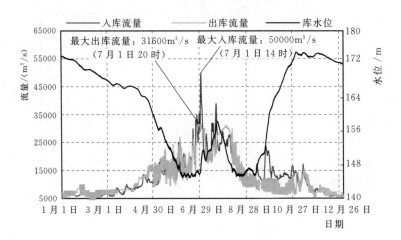

图 2.2-5　1—12 月长江三峡水库入出库流量及库水位过程线

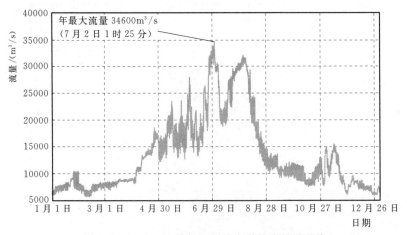

图 2.2-6　1—12 月长江干流宜昌站流量过程线

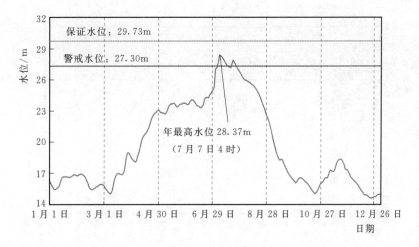

图 2.2-7　1—12 月长江干流汉口站水位过程线

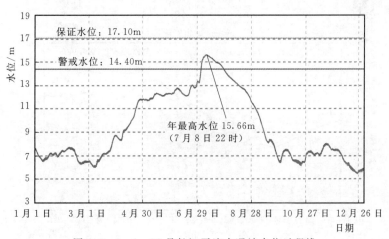

图 2.2-8　1—12 月长江干流大通站水位过程线

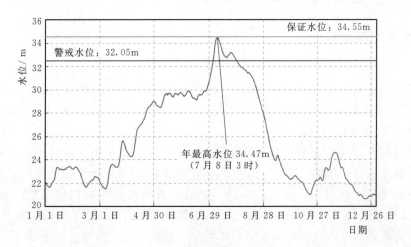

图 2.2-9　1—12 月洞庭湖七里山站水位过程线

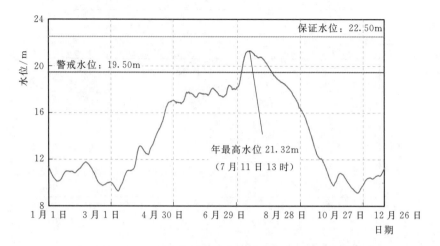

图 2.2-10　1—12 月鄱阳湖湖口站水位过程线

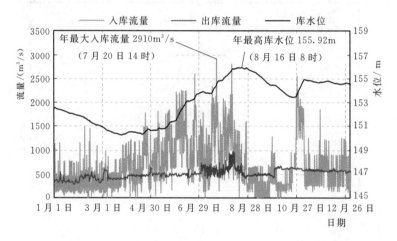

图 2.2-11　1—12 月丹江口水库入、出库流量及库水位过程线

2.2.2　洪水发展过程

2.2.2.1　前期水情

2016 年 1—6 月，长江中下游干流及"两湖"水系来水较常年同期总体偏多，水位偏高。各月来水情况见表 2.2-2。其中，宜昌、汉口、大通站 3—6 月来水偏多 3～4 成，"四水""五河"合成流量偏多 4～5 成。

长江中下游干流水位 3 月初开始持续上涨，4 月 23 日七里山、汉口站水位突破历史同期（4 月）最高水位，并维持快速上涨趋势至 4 月底，5—6 月处于高位波动态势。6 月长江中下游水位偏高，七里山、汉口、湖口、大通站月平均水位分别较历史同期均值偏高 2m 左右。3—6 月干流及"两湖"出口主要站水位过程见图 2.2-12～图 2.2-15。

3 月下旬起，因受连续强降雨影响，"两湖"水系部分支流发生超警洪水，长江流域提前进入汛期。3—6 月期间，长江流域共有 77 条河流 125 站发生超警戒及以上洪水，其

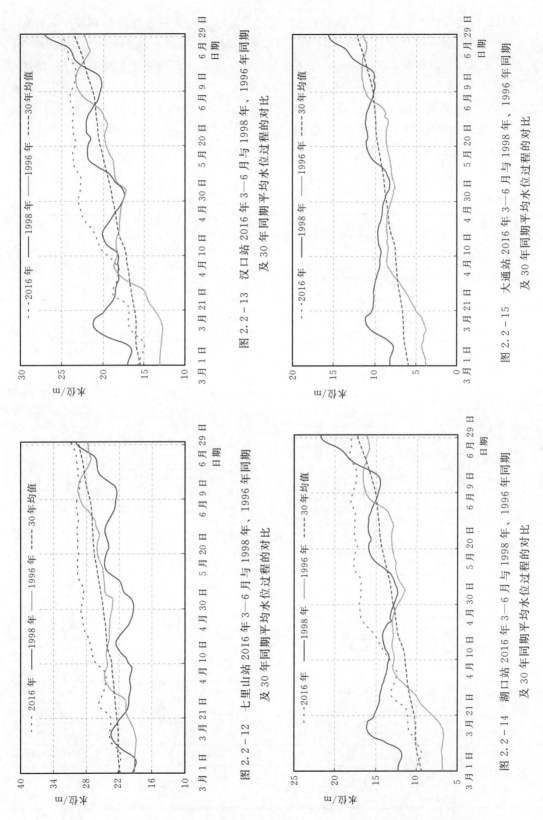

图 2.2-13 汉口站 2016 年 3—6 月与 1998 年、1996 年同期
及 30 年同期平均水位过程的对比

图 2.2-15 大通站 2016 年 3—6 月与 1998 年、1996 年同期
及 30 年同期平均水位过程的对比

图 2.2-12 七里山站 2016 年 3—6 月与 1998 年、1996 年同期
及 30 年同期平均水位过程的对比

图 2.2-14 湖口站 2016 年 3—6 月与 1998 年、1996 年同期
及 30 年同期平均水位过程的对比

中 10 站发生超保证水位洪水，7 站发生超历史记录洪水。超警河流主要分布在三峡区间、乌江、"两湖"水系以及长江下游。其中，湘江支流涓水射埠站 6 月 16 日 3 时 40 分洪峰水位 50.63m（相应流量 1630m³/s），超历史最高水位 0.57m、超保证水位 2.63m；昌江 6 月中旬末下旬初干流全线超警，渡峰坑站洪峰水位达 33.89m（20 日 5 时 48 分，相应流量 7170m³/s），超警戒水位 5.39m，接近历史最高水位（34.27m）；长江下游支流水阳江新河庄站、水阳站及干流镇江、江阴站自 6 月初起维持在警戒水位上下波动。

可见，前期来水丰，河湖底水高，"两湖"水系入汛早，下游干支流率先超警是前期水情的突出特点。

表 2.2 - 2　　　　　　　2016 年 1—6 月长江主要干支流平均流量统计

河名	站名	项　目	1 月	2 月	3 月	4 月	5 月	6 月	3—6 月
金沙江	向家坝（屏山）	2016 年流量/（m³/s）	2010	1900	2130	2450	2470	5350	3090
		历史同期平均流量/（m³/s）	1820	1590	1550	1710	2300	4470	2500
		距平/%	10.4	19.5	37.4	43.3	7.4	19.7	23.6
长江	寸滩	2016 年流量/（m³/s）	4960	4800	5510	6770	9430	14200	8950
		历史同期平均流量/（m³/s）	3760	3340	3660	4800	7160	13000	7130
		距平/%	31.9	43.7	50.5	41.0	31.7	9.2	25.5
	三峡入库	2016 年流量/（m³/s）	6260	6040	7350	10100	13400	21300	13000
		历史同期平均流量/（m³/s）	4680	4170	4870	7080	10900	17400	10000
		距平/%	33.8	44.8	50.9	42.7	22.9	22.4	30.0
	宜昌	2016 年流量/（m³/s）	7910	7270	8400	12800	16600	21600	14800
		历史同期平均流量/（m³/s）	4880	4580	5140	7230	11500	17500	10300
		距平/%	62.1	58.7	63.4	77.0	44.3	23.4	43.7
	螺山	2016 年流量/（m³/s）	13100	12200	14800	24400	32000	32600	25900
		历史同期平均流量/（m³/s）	8270	8550	11300	15000	21400	28100	18900
		距平/%	58.4	42.7	31.0	62.7	49.5	16.0	37.0
	汉口	2016 年流量/（m³/s）	13800	13600	15400	26600	33900	34500	27600
		历史同期平均流量/（m³/s）	9690	9910	12700	16600	23300	30300	20700
		距平/%	42.4	37.2	21.3	60.2	45.5	13.9	33.3
	大通	2016 年流量/（m³/s）	20600	20500	21100	34700	47100	49800	38100
		历史同期平均流量/（m³/s）	12600	13300	18300	24100	31500	39700	28300
		距平/%	63.5	54.1	15.3	44.0	49.5	25.4	34.6
岷江	高场	2016 年流量/（m³/s）	1140	1050	1160	1260	2370	2990	1940
		历史同期平均流量/（m³/s）	872	818	961	1320	2020	3870	2030
		距平/%	30.7	28.4	20.7	−4.5	17.3	−22.7	−4.4
嘉陵江	北碚	2016 年流量/（m³/s）	673	507	556	853	1760	1850	1250
		历史同期平均流量/（m³/s）	510	415	539	876	1610	2510	1380
		距平/%	32.0	22.2	3.2	−2.6	9.3	−26.3	−9.4

河名	站名	项目	1月	2月	3月	4月	5月	6月	3~6月
乌江	武隆	2016年流量/（m³/s）	1250	1240	1550	2560	2930	3940	2740
		历史同期平均流量/（m³/s）	532	536	696	1200	2030	3040	1740
		距平/%	135.0	131.3	122.7	113.3	44.3	29.6	57.5
洞庭湖	"四水"合成	2016年流量/（m³/s）	5080	4150	6730	12500	13700	11500	11100
		历史同期平均流量/（m³/s）	2570	3200	5030	6900	8960	10700	7880
		距平/%	97.7	29.7	33.8	81.2	52.9	7.5	40.9
汉江	兴隆	2016年流量/（m³/s）	574	595	623	652	666	861	700
		历史同期平均流量/（m³/s）	870	859	906	967	1128	1304	1080
		距平/%	−34.0	−30.7	−31.2	−32.6	−41.0	−34.0	−35.2
鄱阳湖	"五河"合成	2016年流量/（m³/s）	4630	4550	5760	10600	11800	10100	9550
		历史同期平均流量/（m³/s）	1810	2360	4430	5980	6880	8940	6540
		距平/%	155.8	92.8	30.0	77.3	71.5	13.0	46.0

2.2.2.2 汛期洪水过程

按照洪水的发生时间及区域，将2016年汛期长江干流洪水分为三个阶段：第一阶段发生在长江上游，形成长江2016年第1号洪水；第二阶段转至长江中下游，中下游干流监利以下江段全线超警，形成了长江2016年第2号洪水；第三阶段同样发生在长江中下游，以监利—九江江段水位回涨，监利—汉口江段再次超警为主要特征。洪水期间尤其是第二、第三阶段中下游干流附近支流也发生了严重洪水，干支流主要站水位流量特征值统计见表2.2-3，洪水过程简述如下。

第一阶段：长江2016年第1号洪水在长江上游形成（6月19日至7月4日）。

此次洪水由寸滩以上干支流来水抬高底水、乌江及三峡区间来水造峰而形成，期间金沙江下段及向家坝—寸滩区间支流多站发生超警戒、超保证洪水。

主要受金沙江中段来水持续增加及下段区间、支流涨水影响，金沙江向家坝站流量6月27日起快速增加，28日增至12600m³/s左右，并维持至月底。长江上游主要支流岷沱江、嘉陵江来水也略有增加，向家坝—寸滩区间多条支流出现短历时超警戒或超保证洪水，其中横江横江（二）站、綦江五岔站洪峰水位分别为292.05m（24日，超警戒水位2.05m，相应流量3910m³/s）、203.70m（28日，超保证水位3.19m，相应流量4150m³/s）。长江上游干流寸滩站来水6月30日快速增加，7月1日14时出现洪峰流量27700m³/s。乌江受其下段强降雨影响，发生超警戒洪水，彭水站、武隆站最大超警戒幅度分别为1.91m、3.09m，武隆站出现多峰涨水过程，最大洪峰流量15300m³/s。受寸滩、武隆来水与三峡区间强降雨影响，三峡水库7月1日14时入库洪峰流量达到50000m³/s，长江2016年第1号洪水在长江上游形成，经三峡水库调蓄后，最大出库流量为31600m³/s，削峰率为36.8%。主要站洪水过程线见图2.2-16~图2.2-18。

表 2.2－3   三次洪水过程期间干支流主要站的水位、流量最大值统计

洪水过程	水系	河流	站名	最高水位/m	最大流量/(m³/s)	出现时间	备注
第一阶段	金沙江	干流	攀枝花站		5920	6月28日	月最大流量
		西宁河	西宁站	766.82		6月24日1时	超保证水位0.02m，相应流量1260m³/s
		大汶溪	新华站	394.53		6月24日0时	超警戒水位0.73m，相应流量753m³/s
		干流	向家坝站		12800	6月30日	月最大流量
	向寸区间	横江	横江(二)站	292.05		6月24日	超保证水位2.05m，相应流量3910m³/s
		綦江	五岔站	203.70		6月28日	超保证水位3.19m，相应流量4150m³/s
	岷江	岷江	高场站		5160	7月1日	
	沱江	沱江	富顺站		1770	7月1日	
	嘉陵江	嘉陵江	北碚站		7110	7月1日	
	长江干流	长江干流	寸滩站	226.91	28700	7月1日17时	
	乌江	乌江	彭水站		15300	6月28日	超警戒水位1.91m，相应流量8620m³/s
	乌江	乌江	武隆站		11500	6月28日	双峰流量
第二阶段	长江干流	长江	三峡水库入库		50000	7月1日14时	
		长江	三峡水库出库		31600	7月1日20时	
	清江	清江	水布垭水库入库		5830	7月1日11时	
		清江	隔河岩水库入库		3860	7月1日10时	
		清江	高坝洲站		2810	7月1日20时	
	洞庭湖"四水"		柘溪水库入库		20400	7月4日14时	
			柘溪水库出库		6190	7月4日23时	超警戒水位4.09m，相应流量9000m³/s
		资水	桃江站	43.29		7月4日7时	
			益阳站	38.50		7月5日8时	超警戒水位2m

洪水过程	水系	河流	站名	最高水位/m	最大流量/(m³/s)	出现时间	备 注
第二阶段	洞庭湖"四水"	沅江	五强溪水库入库		22300	7月5日9时	相应水位58.6m，超警戒水位0.1m
		沅江	五强溪水库出库		11700	7月5日9时	
		澧水	石门站		9050	6月28日	
		湘江	涟源(二)站	140.52	6390	7月2日	
			娄底站	93.63		7月3日	超警戒水位0.34m
			湘乡站	47.22		7月4日	超警戒水位0.67m
			湘潭站		5980	7月4日	超警戒水位0.22m
			湘潭站			7月5日	
		"四水"合成			27000	7月5日20时	双峰流量
	鄂东北	汉北河	天门站	30.61		7月7日11时	超保证水位0.61m，超历史最高水位0.09m
			大富水站	31.85		7月2日7时	超警戒水位2.85m，相应流量1480m³/s
		梁子湖	梁子镇站	21.49		7月12日1时	超保证水位0.13m，超历史最高水位，7月22日退出保证水位
		巴水	马家潭站		7460	7月2日2时	
			花园站		4340	7月6日17时	
		府澴河	涢水隔蒲潭站		4820	7月1日20时	
			合成流量		2700	7月2日11时	
					6730	7月2日2时	
		举水	柳子港站	33.58		7月1日22时30分	超历史最高水位0.47m，相应流量5200m³/s
		倒水	李家集站	30.75		7月2日11时	超历史最高水位0.02m，相应流量3070m³/s
				28.69		7月6日20时	超警戒水位0.69m，相应流量1270m³/s
	鄱阳湖"五河"	修水	柘林水库入库		7000	7月4日3时	
			柘林水库出库		3180	7月4日17时	
			虹津站	24.29		7月5日8时	超警戒水位3.79m，相应流量3320m³/s
			永修站	23.18		7月5日12时40分	接近历史最高水位23.48m

洪水过程	水系	河流	站名	最高水位/m	最大流量/(m³/s)	出现时间	备注
第二阶段	鄱阳湖"五河"	昌江	渡峰坑站	29.09		7月4日	超警戒水位0.59m，洪峰流量3810m³/s
		漳河	南陵站	17.22		7月3日9时	超历史最高水位0.01m，超保证水位1.10m
		巢湖	忠庙站	12.77		7月9日4时	历史第二高水位，超保证水位0.77m，超警戒水位2.27m，超保历时501h，超警历时47d
		西河	缺口站	12.65		7月2日20时	历史第二高水位，超保证水位0.75m，超保历时187h，超警历时44d
			梁家坝站	12.64		7月5日0时	超历史最高水位，超保证水位0.22m，超保证水位1.14m，超警戒水位2.14m
			无为站	12.44		7月6日	历史第二高水位，超保证水位0.94m，超警戒水位1.94m，超保历时617h，超警历时43d
	长江下游	水阳江	南漪湖南姥嘴站	14.52		7月6日5时12分	超保证水位1.52，超保历时21d，超警历时38d
			水阳站	13.65		7月6日1时	超警戒水位3.15m，超警历时48d
			当涂站	12.94		7月6日	相应流量2850m³/s
		青弋江	大套坊站	12.94		7月5日16时	超历史最高水位0.20m
		滁河	晓桥站	11.56		7月5日14时	超警戒水位2.06m
		秋浦河	殷家汇站	18.71		7月4日	超历史最高水位0.32m，超保证水位0.61m，超警戒水位3.21m
		皖河	石牌站	20.52		7月4日19时	超警戒水位0.42m
		菜子湖	车富岭站	17.29		7月7日11时36分	超保证水位0.44m，超警戒水位2.79m，超警历时48d
		固城湖	高淳站	13.21		7月6日6时	超历史最高水位0.14m
		石臼湖	蛇山闸站	13.02		7月6日11时	超历史最高水位0.34m
		秦淮河	东山站	11.44		7月7日6时	超历史最高水位0.27m

洪水过程	水系	河流	站名	最高水位/m	最大流量/(m³/s)	出现时间	备注
第二阶段	中下游干流	中下游干流	莲花塘站	34.29	—	7月7日23时	接近保证水位34.40m
			汉口站	28.37	—	7月7日4时	超警戒水位1.07m
			大通站	15.66	—	7月8日23时	超警戒水位1.26m
			监利以下江段	—	—	7月4日前后	全线超警，长江第2号洪水形成
		清江	水布垭水库入库		13100	7月19日20时	
	清江		水布垭水库出库		5560	7月20日12时	
			隔河岩水库入库		9750	7月19日16时	
			高坝洲水库入库		7810	7月20日14时	
			高坝洲站		7440	7月20日8时	
第三阶段	洞庭湖"四水"	沅水	五强溪水库入库		13900	7月20日15时	
		澧水	石门站		6820	7月19日4时	
		"四水"合成	"四水"合成		22800	7月19日2时	
		汉北河	天门站	31.35		7月21日6时	超历史最高水位0.83m，超保证水位1.35m，超警戒水位2.05m
		大富水	应城站	33.66		7月21日3时	超历史最高水位0.70m，超保证水位0.66m，超警戒水位4.66m
		鄂东北府澴河	邾龙潭站	31.19		7月21日3时	超保证水位1.50m，相应流量9300m³/s
		鄂东北合成流量	合成流量		10700	7月21日2时	
		沮漳河	河溶站	49.17		7月20日18时	超警戒水位0.67m
		沮漳河			1330	7月20日6时	
	中下游干流	监利—九江江段	—	—	—		水位相继回涨
		监利—汉口江段	—	—	—	7月18日前后	再次超警，超警幅度0.18~0.53m

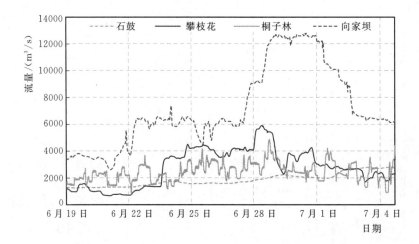

图 2.2-16　向家坝等 4 站的流量过程线（6 月 19 日至 7 月 4 日）

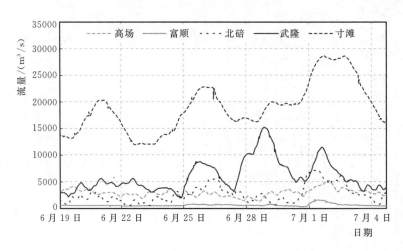

图 2.2-17　寸滩等 5 站的流量过程线（6 月 19 日至 7 月 4 日）

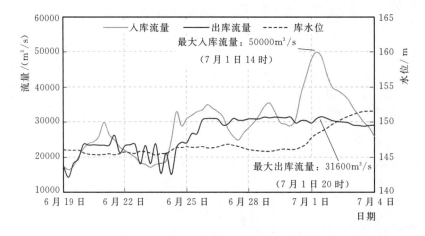

图 2.2-18　三峡水库入、出库流量及库水位过程线（6 月 19 日至 7 月 4 日）

第二阶段：长江 2016 年第 2 号洪水在长江中下游形成（7 月 3—18 日）。

受 6 月 30 日至 7 月 6 日长江中下游地区持续强降雨过程影响，清江、洞庭湖水系湘江、资水、沅江、澧水，长江中游干流附近地区，鄂东北诸河，鄱阳湖水系昌江、修水及长江下游水阳江、滁河等支流的来水大幅增加。

三峡水库在延续长江 1 号洪水期间按 30000m³/s 左右进行削峰调度的基础上，7 月 6 日 8 时开始减小出库，7 日 14 时减小至 20000m³/s 左右维持。清江水布垭水库、隔河岩水库入库发生小幅涨水，经水库拦蓄后，高坝洲站洪峰流量 2810m³/s（7 月 1 日 20 时）。

洞庭湖"四水"及洞庭湖湖区共计 34 站出现超警戒水位及以上的洪水，洞庭湖"四水"7 月 5 日 20 时出现最大合成流量 27000m³/s。其中，资水柘溪水库 7 月 4 日 14 时出现最大入库流量 20400m³/s，经水库调蓄后，最大出库流量为 6190m³/s（7 月 4 日 23 时），削峰率约 69%；桃江站 7 月 5 日 6 时出现洪峰水位 43.29m（相应流量 9000m³/s），超过警戒水位 4.09m；益阳站 7 月 5 日 8 时出现洪峰水位 38.50m，超过警戒水位 2.00m。沅江五强溪水库 7 月 5 日 9 时出现最大入库流量 22300m³/s，经水库调蓄后，最大出库流量为 11700m³/s（7 月 5 日 22 时），削峰率约 48%。澧水石门站出现双峰洪水过程，洪峰流量分别为 9050m³/s（6 月 28 日，水位 58.60m，超警戒水位 0.10m）、6390m³/s（7 月 2 日）。

鄱阳湖"五河"及鄱阳湖湖区共计 28 站出现超警戒及以上洪水。其中，修水柘林水库 7 月 4 日 3 时出现最大入库流量 7000m³/s，经水库调蓄后，最大出库流量为 3180m³/s（7 月 4 日 17 时），削峰率 55%；虬津站 7 月 5 日 8 时出现洪峰水位 24.29m（超警戒水位 3.79m，相应流量 3320m³/s）；永修站 7 月 5 日 12 时 40 分出现洪峰水位 23.18m，接近历史最高水位（23.48m，1998 年 7 月 31 日）；昌江渡峰坑站 7 月 4 日时出现洪峰水位 29.09m（超警戒水位 0.59m，相应流量 3810m³/s）。

长江中下游多数支流发生超警戒水位及以上洪水，所涉支流（湖泊）有汉北河、鄂东北诸河、梁子湖、漳河、巢湖、西河、水阳江等共 20 多条（个），其中汉北河天门站、大富水应城站、举水柳子港站、倒水李家集站、梁子湖梁子镇站、青弋江大砻坊站、秋浦河殷家汇站、固城湖高淳站、石臼湖蛇山闸站、秦淮河东山站等发生超历史特大洪水，巢湖忠庙站、西河缺口站及无为站、水阳江南漪湖南姥嘴站等发生历史第二位的特大洪水。汉北河、鄂东北诸河连续出现两次涨水过程，汉北河两次洪水过程均超历史记录，鄂东北诸支流最大合成流量高达 25000m³/s（7 月 2 日 2 时），历史罕见；水阳江水阳站水位 6 月 1 日 23 时起超警（10.50m），此后维持在警戒水位上下波动，6 月 20 日 18 时再次超警，7 月 6 日 1 时最高水位 13.65m（超警戒水位 3.15m），直至 8 月 6 日退出警戒，持续超警时间长达 48d，为流域内持续超警时间最长。

受上述来水及区间来水叠加影响，长江 2016 年第 2 号洪水形成。7 月 2 日 6 时，长江南京站突破警戒水位；7 月 3 日 3 时长江大通站水位达到警戒水位；7 月 4 日前后长江中下游监利以下江段全线超过警戒水位。莲花塘站 7 月 23 时出现洪峰水位 34.29m，接近保证水位 34.40m，汉口站、大通站洪峰水位分别为 28.37m（7 月 4 时）、15.66m（8 日 23 时），分别超警戒水位 1.07m、1.26m，部分水文（位）站、水库站的水位、流量过程线见图 2.2-19~图 2.2-28。

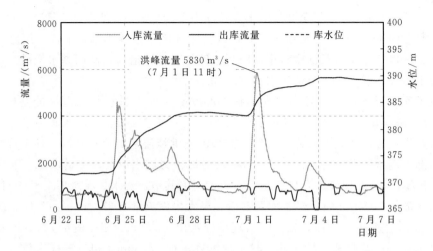

图 2.2-19　清江水布垭水库 6 月 22 日至 7 月 7 日入库、出库流量及库水位过程线

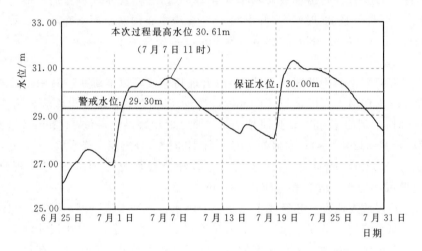

图 2.2-20　汉北河天门站 6 月 25 日至 7 月 31 日水位过程线

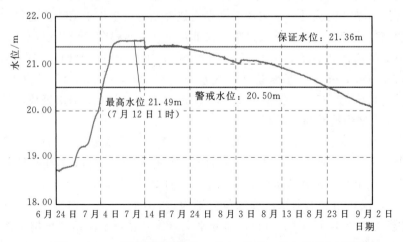

图 2.2-21　梁子湖梁子镇站 6 月 24 日至 9 月 2 日水位过程线

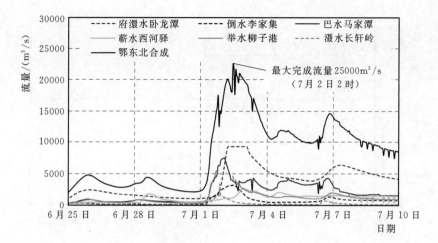

图 2.2-22　鄂东北诸支流 6 月 25 日至 7 月 10 日流量过程线

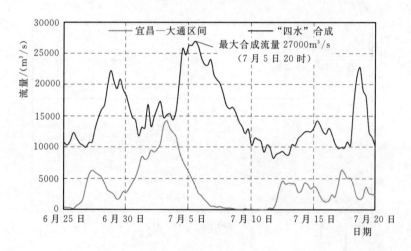

图 2.2-23　宜昌—螺山区间及洞庭湖"四水"合成 6 月 25 日至 7 月 20 日流量过程线

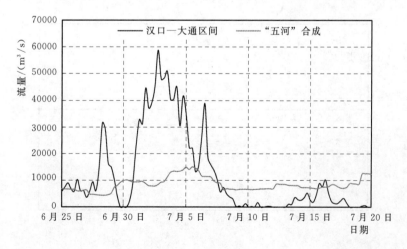

图 2.2-24　汉口—大通区间及鄱阳湖"五河"合成 6 月 25 日至 7 月 20 日流量过程线

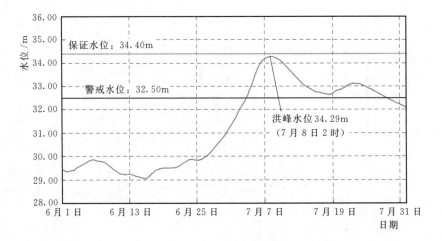

图 2.2－25 莲花塘站 2016 年 6 月 1 日至 8 月 1 日水位过程线

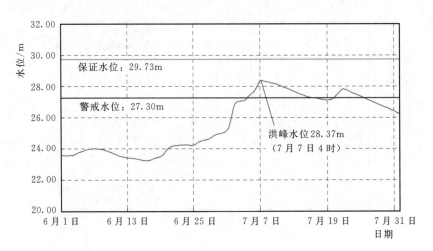

图 2.2－26 汉口站 2016 年 6 月 1 日至 8 月 1 日水位过程线

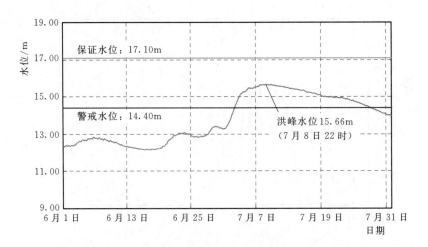

图 2.2－27 大通站 2016 年 6 月 1 日至 8 月 1 日水位过程线

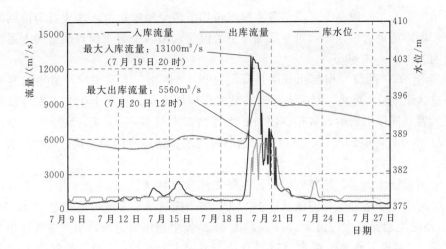

图 2.2-28　清江水布垭水库 7 月 9—29 日入出库流量及库水位过程线

第三阶段：监利至汉口江段再次超警（7 月 18 日至 8 月 1 日）。

受长江中下游地区 7 月 18—20 日持续强降雨过程影响，清江、洞庭湖沅江和澧水、长江中游干流附近地区、鄂东北等支流的来水大幅增加。

清江水布垭水库 7 月 19 日 20 时出现最大入库流量 13100m^3/s，经水库调蓄后，最大出库流量 5560m^3/s（7 月 20 日 12 时），削峰率约 58%；隔河岩水库、高坝洲水库最大入库流量分别为 9750m^3/s（7 月 19 日 16 时）、7810m^3/s（7 月 20 日 14 时），经调蓄后分别削峰 3120m^3/s、710m^3/s；高坝洲水文站 20 日 8 时出现洪峰流量 7440m^3/s。

沅江五强溪水库 7 月 20 日 15 时出现最大入库流量 13900m^3/s；澧水石门站 7 月 19 日 4 时 3 分出现洪峰流量 6820m^3/s；洞庭湖"四水"7 月 19 日 2 时出现最大合成流量 22800m^3/s。

长江中游干流武汉附近汉北河、大富水发生超历史洪水过程，其中汉北河天门站洪峰水位 31.35m（7 月 21 日 6 时），超保证水位 1.35m，超历史最高水位 0.83m，大富水应城站洪峰水位 33.01m（21 日 3 时，相应洪峰流量 2100m^3/s），超保证水位 0.01m，超历史最高水位 0.75m。鄂东北诸支流 7 月 21 日 2 时出现最大合成流量 10700m^3/s，其中府澴河卧龙潭站 7 月 21 日 3 时出现洪峰水位 31.19m（相应流量 9300m^3/s），超保证水位 1.50m。

主要受上述来水影响，中下游干流监利—九江江段水位 7 月 18 日前后相继回涨，监利—汉口江段再次超警，21 日前后现峰转退，最大超警幅度为 0.18～0.53m，此后持续退水，7 月底 8 月初退出警戒。

2.2.3　水情特点

（1）来水总体偏多，地区分布丰枯不均。2016 年长江流域来水较常年总体偏多，呈"中下游多上游少、南多北少"的格局，其中以鄱阳湖"五河"偏多 4 成最为明显。长江流域地区来水分布不均，涝旱并重，其中中下游干流及"两湖"来水偏丰，汉江、嘉陵江来水偏少，以汉江兴隆站偏少 4 成最为突出。

（2）前期河湖底水高，两湖入汛早。每年 4 月初长江上中游各梯级水库开始陆续消落

— 51 —

准备迎战汛期洪水，一般在 6 月底前各水库水位均消落至汛限水位。水库群消落期间，一般情况下，出库流量大于入库流量，增加中下游流量，抬高下游水位，螺山—大通江段水位平均影响为 1.00～2.50m。

2016 年汛前，"两湖"南部出现明显降雨过程，"两湖"水系来水较常年同期明显偏多，提前进入汛期，"两湖"湖区水位均突破常年同期水位；长江上中游水库群陆续消落备汛，受两者共同作用影响，宜昌、汉口、大通站来水偏多 3～4 成，城陵矶、湖口站偏多 4～5 成；4 月城陵矶、汉口、湖口、大通站月均水位创历史同期新高，6 月分别较历史同期偏高幅度 2m 左右。

（3）河湖超警站点多、超警时间长，多条支流发生特大洪水。2016 年 3—7 月，长江流域 155 条河流 245 站发生超警戒及以上洪水，多个控制站超警戒时间超过 20d，其中 24 条河流 29 站发生超保证水位洪水，31 条河流 35 站发生超历史记录洪水，主要分布在长江中下游干流、"两湖"水系、鄂东北诸河及长江下游主要支流。7 月，长江中下游干流附近及"两湖"水系共 23 条支流发生超历史洪水。清江水布垭水库、资水柘溪水库出现建库以来最大入库洪峰，鄂东北的府澴河卧龙潭站洪峰流量 9300m³/s，上述支流洪水重现期达 100 年以上；湖北梁子湖 7 月 7 日 22 时出现自 1958 年有水文观测记录以来的最高水位 21.44m，为缓解位于鄂州市境内的广家洲大堤的防汛压力，7 日破垸分洪，12 日 1 时再创历史新高，达到 21.49m。巢湖、水阳江等水系亦发生超历史记录的大洪水。

7 月 3 日长江 2016 年 2 号洪水在长江中下游形成，中下游干流监利以下江段全线超警，中下游地区发生区域性大洪水。本次编号洪水，莲花塘站洪峰水位达 34.29m，接近保证水位 34.40m，螺山、汉口、湖口、大通洪峰水位均居历史最高水位前列。此外，洪水上涨快，其中汉口站 24h 涨幅达 1.39m，创历史纪录。鄱阳湖出现明显的长江洪水倒灌现象，长江中下游干流主要控制站超警历时为 8～29d，超警范围、超警历时均为 1998 年以来首位。

（4）湖泊溃水、城市内涝严重。受连续强降雨影响，长江中下游湖北、安徽等省境内湖泊出现了不同程度的溃水，湖北境内五大湖泊中有四个湖泊的水位超保证水位，梁子湖、长湖水位超历史最高水位，安徽省境内的沿江湖泊群中菜子湖等四个湖泊水位超历史最高水位，巢湖湖区水位位列 1962 年有实测资料以来第 2 位。为缓解防洪压力，梁子湖实施了破垸分洪、隔堤爆破，巢湖东大圩开启进洪闸分蓄洪水。

受短历时强暴雨影响，沿江城镇内涝严重，武汉、南京、南昌等城市现"城区看海"现象。7 月 5 日 20 时至 6 日 8 时，武汉中心城区降雨量 180mm，远城区蔡甸区降雨量 206mm，全市最大降雨点出现在挽月中心站点，降雨量 277mm。武汉城区大部分地段出现内涝，全市启动排溃红色预警，长江隧道封闭，汽轮、汽渡停航，多处道路、涵洞、隧道、地铁站点因出现严重溃水无法通行。7 日，南京市雨花台区、建邺区至陶吴禄口区域突发强雷雨，1—4 时多处出现超 100mm 的强降雨，梅山二中降雨量达 235.5mm。南京西善桥地区的大众花园等小区被淹最深约 1.3m，南京地铁一号线中华门站、三号线明发广场等站点淹水被迫退出运行，一号线安德门—天隆寺轨道一度出现约 1m 的淹水。15 日，南昌遭强降雨袭扰，南昌县武阳镇武阳村 1h 雨量就达 82.3mm。城区低洼路段严重内涝，其中南昌市高新区一处街道积水深超过 0.5m，南昌南京西路贤士一路口段、八一广场等多个路段出现了明显的积水现象。

（5）出梅后丰枯急转。7月中旬出梅后，长江流域降水持续偏少，8月降水偏少达3成。虽然8月中下游干流来水受水库影响正常或略偏多，但自9月起，长江流域来水明显偏少，9—10月长江上游来水偏少3～4成，中下游干流螺山—大通各站偏少3～5成；中下游干流江段水位呈持续消退态势，最低水位居历史同期前列，汉口、大通站9月月平均水位分别较历史同期平均水位偏低5.18m、2.68m，月最低水位分别居历史最低水位第2位、第3位。10月中下游干流各站月最低水位仍位居历史同期前列，11—12月枯水形势有所好转。

第3章 暴雨分析

2016年汛期长江流域暴雨过程频繁，共发生18次暴雨过程，其中入汛至梅雨期结束（3月21日至7月20日）共发生15次。梅雨期持续时间长（33d），暴雨强度大，暴雨过程多（6次），雨带稳定。其中，以6月30日至7月6日暴雨过程为年内最强，强降雨中心长时间维持在中下游地区，导致中下游干支流来水迅猛上涨。

3.1 降雨时空分布

本节重点分析2016年3月21日入汛至8月期间长江流域降雨时空分布特点，发现有两个降雨集中时段特点最为明显。

第一个降雨集中时段为4月上中旬，降雨主要集中在长江中下游干流及两湖水系，见图3.1-1（a）。其中，长江中游干流和长江下游干流区间为明显的多雨中心，4月上中旬长江中下游干流附近降雨较常年同期偏多1倍以上，见图3.1-1（b）。

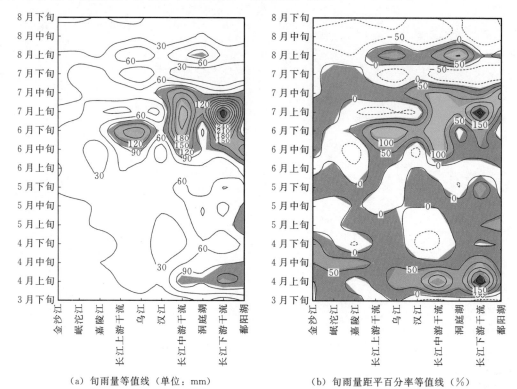

（a）旬雨量等值线（单位：mm）　　　　　（b）旬雨量距平百分率等值线（%）

图3.1-1　2016年3月下旬至8月长江流域各区旬雨量和距平

第二个降雨集中时段为6月中旬至7月中旬，降雨持续时间长、强度大、范围广。流

— 54 —

域内共出现两个降雨中心：一个位于长江上游干流区间和乌江，另一个位于长江中下游干流区间。两个降雨中心雨量较常年同期偏多1倍以上，尤其是长江下游干流区间偏多2倍以上，见图3.1-1（b）。入汛后长江流域的两次降雨集中时段均发生在中下游干流区间，说明2016年长江流域降雨具有明显集中的特点。

此外，也发现梅雨结束后，长江流域降雨明显偏少，少雨时段主要出现在7月中旬以后，7月下旬干流及其以南地区降雨偏少，8月中旬以后出现了全流域降雨偏少。

从长江上游、中下游及全流域逐旬降水量来看（见图3.1-2），流域和中下游旬降水极值均出现在7月上旬，上游则出现在6月下旬，均处在梅雨季节。7月下旬以后涝旱急转，除8月上旬外，流域各旬降水均偏少。其中，入汛后长江流域和上游的旬雨量偏少极值均出现在8月中旬，长江中下游则出现在7月下旬。

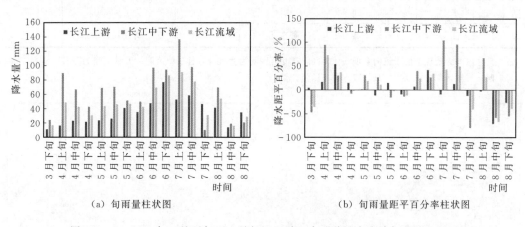

（a）旬雨量柱状图　　　　　　　　　　　　（b）旬雨量距平百分率柱状图

图3.1-2　2016年3月下旬至8月长江上游、中下游及全流域旬雨量和距平

3.2　暴　雨　过　程　统　计

3.2.1　统计标准

根据《江河流域面雨量等级》（GB/T 20486—2006）[37]中对面雨量强度及等级的划分和定义，日面雨量超过30mm的降雨则为暴雨。考虑到长江流域面积较大，将流域按照水系和水库节点划分为39个分区，见图3.2-1和表3.2-1。为分析入汛后的暴雨过程，将长江流域39个分区中单日出现3个及以上分区面雨量超过30mm暂定为一次暴雨过程。

表3.2-1　　　　　　　　　　长江流域39个分区名称及面积

序号	分　区	面积/万 km²	序号	分　区	面积/万 km²	序号	分　区	面积/万 km²
1	金沙江上游流域	21.6	5	岷江	13.5	9	渠江	3.8
2	金沙江中游流域	4.4	6	沱江	2.0	10	向寸区间	7.1
3	金沙江下游流域	7.2	7	嘉陵江	9.1	11	乌江上游	4.1
4	雅砻江	12.8	8	涪江	2.9	12	乌江中游	2.7

序号	分 区	面积/万 km²	序号	分 区	面积/万 km²	序号	分 区	面积/万 km²
13	乌江下游	1.5	22	洞庭湖区	4.7	31	修水	1.3
14	寸万区间	2.4	23	陆水	0.3	32	赣江	8.0
15	万宜区间	3.5	24	石泉以上	2.4	33	抚河	1.6
16	清江	1.6	25	石泉—安康	1.5	34	信江	1.5
17	江汉平原	3.4	26	安康—丹江口	5.6	35	饶河	1.1
18	澧水	1.5	27	丹皇区间	4.5	36	鄱阳湖区	2.7
19	沅江	8.6	28	皇庄以下	1.6	37	长江下游干流	10.5
20	资水	2.7	29	武汉		38	滁河	0.7
21	湘江	8.3	30	鄂东北	4.5	39	青弋江、水阳江	1.1

注 向寸区间为长江上游干流向家坝—寸滩区间；寸万区间为寸滩—万县三峡区间；万宜区间为万县—宜昌三峡区间；丹皇区间为汉江中游丹江口—皇庄区间。

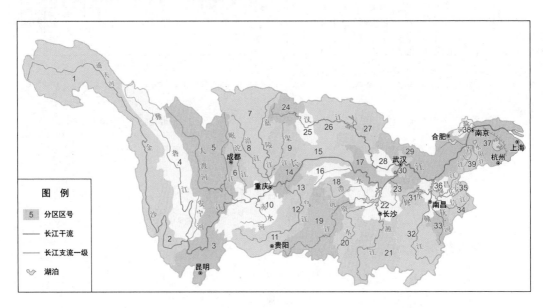

图 3.2-1 长江流域按水系和水库节点划分 39 个分区示意图

3.2.2 汛期暴雨过程

按照上述暴雨过程标准分析统计，2016 年汛期（3 月 21 日至 10 月 31 日），长江流域共发生 18 次暴雨过程，其中入汛至梅雨期结束（3 月 21 日至 7 月 20 日）发生 15 次，9 月发生 3 次（见表 3.2-2），8 月和 10 月无暴雨过程。从暴雨过程的落区来看，仅分析入汛至梅雨期间的 15 次暴雨过程，发现过程中心雨带主要位于长江中下游地区的共有 10 次；7 月下旬至 8 月期间，流域内没有发生暴雨过程；年内最强的一次暴雨过程为 6 月 30 日至 7 月 6 日，暴雨自上游开始后，移至中下游地区并长时间维持。

表 3.2－2　　　　　　　　　　　　2016 年汛期长江流域暴雨过程统计

月份	起止日期	主要落区	累积面雨量（≥50mm）
4 月	5—9 日	长江中下游干流及"两湖"水系	除修水外的两湖水系各分区面雨量为 51～72mm 不等，另长江下游干流区间 71mm、鄂东北 69mm、江汉平原 65mm、陆水 60mm
	19—20 日	长江中下游干流附近	陆水 92mm，信江饶河 78mm，鄱阳湖区 74mm，修水 70mm，洞庭湖区 51mm
5 月	1—2 日	长江中下游干流附近	
	6—9 日	长江上游嘉陵江、向寸区间、乌江、三峡区间、中下游干流及"两湖"水系	信江饶河 133mm，赣江抚河 92mm，修水 75mm，沅江 63mm，鄱阳湖区 62mm，湘江、洞庭湖区 54mm，资水 50mm
	12—15 日	长江流域自西向东	
	18—20 日	"两湖"水系	赣江抚河 90mm，湘江 53mm
	25—28 日	长江中下游干流附近	陆水 77mm，信江饶河 71mm，修水、鄱阳湖区 62mm，洞庭湖区 53mm
	5 月 31 日至 6 月 3 日	三峡清江及长江中下游干流附近	鄱阳湖区 127mm，信江饶河 115mm，修水 102mm，陆水 92mm，鄂东北 74mm，三峡寸滩—万县、万县—宜昌区间分别为 61mm、67mm，清江 57mm，长江下游干流 60mm
6 月	14—16 日	长江干流以南	赣江抚河 73mm，湘江 66mm，信江饶河 65mm
	18—21 日	长江干流附近	澧水 149mm，武汉地区 130mm，鄂东北 102mm，鄱阳湖区 100mm，信江饶河 72mm，长江下游干流 79mm，江汉平原 57mm，向寸区间 66mm，清江 64mm，乌江 51mm
	22—25 日	长江干流附近	清江 97mm，三峡万宜区间 94mm，汉江石泉—安康区间 62mm，鄂东北 58mm，武汉地区 56mm，长江下游干流 51mm
	26—29 日	乌江、长江中下游干流附近	陆水 111mm，澧水 110mm，信江 109mm，青弋江水阳江 108mm，鄂东北 63mm，乌江 58mm
	6 月 30 日至 7 月 6 日	自长江上游开始，在长江中下游长时间维持	武汉地区 537mm，鄂东北 320mm，陆水 319mm，长江下游干流 297mm，江汉平原 264mm，修水 245mm，资水 194mm，洞庭湖区 185mm，鄱阳湖区 158mm，沅江 123mm，澧水 120mm（其他略）
7 月	13—17 日	长江流域自西向东	修水 89mm，鄱阳湖区 83mm，赣江抚河 77mm，信江饶河 64mm，陆水 66mm，三峡万宜区间、澧水 57mm，江汉平原、资水、洞庭湖区、汉江上游石泉—安康、安康—丹江口 50～55mm
	18—20 日	长江流域自西向东	江汉平原 160mm，清江 141mm，澧水 98mm，鄂东北 77mm，武汉 65mm，汉江丹皇区间 57mm

月份	起止日期	主要落区	累积面雨量（≥50mm）
9月	8—10日	金沙江下游、长江上游干流、乌江及两湖水系	湘江54mm，资水51mm，洞庭湖区50mm
	14—16日	长江上游干流、长江下游干流区间及鄱阳湖水系东部	滁河92mm，长江下游干流91mm，青弋江水阳江82mm，信江59mm，饶河56mm
	28—30日	鄱阳湖水系及长江下游干流	青弋江水阳江130mm，长江下游干流115mm，抚河88mm，修水85mm，赣江、陆水71mm，鄱阳湖区62mm，滁河61mm，信江52mm

3.2.3 梅雨期暴雨过程

长江中下游地区每年6月、7月常常会出现一段持续的阴雨天气现象，由于正处于江南梅子的成熟期，故称其为"梅雨"。中下游各省气象局一般自行发布本地区入、出梅时间。近年来，中国气象局统一制定了梅雨标准，根据强降雨集中地区不同，将梅雨由南向北分为江南梅雨、长江中下游梅雨、江淮梅雨三种类型。现按长江中下游梅雨统计标准分析。

2016年长江中下游梅雨期为6月18日至7月20日，梅雨期内有6次暴雨过程，见图3.2-2，具体分述如下。

（1）6月18—21日，长江干流沿线附近出现大雨、局地暴雨或大暴雨。降雨中心位于乌江中游至澧水上游、鄂东北、鄱阳湖区和饶河等地。饶河、澧水、武汉地区过程面雨量分别为145mm、139.5mm、123.5mm。250mm以上雨量笼罩面积为0.4万 km²，100～250mm雨量笼罩面积为12.2万 km²。鄱阳湖区的浒田桥站过程雨量达366.5mm。

（2）6月22—25日，降雨过程自上游开始向中下游移动。降雨中心位于三峡区间、清江、乌江中游等地。万宜区间、清江过程面雨量分别为102.5mm、97.5mm。100～250mm雨量笼罩面积约5.9万 km²。乌江上坝站过程雨量278mm。

（3）6月26—29日，干流沿线附近出现中到大雨、局地暴雨。降雨中心位于乌江中下游、澧水、陆水至中下游干流沿线。过程面雨量：陆水111mm，澧水110mm，信江109mm。100～250mm雨量笼罩面积约10万 km²。乌江中游大河口站过程雨量299mm。

（4）6月30日至7月6日，暴雨过程自长江上游开始，在长江中下游长时间维持，本次强降雨过程维持时间7d，强度以大到暴雨为主，为年内最强。强降雨中心位于长江中下游干流一线。武汉地区、鄂东北、长下干区间的过程面雨量分别为537mm、320mm、297mm。过程雨量大于500mm的笼罩面积约1.4万 km²，250～500mm雨量的笼罩面积约14.1万 km²，100～250mm雨量的笼罩面积约25.9万 km²。其中，武昌气象站累积雨量734.7mm，南京站累积雨量489.2mm。

（5）7月13—17日，流域自西向东出现中到大雨的降雨过程。降雨中心位于鄱阳湖水系和洞庭湖水系北部等地。雨量大于100mm的笼罩面积约8.2万 km²。过程面雨量修水94.9mm，饶河92.8mm，陆水86.5mm，洞庭湖区70.5mm。鄱阳湖区莲塘站过程雨量285.5mm。

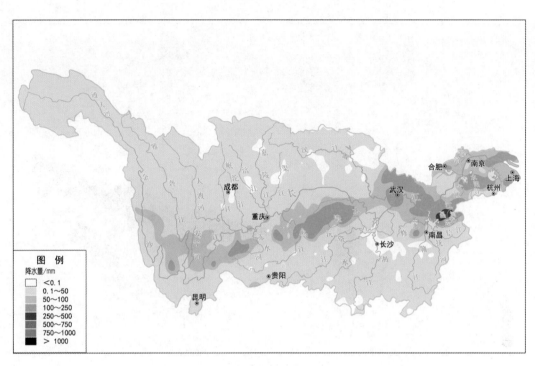

（a）　6月18—21日

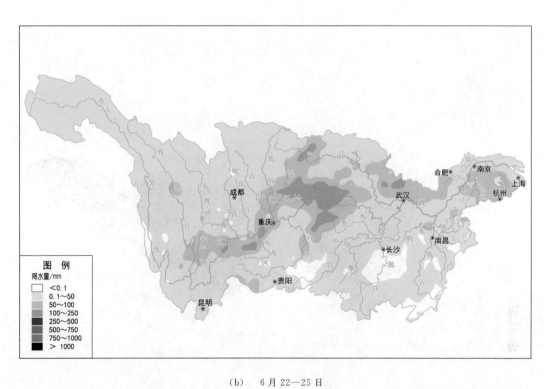

（b）　6月22—25日

图 3.2-2（一）　长江中下游梅雨期（6月18日至7月20日）暴雨过程空间分布示意图

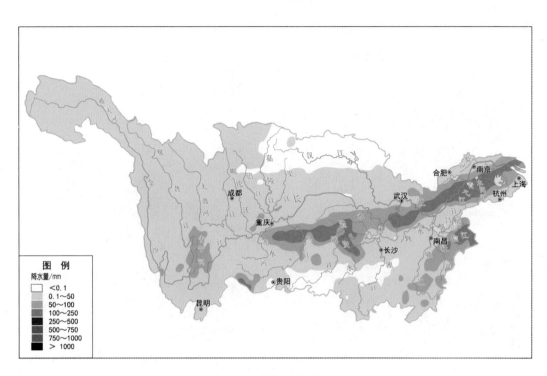

（c） 6月26—29日

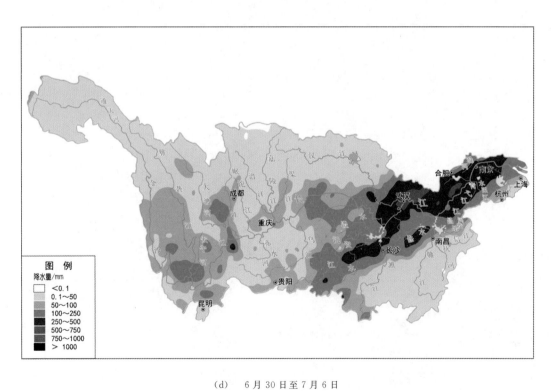

（d） 6月30日至7月6日

图 3.2 - 2（二） 长江中下游梅雨期（6月18日至7月20日）暴雨过程空间分布示意图

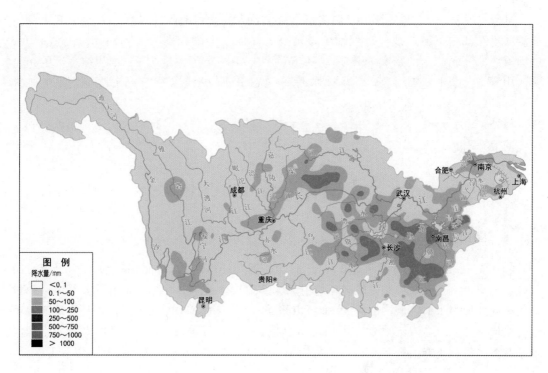

（e） 7月13—17日

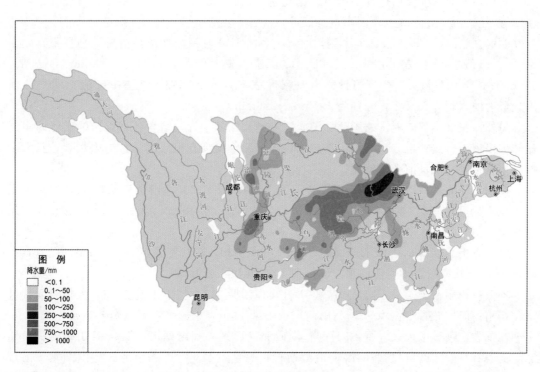

（f） 7月18—20日

图 3.2-2（三） 长江中下游梅雨期（6 月 18 日至 7 月 20 日）暴雨过程空间分布示意图

（6）7月18—20日，流域自西向东再次出现大到暴雨的降雨过程。降雨中心主要位于清江至汉江中下游一线。过程面雨量清江、汉江中下游分别为138.6mm、101.4mm。过程雨量250mm以上的笼罩面积约1.1万km^2，100～250mm雨量的笼罩面积约8.3万km^2。汉江中下游大同（二）、乌江思林水库、江汉平原沙洋（三）站过程雨量分别为593.5mm、328mm、324.5mm。

另外，7月9—11日，受2016年1号台风登陆影响，赣江、抚河及长下干出现中到大雨，局地暴雨。

3.3 暴雨特征分析

3.3.1 梅雨期暴雨

2016年长江中下游梅雨期为6月18日至7月20日，入梅时间偏晚约4d，出梅时间偏晚约8d，梅雨期历时33d，较多年均值29.3d偏长。长江中下游干流附近大部地区雨量较历史同期偏多1倍以上，位居1951年以来第3位。梅雨期单站降雨量最大的是湖北团风县横河站和罗田县双河口站，累积雨量分别为1354mm、1268mm，两站梅雨期累积雨量与其多年平均年降雨量基本相当。梅雨期雨量大于500mm的笼罩面积约21.4万km^2，大于750mm的笼罩面积约为5.5万km^2，参见图2.1-15和图2.1-16。

对梅雨期5次强降雨过程中的单站雨量进行1h、3h、6h、12h、24h雨量统计，对长江流域各子流域1d、3d、7d面雨量特征进行统计，见表3.3-1。1h雨量最大的为7月6日6时武汉江岸区二七站119mm，其次为7月19日6时荆门沙洋县拾桥（马良集）闸上站112.5mm，同时该站也是3h、6h、12h雨量最大的站，分别为285mm、470mm、589mm；24h雨量最大的为荆门钟祥市罗家集站681mm，突破当地历史极值。1d、3d面雨量最大的区均为武汉区，分别为137mm、296mm。

另外，长江中下游地区的湖北、湖南、安徽和江苏4省，结合各自省份的实际防汛工作和多年梅雨特点，也分别分析了本省的梅雨情况，均具有梅雨期长，梅雨量大，且大多排在本省多年梅雨量前列等特征。

其中，湖北省梅雨期为6月18日至7月20日，共计33d，较常年偏长9d，梅雨期全省累积雨量528mm，较多年均值偏多1.1倍，比1998年491mm偏多37mm，列1986年以来第1位，见表3.3-2。

湖南省梅雨期为6月19日至7月20日，共计32d，较常年偏多14d，梅雨期全省累积雨量281.1mm，较多年均值偏多3成，列1981年以来第9位。

安徽省梅雨期为6月18日至7月21日，梅雨期34d，较常年偏长9d，入梅时间接近常年，出梅时间较常年偏晚9d，梅雨期全省雨量442mm，较多年均值偏多6成。

江苏省淮河以南地区6月19日起自南向北先后进入梅雨期，7月20日出梅，梅雨期32d，入梅时间正常，出梅时间晚，梅雨期长，雨量南多北少；苏南地区梅雨期累积雨量543mm，较多年均值偏多1.3倍，位居历史第3位，太湖流域累积雨量521.1mm，较多年均值偏多1.2倍，位居历史第3位。江苏省内梅雨期最大单站雨量为南京水碧桥站935.5mm。

表 3.3－1

长江流域 6 月 18 日至 7 月 20 日暴雨极值统计

暴雨过程	雨量极值					面雨量		
	1h	3h	6h	12h	24h	1d	3d	7d
6 月 18—21 日	20 日 8 时乌江上坝108mm	20 日 7—9 时乌江上坝194mm	19 日 6—11 时鄱阳湖莲南281mm	19 日 5—16 时鄱阳湖浔田桥站327mm	18 日 22 时至 19 日 21 时鄱阳湖浔田桥站367mm	19 日武汉100mm	18—20 日饶河145mm	—
6 月 22—25 日	25 日 0 时乌江上坝100mm	24 日 22 时至 25 日 0 时乌江上坝196mm	24 日 22 时至 25 日 3 时乌江上坝268mm	24 日 22 时至 25 日 6 时乌江上坝276mm（仅 9 小时数据）	24 日 22 时至 25 日 6 时乌江上坝276mm（仅 9 小时数据）	24 日万县—宜昌区间66mm	23—25 日万县—宜昌区间 99mm	—
6 月 26—29 日	28 日 16 时赣江井冈冲水库80mm	29 日 15—17 时饶河竹岭143mm	27 日 22 时至 28 日 3 时乌江织金站165mm	27 日 20 时至 28 日 7 时乌江织金站200mm	27 日 14 时至 28 日 13 时乌江西阳站238mm	27 日陆水109mm	26—28 日陆水111mm	—
6 月 30 日至 7 月 6 日	6 日 6 时武汉二七站119mm	3 日 21—23 时沅江凉亭坳站207mm	3 日 20 时至 4 日 1 时沅江凉亭坳站248mm	5 日 18 时至 6 日 5 时横江普耳渡站310mm	6 月 30 日 18 时至 7 月 1 日 17 时长江中游下段北栗子关站385mm	5 日武汉地区137mm	6 月 30 日至 7 月 2 日武汉地区296mm	6 月 30 日至 7 月 6 日武汉地区537mm
7 月 18—20 日	19 日 6 时荆门沙洋县拾桥（马良集）闸上112.5mm	19 日 5—7 时荆门沙洋县拾桥（马良集）闸上285mm	19 日 5—10 时荆门沙洋县拾桥（马良集）闸上470mm	19 日 4—15 时荆门沙洋县拾桥（马良集）闸上589mm	19 日 3 时至 20 日 2 时荆门钟祥市罗家集681mm	19 日皇庄以下区域116mm	18—20 日皇庄以下区域219mm	—

注 表中不同时段极值雨量中，8 时表示 7—8 时之间的 1h 雨量，7—9 时为 7 时、8 时、9 时的整点报汛雨量，即表示 7—9 时的 3h 的累积雨量；面雨量 1d 表示当日 8 时至次日 8 时的面雨量（面雨量数据来自长江委水文局及湖北、湖南、江苏、安徽和江西省）；其他类推。

表 3.3 - 2 　　　　　　　2016 年湖北、湖南、安徽和江苏四省梅雨期统计情况

地区	梅 雨 期	梅雨期长	梅 雨 期 雨 量
湖北省	6 月 18 日至 7 月 20 日	33d（偏长 9d）	528mm（偏多 1.1 倍）
湖南省	6 月 19 日至 7 月 20 日	32d（偏长 14d）	281mm（偏多 3 成）
安徽省	6 月 18 日至 7 月 21 日	34d（偏长 9d）	442mm（偏多 6 成）
江苏省	6 月 19 日至 7 月 20 日	32d（偏长 8d）	太湖流域：521mm（偏多 1.2 倍）；苏南地区：543mm（偏多 1.3 倍）

3.3.2 暴雨过程历时和雨区中心

2016 年暴雨过程主要集中在入汛至梅雨期结束（3 月 21 日至 7 月 20 日），15 次暴雨过程中 10 次主雨带位于长江中下游地区。主汛期 6—8 月共发生 7 次暴雨过程，发生在 6 月至 7 月中旬且历时都在 3d 以上，过程中心多集中在中下游干流附近。特别是入梅（6 月 18 日）以后的 6 次暴雨过程，雨区中心均位于中下游干流附近。6 月 18—21 日、22—25 日，主雨带位于干流附近；6 月 26—29 日，主雨带位于乌江及中下游干流附近；6 月 30 日至 7 月 6 日，降雨过程自长江上游开始后长时间维持在中下游干流附近；7 月 13—17 日，主雨带位于中游干流附近及两湖水系；7 月 18—20 日，主雨带位于中游干流附近。详见表 3.3 - 3。

表 3.3 - 3 　　　　　　　　　　　2016 年 6—8 月暴雨过程统计表

过程次序	起止日期	中心雨区	面雨量值（≥50mm）	过程历时
1	6 月 14—16 日	两湖水系	赣江抚河 73mm，湘江 66mm，信江饶河 65mm	3d
2	6 月 18—21 日	长江干流附近	澧水 149mm，武汉地区 130mm，鄂东北 102mm，鄱阳湖区 100mm，信江饶河 72mm，长江下游干流 79mm，江汉平原 57mm，向寸区间 66mm，清江 64mm，乌江 51mm	4d
3	6 月 22—25 日	长江干流附近	清江 97mm，三峡万宜区间 94mm，汉江石泉—白河区间 62mm，鄂东北 58mm，武汉地区 56mm，长江下游干流 51mm	4d
4	6 月 26—29 日	乌江、长江中下游干流附近	陆水 111mm，澧水 110mm，信江 109mm，青弋江水阳江 108mm，鄂东北 63mm，乌江 58mm	4d
5	6 月 30 日至 7 月 6 日	长江中下游干流附近	武汉地区 537mm，鄂东北 320mm，陆水 319mm，长江下游干流 297mm，江汉平原 264mm，修水 245mm，资水 194mm，洞庭湖区 185mm，鄱阳湖区 158mm，沅江 123mm，澧水 120mm（其他略）	7d
6	7 月 13—17 日	长江上中游干流附近及两湖水系	修水 89mm，鄱阳湖区 83mm，赣江抚河 77mm，信江饶河 64mm，陆水 66mm，三峡万宜区间、澧水 57mm，江汉平原、资水、洞庭湖区、汉江上游石泉—白河、白河—丹江口 50～55mm	5d
7	7 月 18—20 日	长江中游干流附近	江汉平原 160mm，清江 141mm，澧水 98mm，鄂东北 77mm，武汉 65mm，汉江丹皇区间 57mm	3d

3.3.3 暴雨笼罩面积

暴雨过程主要集中在 3 月 21 日至 7 月 20 日，本书重点统计该时段内逐日暴雨笼罩面积情况，见图 3.3-1 和图 3.3-2。日雨量 50mm 以上笼罩面积超过 5 万 km² 的天数共有 25d，笼罩面积超过 10 万 km² 的天数共有 9d，其中，6 月 30 日至 7 月 3 日连续 4d 出现大范围暴雨，日雨量 50mm 以上笼罩面积均超过 13 万 km²，日雨量 100mm 以上笼罩面积均在 4 万 km² 以上。

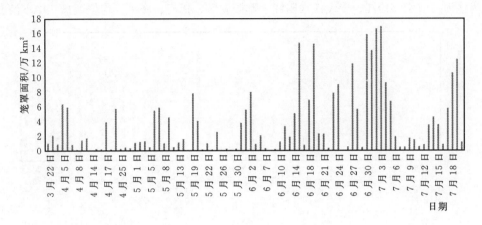

图 3.3-1 2016 年日雨量 50mm 以上的暴雨笼罩面积

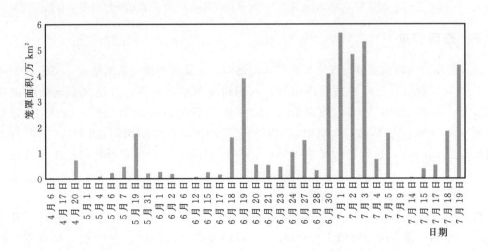

图 3.3-2 2016 年日雨量 100mm 以上的暴雨笼罩面积

6 月份日暴雨笼罩面积最大的是 6 月 30 日，长江上游向家坝—宜昌区间、乌江、清江、中下游干流及以北地区有大范围暴雨和大暴雨，暴雨（≥50mm）笼罩面积约 15.8 万 km²，大暴雨（≥100mm）笼罩面积约 4.1 万 km²；7 月份日暴雨笼罩面积最大的是 7 月 3 日，江汉平原、洞庭湖水系大部、陆水、鄂东北、鄱阳湖水系北部及长江下游有大范围暴雨和大暴雨，暴雨笼罩面积约 16.9 万 km²，大暴雨笼罩面积约 5.3 万 km²。

3.3.4　暴雨日数

按照分区日面雨量超过30mm的雨量强度标准，统计入汛后至梅雨期结束（3月21日至7月20日）各分区发生暴雨的日数，见图3.3-3，可知长江流域39个子流域分区中，暴雨日数出现最多的区域为饶河，共出现16d；其次为陆水和信江，均出现15d；此外，发现39个分区中有8个分区没有发生暴雨，占总分区的1/5左右。暴雨日数3d及以上的分区有23个；5d及以上的分区有20个；8d及以上的分区有13个；10d及以上的分区有7个，分别为饶河、陆水、信江、青弋江水阳江、鄱阳湖区、抚河、修水，均位于长江中下游。

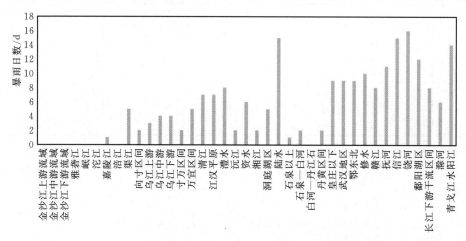

图3.3-3　2016年3月21日至7月20日长江流域39个子流域分区的暴雨日数

3.3.5　暴雨强度

统计入汛后至梅雨结束长江流域每日出现暴雨、大暴雨和特大暴雨站数，见图3.3-4～图3.3-6，发现各日均有单站暴雨出现，入梅后暴雨站数更多，日最多暴雨站数出现在6月15日，其次为6月30日。梅雨期间，除6月22日和7月20日以外，每日均出现单站大暴雨（≥100mm）。单站特大暴雨（≥250mm）均出现在梅雨期间：6月24日，有1个站雨量超过250mm，达到特大暴雨级别；6月30日至7月2日，每日均有1个站雨量在250mm以上，7月3日，有4个站雨量超过250mm；7月5日和18日，有1个站雨量超过250mm；7月19日，有3个站雨量超过250mm。

梅雨期流域内暴雨强度大，多站创历史极值。1h降雨量武汉江岸区二七站7月6日6时为119mm，排本站历史第1位；3h、6h降雨量湖北荆门沙洋县拾桥（马良集）闸上站7月19日分别为285mm、470mm，均排本站历史第1位；24h降雨量湖北荆门钟祥市罗家集站7月19日为681mm，排本站历史第1位；3d、7d累积雨量湖北黄冈市罗田县双河口站分别为448.5mm（6月30日8时至7月3日8时）、847mm（6月30日8时至7月7日8时），分别排本站历史第2位、第1位。6月30日8时至7月6日17时，武汉气象站累积雨量为581.5mm，刷新了有气象记录以来周降水量最大值，超过常年主汛期3个月总雨量（562.1mm）。查阅《中国暴雨统计参数图集》[38]，上述排名前几位或创纪录的雨量均超过百年一遇。

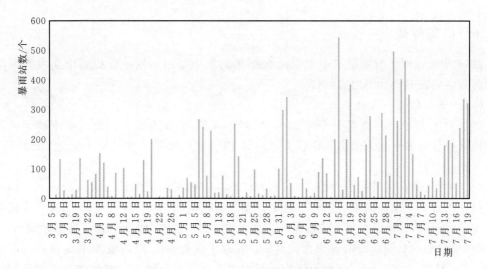

图 3.3 - 4　2016 年 3 月 21 日至 7 月 20 日日暴雨量≥50mm 的站数

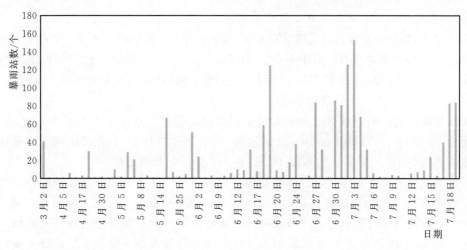

图 3.3 - 5　2016 年 3 月 21 日至 7 月 20 日日暴雨量≥100mm 的站数

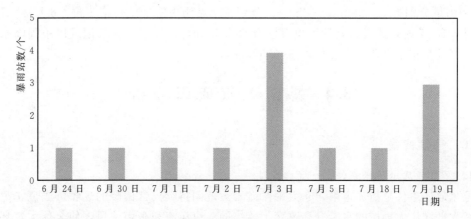

图 3.3 - 6　2016 年 3 月 21 日至 7 月 20 日日暴雨量≥250mm 的站数

3.3.6　暴雨特征

2016年长江中下游大洪水主要是由梅雨期的集中暴雨造成，分析梅雨期主要发生的暴雨过程，发现具有如下明显特征。

3.3.6.1　梅雨期长，梅雨量大

2016年长江中下游梅雨期历时33d，较多年均值29.3天偏长。长江中下游干流附近大部地区雨量较多年均值偏多1倍以上，位居1951年以来第3位（第1位为1954年，其次为1996年）。

长江中下游地区的湖北、湖南、安徽和江苏4省梅雨期均偏长，梅雨量偏大，梅雨量大多排在本省多年来梅雨量的前列。其中，湖北省梅雨期33d，较常年偏长9d，梅雨量偏多1.1倍，列1986年以来第1位；湖南省梅雨期32d，较常年偏长14d，梅雨量偏多3成，列1981年以来第9位；安徽省梅雨期34d，较常年偏长9d，梅雨量偏多6成；江苏省梅雨期32d，较常年偏长8d，苏南地区梅雨量偏多1.3倍，位居历史第3位，太湖流域梅雨量偏多1.2倍，位居历史第3位。

3.3.6.2　暴雨过程多，降雨集中且雨带稳定

2016年入汛至10月底长江流域共发生18次暴雨过程，暴雨过程主要集中在入汛至梅雨期结束，共有15次暴雨过程，其中10次主雨带位于长江中下游地区；长江中下游梅雨期33d内就发生6次暴雨过程，且历时都在3d以上，过程中心雨区均位于长江中下游干流附近。

3.3.6.3　暴雨强度大，出现降雨极值多

入汛至梅雨期结束，日雨量50mm以上笼罩面积超过5万km²的天数共有25d，笼罩面积超过10万km²的天数共有9d。长江流域39个分区中有31个分区出现了日暴雨，暴雨日数最多的有16d，暴雨日数超过10d的有7个分区，暴雨范围广。

入汛至梅雨期结束，各日均有单站暴雨出现，入梅后暴雨站数更多，梅雨期达到特大暴雨量级的有8d。梅雨期流域内暴雨强度大，多站创历史极值，降雨量超百年一遇。武汉江岸区二七站出现1h降雨量为119mm，排本站历史第1位；湖北荆门沙洋县拾桥（马良集）闸上站3h、6h降雨量分别为285mm、470mm，均排本站历史第1位；湖北荆门钟祥市罗家集站24h降雨量为681mm，排本站历史第1位；湖北黄冈市罗田县双河口站3d、7d累积雨量分别为448.5mm、847mm，分别排本站历史第2位、第1位。6月30日8时至7月6日17时，武汉气象站累积雨量为581.5mm，刷新了有气象记录以来周降水量最大值，超过常年主汛期3个月总雨量（562.1mm）。

3.4　暴雨天气成因分析

3.4.1　气候背景

3.4.1.1　超强厄尔尼诺事件

厄尔尼诺事件是指赤道中、东太平洋海表大范围持续异常偏暖的现象，当厄尔尼诺发生时，太平洋广大水域的水温升高改变了传统的赤道洋流和东南信风，使全球大气环流模式发生变化，其中最直接的现象是赤道西太平洋与印度洋之间海平面气压成反相关关系，

即南方涛动现象（简称 SO）。这种海洋与大气的相互作用和关联，气象上把两者合称为ENSO（即厄尔尼诺-南方涛动系统）。

2014—2016 年，赤道中东太平洋发生了一次超强厄尔尼诺事件，为 1951 年以来 14 次厄尔尼诺事件中历时最长、累计强度最强和峰值强度最大的事件，对全球和中国气候造成了显著影响。该事件始于 2014 年 9 月，2015 年 11 月达到峰值，12 月开始衰减，2016 年5 月结束，事件持续达 21 个月，明显超过了 1951 年以来另外两次超强厄尔尼诺事件（1982—1983 年和 1997—1998 年）的持续时间（分别为 14 个月和 13 个月），其峰值强度Nino3.4 区（5°N～5°S，120°W～170°W）海温距平指数高达 2.9℃，超过了 1982—1983年事件的峰值 2.8℃ 和 1997—1998 年事件的峰值 2.6℃。2015—2016 年超强厄尔尼诺事件对应的 Nino3.4 区海表温度距平指数、南方涛动指数（SOI）的逐月演变见图 3.4－1。

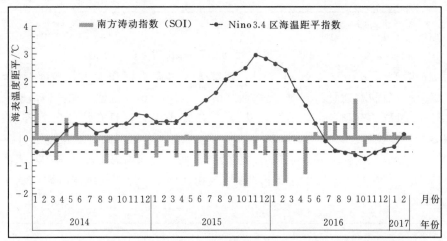

图 3.4－1　2015—2016 年超强厄尔尼诺事件对应的 Nino3.4 区海温距平指数、
南方涛动指数（SOI）的逐月演变图（摘自《2016 年中国气候公报》）

在这次事件的发展过程中，热带太平洋至东亚副热带地区的大气环流表现出了显著的响应特征：赤道中东太平洋对流活动加强，异常上升运动发展，而赤道西太平洋对流活动受到抑制，异常下沉运动活跃；菲律宾附近异常反气旋生成并发展加强，西太平洋副热带高压强度偏强、西伸脊点异常偏西，尤其 2015 年冬季副热带高压强度为 1980 年以来最强，东亚夏季风减弱等。中国东部濒临西太平洋，其气候异常与 ENSO 关系密切，厄尔尼诺衰减年的春末夏初，从中国华南到东北延伸到日本南部降水偏多。长江中下游是受ENSO 事件影响较为显著的区域之一，厄尔尼诺事件长时间的一系列海气相互作用，影响大气环流从而影响长江中下游降雨，从历史规律来看，厄尔尼诺事件的衰减年长江中下游降雨偏多的可能性较大。2016 年长江中下游的暴雨洪水正是一个较为典型的例子。

3.4.1.2　副高异常偏强偏大，西伸脊点偏西

副热带高压是指位于副热带地区的暖性高压系统，常简称副高；随着季节的更迭，副热带高压带的强度、位置也会发生明显的季节变化，副高对我国天气与气候有着重要影响。北半球西太平洋地区的副热带高压是影响长江流域汛期降雨的大尺度天气系统，它的强弱及位置变化在很大程度上决定着季节和雨带的变化。1951—2016 年西北太平洋副高指数历年变化情况见图 3.4－2。夏季长江中下游地区的降水强度与副高面积指数之间存在显著的正相关关系，当副高面积偏大、脊线偏南时，夏季长江中下游地区的降水量偏大、易涝。

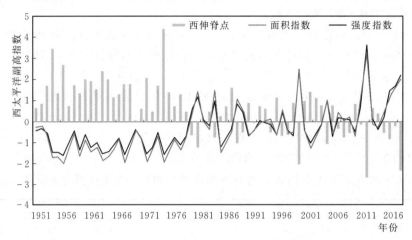

图 3.4-2　1951—2016 年西北太平洋副高指数历年变化图

从 2015 年 12 月开始至 2016 年 7 月，连续 8 个月副高面积偏大，强度偏强，其中，2015 年 12 月副高面积和强度均为历史同期之最，为 2016 年主汛期（尤其梅雨期）长江中下游雨量偏多创造了有利条件。另外，从 2016 年夏季副高逐日脊线位置分析来看，6—7 月副高西伸脊线位置总体偏南。2016 年 6—8 月西北太平洋副高脊线位置逐日演变情况见图 3.4-3。副高稳定强大并处于合适的位置，其西北边缘由海上输送来的水汽源源不断地输送到长江中下游上空，与北方南下的冷空气相互作用，形成持续强降雨，从而形成长江中下游洪水。

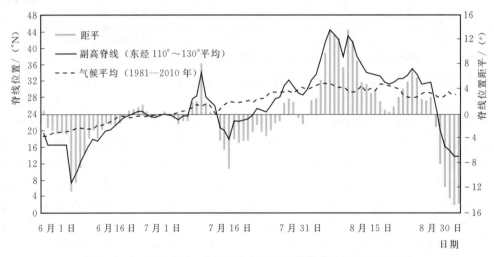

图 3.4-3　2016 年 6—8 月西北太平洋副高脊线位置逐日演变图

3.4.1.3　高原积雪略多，夏季风较弱

青藏高原的热力作用影响东亚季风的进程、大气环流及我国的气温和降水。2015 年冬季青藏高原积雪略偏多，至 2016 年夏季，受太阳辐射后融雪影响，大气对流层内水汽量更为丰富，中纬度地区对流层上层冷暖空气交换活跃，利于汛期长江流域降水偏多。

夏季风与我国夏季主要雨带具有密切关系，当夏季风加强时，有利于我国夏季雨带位置偏北，夏季风偏弱时，雨带位置相应偏南。1951—2016 年东亚副热带夏季风强度指数历年变化情况见图 3.4-4。由于受厄尔尼诺事件异常和高原积雪略偏多的共同影响，2016年初夏季风于 5 月第 5 候爆发，爆发时间正常，在梅雨期结束之前夏季风较常年略偏弱，暖湿气流主要活跃在我国南方地区，长江流域暖湿气流活跃利于降雨偏多。

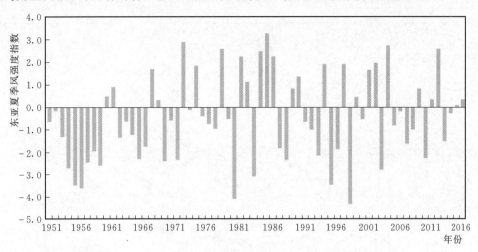

图 3.4-4　1951—2016 年东亚副热带夏季风强度指数历年变化图

3.4.1.4　首个台风生成晚，台风登陆强度强

影响中国台风的源地主要位于菲律宾以东的西北太平洋洋面和中国南海，台风的生成受海洋温度、热带涡旋、高低空风速风向等多种条件的影响，而台风能否发展加强并登陆受到大气环流影响，台风在发展登陆过程中又反过来影响大气环流，它们之间关系很复杂。2016 年的首个台风生成晚、台风登陆强度强，与 1998 年相似。

2016 年 7 月 3 日第 1 号台风"尼伯特"开始生成，属初台编号时间明显偏晚的年份，1—6 月无台风生成，历史上仅有 1998 年出现此情景，1998 年第 1 号台风 7 月 9 日开始编号。1—6 月没有台风的影响使得大气环流相对较稳定，有利于雨带的维持。2016 年 7—10 月台风活动频繁，有 22 个台风生成，较同期均值明显偏多。2016 年全年共生成台风26 个，接近常年均值 25.5 个，其中 8 个登陆我国，较常年（7.2 个）偏多 0.8 个。登陆的 8 个台风中有 6 个登陆强度达到强台风级或以上，其比例达 75%，与 2005 年并列为历史最高。台风平均登陆强度达 13 级，平均风速 37.1m/s，比常年（11 级，30.7m/s）明显偏强，为 1973 年以来第 3 强。

3.4.2　天气系统

3.4.2.1　阻塞高压

2016 年梅雨期间，北半球 500hPa 高度场上，欧亚中高纬度环流比较稳定，6 月 19—22 日为两脊一槽型（双阻型），即高压脊分别位于乌拉尔山及鄂霍次克海（或堪察加半岛）附近，两个阻高间为宽广低压槽，我国中高纬度地区处于宽广低值区，乌拉尔山高压脊（西阻）旁常有巴尔喀什湖低压相伴；23 日，贝加尔湖高压脊（中阻）发展，23—30 日为三阻型，西阻多位于欧洲东部，中阻多位于贝加尔湖一带，东阻多位于堪察加半岛一带，其中，东阻于 27 日逐渐崩溃。7 月 1 日，欧洲东部西阻减弱，贝加尔湖中阻崩

— 71 —

溃，我国中高纬处于东北低涡底部低值槽区；5—6日西阻崩溃，7—11日长江中下游处于第1号台风倒槽影响的低值区内；7月12日，西风带上阻塞高压开始重建，形成典型的双阻型并维持到20日。阻塞高压稳定少动有利于西北太平洋副热带高压的长时间维持。中高纬双阻型及三阻型大气环流见图3.4-5。

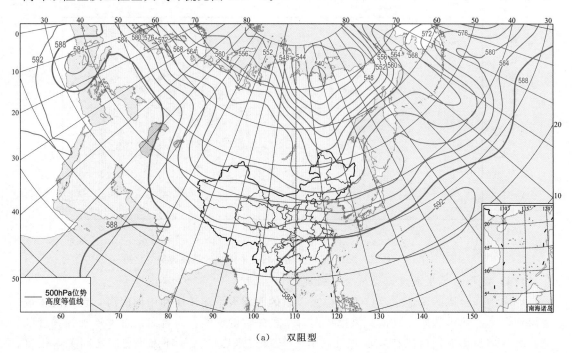

（a）双阻型

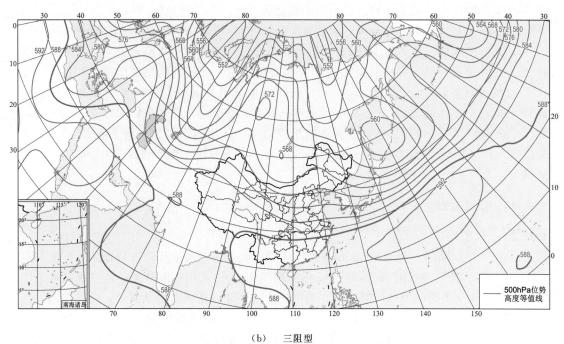

（b）三阻型

图3.4-5 梅雨期大气环流形势示意图（单位：dagpm）

3.4.2.2　西北太平洋副热带高压

梅雨期副高稳定少动，加上西风带天气系统的配合，是形成暴雨过程的原因之一。6月18日开始北抬，6月19日至7月7日副高脊线稳定于20°N～25°N，7月12—20日副高脊线稳定于19°N～24°N。欧亚中高纬阻塞高压之间宽广的槽区及不断分裂出的小槽发展东移，稳定维持的副高给长江中下游带来源源不断的暖湿水汽，为梅雨期持续降雨提供充分的条件。

3.4.2.3　低压槽

低压槽是气流水平辐合最强的地区，常伴有辐合上升运动，是形成降雨的条件之一。梅雨期间，在乌拉尔山以东、贝加尔湖和蒙古广大地区为宽广低压槽，连续不断地在青海湖以西分裂小槽东移，在梅雨期的6次降雨过程中，共有5次小槽东移并发展成大槽影响长江流域，低压槽配合低空切变线及低空急流，给长江流域带来降水。

3.4.2.4　锋

锋是冷暖气流的交界地区。冷暖气团相遇时，它们之间会出现一个倾斜的交界面，称为锋面（锋区）；锋面与地面相交的线，称为锋线。一般把锋面和锋线统称为锋，它可以分为冷锋、暖锋、静止锋和锢囚锋。2016年6月19—20日，长江中下游干流附近有准静止锋维持；6月24—25日，冷锋由长江中下游干流南压至两湖水系；6月27—29日、7月1—6日，准静止锋维持在长江中下游干流附近；7月13—14日，准静止锋在长江中下游干流以北形成并略南压；7月15日冷锋再次在长江中下游干流以北生成；7月16—17日，准静止锋由长江中下游干流南压至"两湖"水系；7月18—19日，准静止锋在长江中下游干流以北形成，并于20日消失。

3.4.2.5　其他要素

除上述天气系统外，影响暴雨的因素主要还有切变线、低空急流和冷空气。切变线是风向或风速的不连续线，是风向和风速发生急剧改变的狭长区域，在切变线附近有很强的辐合，常有降水天气发生。梅雨期间任何一次降雨过程，中低层都有低空切变线，大多以冷式上升运动切变的形式出现，但6月26—29日降雨过程低层在长江下游出现暖式切变，7月18—20日降雨过程低层在长江中下游维持暖式切变。

低空急流是产生暴雨的水汽和能量通道。梅雨期间的6次降雨过程，有5次过程在850hPa或700hPa上存在大于12m/s的西南急流。低空急流使大气产生不稳定层结及强的上升运动，外加不断输送的暖湿水汽为暴雨提供水汽和能量通道，特别是6月19日、6月27日、6月30日至7月4日、7月19日强暴雨，急流轴线明显，风速达16～26m/s，给长江流域强降水过程带来了充足的水汽条件。

长江流域汛期的暴雨过程与冷空气活动关系密切。梅雨期间，6次降雨过程均有冷空气活动。冷空气入侵路径分两路，西路是从河套地区南下直达长江流域；东路是从华北地区南下影响长江中下游地区。如6月24日的冷空气过程，分裂的冷高压中心到达蒙古附近时，中心最高值为1020hPa，长江流域干流附近24h降温超过10℃；7月14日的冷空气过程，分裂的冷高压中心到达东北地区，中心最高值为1015hPa，长江中下游干流附近24h降温接近10℃。

3.4.3 典型暴雨过程天气形势

2016年6月30日至7月6日的暴雨过程雨强大、持续时间长、落区集中，强雨带维持在中下游干流附近，现就此次典型暴雨个例的成因作简要分析。

（1）500hPa大气环流层副高东退配合高空低槽东移，为本次长江中下游暴雨天气过程提供了良好的高空天气形势。此次暴雨过程发生之前，500hPa前期中高纬呈两槽一脊的形势，两槽分别位于乌拉尔山以西和贝加尔湖以东，副高控制华南至西南大部，副高中心加强到596位势米（gpm）并稳定于日本以南洋面（130°E～150°E，20°N～30°N），6月29日西太平洋副高与大陆高压连通。6月30日8时青藏高原东北部低槽东移，配合西北地区东部一致的负变高和负变温，高空冷平流南下，两高迅速分裂，副高588线退至云贵中部经洞庭湖至太湖一线，见图3.4－6（a）。7月1日中纬度低槽与东亚大槽底部连通缓慢东移，副高脊线缓慢东退，但从588线位置分析，7月1—3日副高仍在华南中部至江南中部强势维持，4—5日副高东退至浙江福建，见图3.4－6（b），长江干流及江南地区始终处于副高西北侧的西南暖湿气流中。

（2）700hPa低涡切变和西南气流为此次暴雨过程提供了充分的辐合和水汽条件。6月30日8时云贵北部—重庆—湖北—安徽有一支西南急流，西昌—重庆的西南风风速达14m/s，7月1—5日西南地区东部、江南、华南大部均维持较强的西南风，长江流域处于急流区内，水汽输送强盛。6月30日至7月5日700hPa以下低空西南急流在江南—华南一线维持，6月30日20时西南急流轴中心风速加强到16～18m/s，最强风速加强到20～28m/s，并长时间维持，见图3.4－7（a）。低层切变线位于陕南—川东—滇西北（东北西

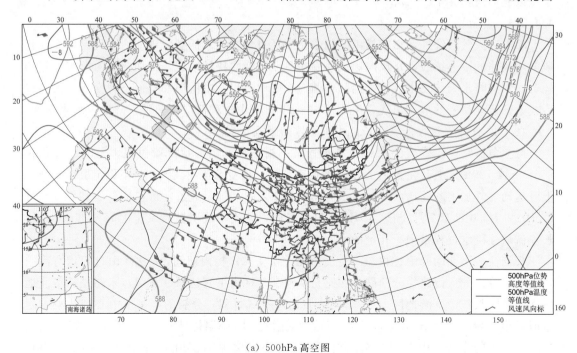

（a）500hPa高空图

图3.4－6（一）　2016年6月30日8时东亚地区高空大气环流形势图

— 74 —

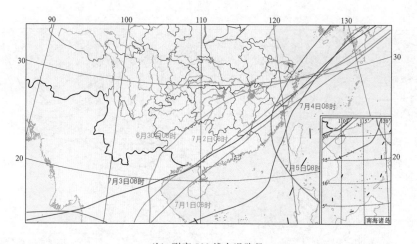

(b) 副高 588 线东退路径

图 3.4-6（二）　2016 年 6 月 30 日 8 时东亚地区高空大气环流形势图

南向）及苏北—鄂西—渝北（东西向），6 月 30 日至 7 月 3 日该切变线在低空急流的北侧摆动，整个长江流域处于切变线的南侧；7 月 4 日高原东部低涡生成，切变线位于南京—武汉—重庆一线；4—5 日长江中下游干流和两湖地区处于切变辐合区内。强降雨落区位于长江中下游沿线，处于西南急流区北侧和切变线南侧。

（3）850hPa 西南急流也为此次暴雨过程提供了充足的水汽条件。6 月 30 日 8 时 850hPa 西南急流位于 700hPa 急流区的东南侧，中心风速达 16～18m/s，见图 3.4-7（b），切变线呈东北西南向，位于湖北西北—重庆—贵州西北。7 月 1 日西南急流向东南方向移到广西至安徽南部一线，切变线转为东西向，位于南京—武汉—重庆附近，2—3 日低空西南急流北段略有南移，但江南至华南大部基本稳定维持较强西南风。4 日西南急流有所加强，急流轴中心风速达 18～22m/s，急流中心位于"两湖"至南京，见图 3.4-8。

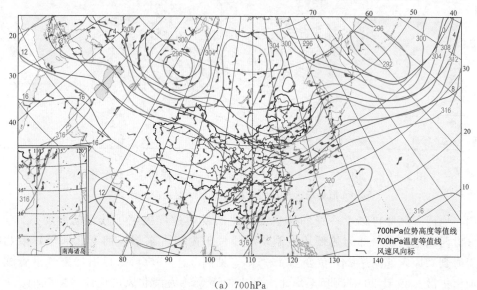

(a) 700hPa

图 3.4-7（一）　2016 年 6 月 30 日 8 时长江流域中低层大气环流形势图

— 75 —

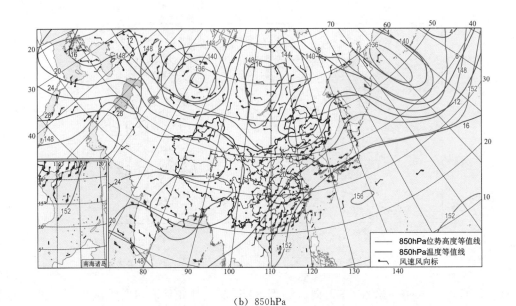

（b）850hPa

图 3.4-7（二）　2016 年 6 月 30 日 8 时长江流域中低层大气环流形势图

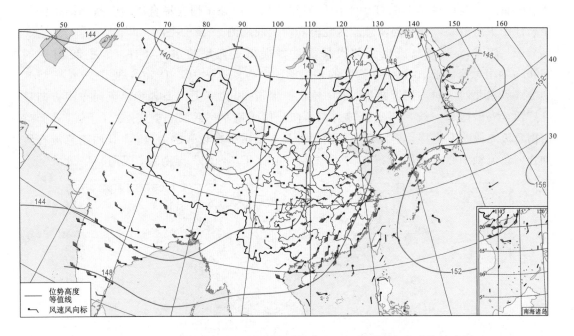

图 3.4-8　2016 年 7 月 4 日 8 时东亚地区 850hPa 层西南气流形势示意图

（850hPa 形势场上出现大片超过 16m/s 的西南气流区域）

（4）地面天气形势场上冷锋和冷空气为此次暴雨过程提供了较好的温度条件。6 月 30 日 8 时西北地区中东部为热低压控制，冷锋位于内蒙古东部经河套北部至甘肃北部一线，青海到高原东部测站 24h 负变温 2～4℃，见图 3.4-9（a），已有冷空气沿青藏高原东部向南扩散。30 日 20 时河套至华北大部由偏南风转为偏北风，地面冷空气南下；7 月 1 日 8 时地面冷锋迅速南压到江苏中部—恩施和内江—西昌—丽江一线，锋后伴有 3～6℃

— 76 —

的负变温，冷空气已影响到西南地区中东部和江淮大部，见图 3.4 - 9（b）。

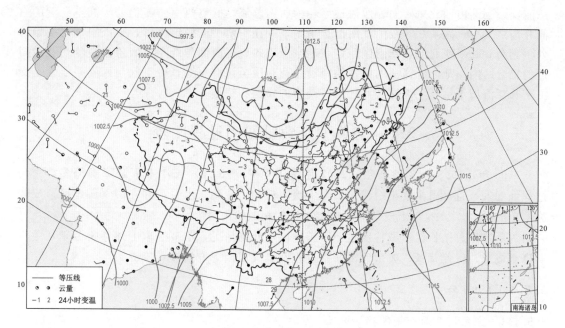

（a）2016 年 6 月 30 日 8 时

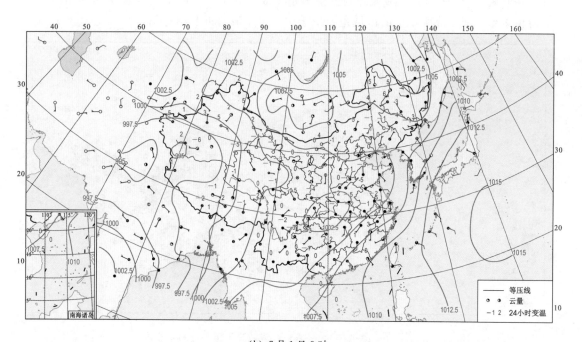

（b）7 月 1 日 8 时

图 3.4 - 9　东亚地区地面天气形势图

综合来看，高空环流不同层次出现的天气形势和水汽条件等要素的良好配合造成了本次暴雨过程。从空间配置来看，30 日高空存在西北东南向的急流，其斜压性会形成急流出口的辐散形势，从而诱导低层低值系统和暴雨的发生发展，同时低空形成一支较强西南急流，暴雨区位于高空西北急流区出口的右侧和低空西南急流的左侧。7月1日开始高空急流前端逐渐由西北风转向为西风最后转为西南急流，低空西南急流仍处于高空急流的右侧并与之平行。副高588线由江南退至华南，并在华南一线稳定维持，中低层切变线始终处于副高588线西北侧，暴雨区稳定在高空急流入口区南侧与低空西南急流左侧切变线附近的辐合区内。地面冷锋从内蒙古的南沿迅速南压至江淮一线，冷空气与西南暖湿气流交汇于长江流域干流及江南地区，加剧了暴雨的发展和持续。

3.5　与典型年致洪暴雨过程比较

1996年、1998年、1999年、2002年主汛期（6—8月）长江中下游降雨偏多，暴雨过程强度大，且暴雨主要集中在中下游干流附近和"两湖"水系，并在中下游地区造成较为严重的洪水，2016年出现与上述典型年比较相似的雨情。

为更好地总结长江流域特别是中下游地区的暴雨情况，本节选取上述年份分别从主汛期降雨概况、气候背景、典型致洪暴雨过程及天气成因等方面进行分析。

3.5.1　1996年

3.5.1.1　主汛期降雨和气候背景概况

1996年6—8月，长江流域降雨量偏多超1成，其中，上游降雨与常年同期相当，中下游偏多超2成，降水偏多的区域主要位于中下游干流附近及洞庭湖水系，见图3.5-1。

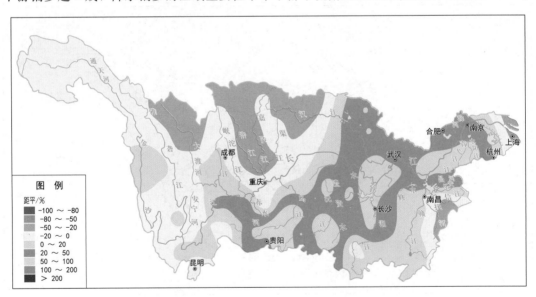

图 3.5-1　1996年6—8月长江流域降雨距平分布示意图

1995年8月至1996年6月，赤道中东太平洋发生了一次弱拉尼娜事件，事件持续时间为11个月，11月海表温度距平达到－0.8℃的峰值，累积海温距平为－6.8℃。北半球极涡较常年偏强，汛期副高位置不稳定，脊线位置南北摆动较大。中高纬以经向环流为主，长江流域以过程性降雨为主。

3.5.1.2 典型致洪暴雨个例

（1）致洪暴雨过程。1996年7月13—18日，降雨中心主要位于中下游干流附近和洞庭湖水系，过程累积雨量大于250mm的笼罩面积约6.6万km²，100～250mm的笼罩面积约24万km²，50～100mm的笼罩面积约18.8万km²，见图3.5-2。

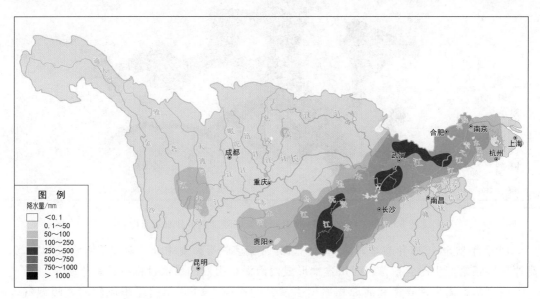

图3.5-2　1996年7月13—18日长江流域降雨分布示意图

（2）天气成因。1996年梅雨期500hPa环流形势以东阻型为主，西伯利亚至贝加尔湖维持低压槽，且不断有小槽分裂东移影响长江流域。南支槽也频繁出现在孟加拉湾至中南半岛附近，并将槽前西南暖湿气流源源不断地输送到长江流域上空。梅雨期间，长江中下游及江南地区中低层经常维持东西向的暖切变，且西南地区常有低涡生成，在涡的南侧存在一支强劲的西南低空急流，最大风速达到26m/s，此次暴雨过程是受暖切变、低涡及西南低空急流的共同作用而造成的。冷空气活动也很频繁，以沿河西走廊和河套南下的冷空气为主，期间也有沿华北南下入侵长江中下游甚至江南的冷空气。梅雨期内副高脊线徘徊于17°N～28°N，平均位置在20°N，7月中旬副高平均位置仍在21.4°N，较常年均值偏南，这对长江中游干流降雨最为有利，也是造成当年长江中下游出梅迟、暴雨持续时间长的重要原因。

3.5.2　1998年

3.5.2.1　主汛期降雨和气候背景概况

1998年6—8月，长江流域降雨量偏多约4成，其中，上游与中下游均偏多约4成，除岷沱江、"两湖"水系南部、长江下游干流靠近入海口外，长江流域大部地区降水偏多。偏多最明显的区域主要位于中游干流南部地区，即"两湖"水系北部，见图3.5-3。

1997年4月至1998年4月发生了近50年以来仅次于2014—2016年最强的一次厄尔尼诺事件，1997年12月赤道东太平洋的异常增温达极值，峰值强度达2.7℃，之后迅速减弱，1998年7月厄尔尼诺特征消失，海温变化异常剧烈。

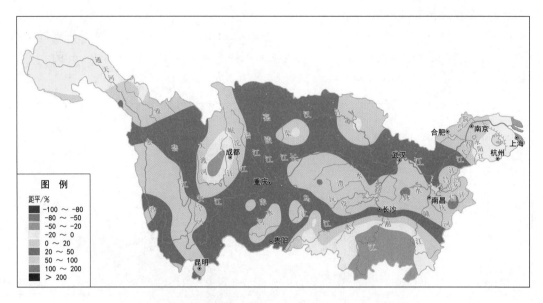

图 3.5-3 1998年6—8月长江流域降雨距平分布示意图

1997年秋至1998年春季青藏高原积雪异常偏多，导致夏季大气对流层水汽极为丰富，高原地区频繁产生冷涡东移入四川盆地形成西南涡，引发的暴雨过程也较常年多。

受厄尔尼诺事件异常和高原积雪增多的共同影响，1998年初夏季风较弱，暖湿气流主要活跃在我国南方地区，致使我国多雨带主要位于长江及其以南地区，长江中下游地区出现典型"二度梅"，梅雨期长，雨量异常多。

1998年5月下旬至8月下旬，亚洲地区西风带盛行经向环流，乌拉尔山和东亚中高纬地区出现强而稳定的阻塞高压形势，亚洲地区多两脊一槽型，东亚西风带上短波槽活动频繁出现。西太平洋副高压持续偏南、强度偏强、面积偏大，且南北摆动，是造成长江流域降雨偏多、暴雨洪水频繁遭遇的重要原因。

3.5.2.2 典型致洪暴雨个例

(1) 致洪暴雨过程。1998年7月19—25日，降雨中心主要位于沅江、澧水、中下游干流和鄱阳湖水系北部，过程累积雨量大于250mm的笼罩面积约8.6万 km^2，100～250mm的笼罩面积约23.7万 km^2，50～100mm的笼罩面积约47.9万 km^2，见图3.5-4。

(2) 天气成因。

1) 西南涡。6—8月西南涡活动频繁，出现次数比常年偏多。据统计，12次暴雨过程中除第11次暴雨过程（8月19—21日）无低涡活动外，其余11次暴雨过程均有西南涡活动，低涡出现天数共计54d之多，占过程降雨天数的65%。这些低涡大部在原地消失，只有少部分低涡分别沿东南、偏东路径移出，造成长江流域暴雨、大暴雨天气。其中，6月上、中、下旬各1次，7月下旬2次，共5次，其中4次出现在梅雨期。

2) 西南倒槽和低压。据统计，6—8月地面天气图上，在西南地区有倒槽或低压存在共44d，出现频率55%，比常年偏多。倒槽、低压多在四川和长江上游江南出现，倒槽或呈南北向伸至河西，或呈东西向伸至湖北、湖南、江西广大地区。倒槽或低压附近辐合上升运动明显，有利于暴雨产生发展，而1998年汛期出现频率特别高，这与造成长江全流

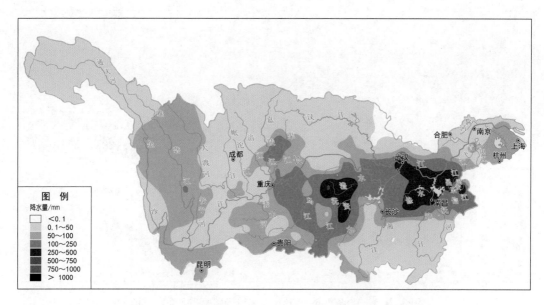

图 3.5-4 1998 年 7 月 19—25 日长江流域降雨分布示意图

域性大洪水有密切关系。

3）水汽。水汽是产生暴雨的三大必要条件之一。从 6—8 月暴雨普查结果看，暴雨区上方都有范围较大的湿度中心（$T—T_d \leqslant 3℃$）配合，而且很深厚，垂直高度可达 500hPa以上。同时，冷空气和西南急流的作用又使湿度中心水汽和能量不断得到补充。这是产生暴雨的重要因素之一。

4）冷空气。冷空气活动分高空和地面两种形式。前者表现为冷平流和负变温，后者表现为锋面和负变温。它的作用有两方面：一是使暖空气冷却、凝结并增加大气不稳定现象。二是强迫抬升作用，使大范围暖空气沿锋面抬升。据统计，6—8 月入侵长江流域冷锋达 16 次之多。入侵路径分两条：一是从河套地区南下，次数最多，共 12 次，占 75%；二是从华北南下，共 4 次，占 25%。汛期暴雨与冷空气关系密切，每次暴雨过程均有冷空气活动，有时是两路冷空气共同影响。7 月 19—25 日强暴雨过程与两股冷空气共同作用有很大关系。

5）低空急流。低空急流与暴雨关系密切，它是产生暴雨的水汽和能量通道。6—8 月，12 次降雨过程中有 9 次有明显低空急流存在。贵阳—芷江—长沙一线或以南均有3 站以上不低于 12m/s 的西南风，特别是 6 月 11—18 日、6 月 27 日至 7 月 3 日、7 月19—25 日 3 次较强的暴雨过程，急流轴线十分清楚，风速达 16～22m/s。

3.5.3 1999 年

3.5.3.1 主汛期降雨和气候背景概况

1999 年 6—8 月，长江流域降雨量偏多超 1 成，其中，上游略偏多，中下游偏多约 2 成。降雨偏多的区域位于干流南部地区，其中偏多最明显的为鄱阳湖水系及下游干流，见图 3.5-5。

1998 年 8 月至 2001 年 2 月，赤道中东太平洋发生了一次强拉尼娜事件，事件持续时间

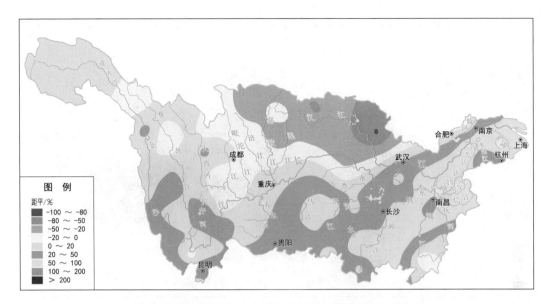

图 3.5 - 5　1999 年 6—8 月长江流域降雨距平分布示意图

31 个月，2000 年 1 月海表温度距平达到−1.5℃的峰值，累积海表温度距平为−26.7℃。

　　1999 年 6—8 月，副高强度异常偏弱，西伸脊点位置明显偏东。在中高纬西风带上，乌拉尔山和东亚中高纬地区出现了强而稳定的阻塞高压形势，亚欧地区为两脊一槽型，东亚西风带上短波活动频繁出现。6—7 月西风带环流形势相对稳定，东亚西风带上短波活动也很频繁，但阻塞形势没有 1998 年典型，1998 年阻塞形势维持天数异常偏多，而 1999 年基本正常。

3.5.3.2　典型致洪暴雨个例

　　(1) 致洪暴雨过程。1999 年 6 月 21 日至 7 月 2 日降雨中心主要位于洞庭湖水系西部、乌江和中下游干流附近，过程累积雨量大于 250mm 的笼罩面积约 26.5 万 km²，100～250mm 的笼罩面积约 43.1 万 km²，50～100mm 的笼罩面积约 54.2 万 km²，见图 3.5 - 6。

　　(2) 天气成因。

　　1) 暖式切变。1999 年 6 月下旬，在对流层低层，孟加拉湾来的西风气流形成两支气流进入长江流域，一支受青藏高原的影响转成西南气流沿青藏高原南缘进入长江流域，另一支伸展到南海与副高前缘的东南气流相遇转而形成强南风，这支南风气流在梅雨锋附近转成西南气流。长江流域维持西南气流与东风形成的暖式切变。对流层中层，副高维持在西太平洋。高空南亚高压完整而强大，在其南北两侧维持高空西风急流和高空东风急流，梅雨锋带位于高空急流轴和低空急流轴之间广阔的上升运动区。

　　2) 冷空气。对流层低层的温度分布显示，冷空气从东北方向向内陆伸展，梅雨锋区南侧为海洋性暖湿气团所控制，因此出现大范围的高温高湿区；在其北侧，则为弱的大陆性暖气团所控制，水汽相对较少；而与强降水带对应的梅雨锋区的温度则相对较低；同时梅雨锋区附近没有出现明显的湿度梯度，但水汽和相当位温的梯度非常明显。

　　3) 水汽。从水汽通量和水汽通量散度的分布来看，此次降雨过程对流层低层的水汽辐合非常明显，水汽主要来自孟加拉湾，沿副高西北侧输送到中国境内，纬向散度和经向

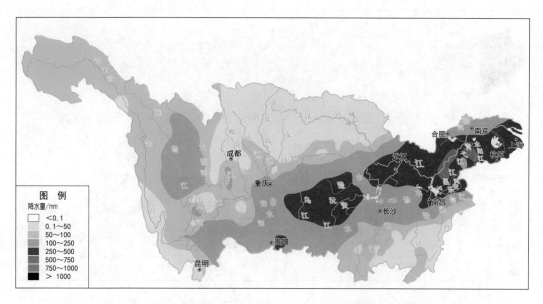

图 3.5-6　1999 年 6 月 21 日至 7 月 2 日长江流域降雨分布示意图

散度分布都显示，南海季风槽在向梅雨锋区输送水汽的过程中起到了非常重要的作用，它是热带海洋地区向我国内陆输送水汽的通道。梅雨锋强降雨区低空强烈辐合，高空强烈辐散为此次暴雨过程的发生提供了有利的动力学条件，而对流层中低层的中性对流不稳定特征则为持续性暴雨过程的发生提供有利的不稳定机制。

　　4）高空急流。平均纬向风速在对流层高层出现了两个强风速核，它们分别与高空西风急流和高空东风急流相对应，经向平均风速在 400hPa 以下层次盛行南风，而在 400hPa 以上的高层盛行北风。

3.5.4　2002 年

3.5.4.1　主汛期降雨和气候背景概况

　　2002 年 6—8 月，长江流域降雨量偏少超 1 成，其中，上游偏少约 2 成，中下游偏少约 1 成；降雨偏多的区域位于两湖水系南部，大部分地区较常年同期偏多 5 成多，见图 3.5-7。

　　2002 年夏季副高位置不稳定，5—6 月副高脊线位置较常年偏南，7—8 月台风较多，副高位置很不稳定，脊线南北跳动很大，导致长江中下游梅雨量偏少，而盛夏降雨偏多，而且过程性降雨和台风降雨雨量大。

　　2002 年汛前及汛期，北半球极涡偏强，极涡偏向于东半球，冬季风偏强，汛期冷空气活动频繁且势力较强，能够南下影响长江流域，造成一次次的过程性强降雨。

3.5.4.2　典型致洪暴雨个例

　　（1）致洪暴雨过程。2002 年 6 月 18—25 日，降雨中心主要位于长江下游干流、鄂东北、洞庭湖水系西部、乌江，过程累积雨量大于 250mm 的笼罩面积为 0.8 万 km^2，100～250mm 的笼罩面积为 27.7 万 km^2，50～100mm 的笼罩面积为 42.7 万 km^2，见图 3.5-8。

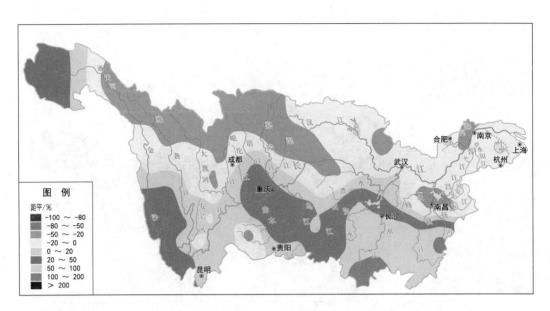

图 3.5-7　2002年6—8月长江流域降雨距平分布示意图

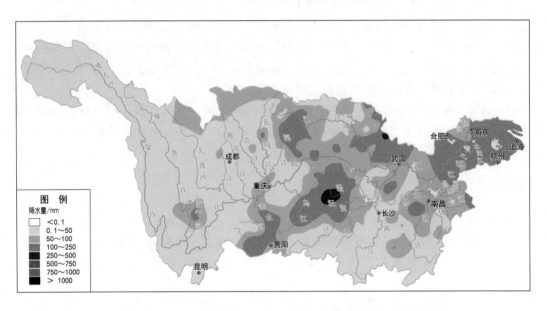

图 3.5-8　2002年6月18—25日长江流域降雨分布示意图

（2）天气成因。

1）高空槽。6月18—25日期间，中下游地区绝大多数时日位于500hPa和700hPa西风槽前，相应地，雨区也位于槽前的高空西南气流中，槽区内为主要的降雨区。高空槽一次次自西向东移动，雨区也随着自西向东移动，形成长江中下游的过程性降雨。

2）中低层辐合切变。此次降雨过程基本上每天在700hPa和850hPa都出现了切变或辐合。700hPa图上，除了高空槽外，还有暖式切变；850hPa图上，以切变或辐合为主。辐合以风向辐合为主，有时风向、风速辐合同时存在，这些辐合切变配合各层的天气系统，造成这段时期内的较强降雨。

3）地面冷空气。极地和北方地区汛期冷空气活动频繁，而且势力较强，足够强大到南下影响长江流域。18—25日，冷空气南下入侵长江流域形成冷锋，长江中下游受两路冷空气影响，加上暖湿气流的配合，形成了较强降雨。此次过程冷空气入侵导致长江中下游大部分地区平均降温8℃左右。

3.5.5 综合比较

综上对比分析，发现1996年、1998年、1999年、2002年与2016年主汛期6—8月均有一些相似特征，除2002年外，长江中下游降雨均偏多，致洪暴雨过程强度大。

具体对上述年份的气候背景特征、典型致洪暴雨个例比较见表3.5-1。由于每年气候背景不一样，天气成因中有些因素和天气系统也是相辅相成、不可分割的，表3.5-1中仅就主要的特征和因素进行了初步分析和比较，空白处表示特征不明显。从表3.5-1中大致可以看出，各年的气候背景特征不尽相同，但赤道太平洋海表温度均表现为异常，中高纬地区多数形成了阻塞高压，5年中出现了4年。而形成暴雨的天气成因大致差不多，这些因素和天气系统也是形成强降雨的有利条件，如冷空气、水汽、急流、辐合切变、低压槽等，只是哪些天气系统配合得更好、哪些因素特点更突出而已。

2016年汛期的暴雨过程（6月30日至7月6日）与1996年7月13—18日、1998年7月19—25日、1999年6月21日至7月2日和2002年6月18—25日的暴雨过程较为相似，都是造成长江中下游洪水的典型暴雨过程，其比较见表3.5-2。

1996年强降雨中心主要位于长江中下游干流附近和洞庭湖水系；1998年强降雨中心主要位于沅江、澧水、中游干流附近和鄱阳湖水系北部；1999年强降雨中心主要位于洞庭湖水系西部、乌江和长江中下游干流附近；2002年强降雨中心主要位于长江下游干流、鄂东北、洞庭湖水系西部及乌江；2016年强降雨中心主要位于长江中下游干流附近、洞庭湖水系西部。其中，长江中下游干流附近的降雨以1999年和2016年为最强。

从笼罩面积来看，1999年各等级笼罩面积均最大，综合来看，2016年笼罩面积仅次于1999年。从持续时间看，1999年降雨过程持续时间最长，从单站累积雨量看，1998年最大，其次为2016年。

表3.5-1   历史典型致洪暴雨过程气候背景和天气系统分析

年份	气候背景						天气系统			
	海温	极涡	阻高	副高	积雪	季风	切变、低涡或低压槽	急流	冷空气	水汽及锋
1996	拉尼娜	强	有	强			暖切变	低涡	低空急流	冷空气	
1998	超强厄尔尼诺		有	强、偏南	高原多	弱	西南低压倒槽	西南涡	西南急流	冷空气	水汽
1999	拉尼娜		有	异常弱			暖切变	辐合	急流	冷空气	水汽
2002	厄尔尼诺	强		不稳定			切变	低压槽		冷空气	
2016	超强厄尔尼诺		有	异常偏强偏大	高原略多	弱	低涡切变	低压槽	西风急流	冷空气	锋

项　目	1996 年	1998 年	1999 年	2002 年	2016 年
	7 月 13—18 日	7 月 19—25 日	6 月 21 日至 7 月 2 日	6 月 18—25 日	6 月 30 日至 7 月 6 日
降雨强度	大到暴雨	大到暴雨、局地大暴雨	大到暴雨	大到暴雨	大到暴雨、局地大暴雨
过程历时	6d	7d	12d	8d	7d
强雨区	中下游干流、洞庭湖	沅江、澧水、中下游干流和鄱阳湖水系北部	洞庭湖水系西部、乌江和长江中下游干流附近	长江下游干流、鄂东北、洞庭湖水系西部、乌江	长江中下游干流附近，特别是下游干流
累积单站最大雨量	陆水大沙坪站 370mm	饶河婺源站 1165mm，修水万家埠站 703mm	青弋江泾县站 647mm	沅江石堤西站 407mm	武汉武昌站 735mm
笼罩面积 /万 km²　≥250mm	6.6	8.6	26.5	0.8	15.5
笼罩面积 /万 km²　100～250mm	24	23.7	43.1	27.7	25.9
笼罩面积 /万 km²　50～100mm	18.8	47.9	54.2	42.7	35.7

注　表中统计雨量信息均为当年长江流域站网报汛信息。

第4章 洪 水 分 析

2016年长江干流共发生3次洪水过程，各主要站洪峰大多集中在7月出现。长江中下游干流沙市以下江段还原洪水水位全线超警戒水位，其中莲花塘站还原洪水水位超过保证水位。此外，长江中下游多条支流发生超保证水位或超历史记录的洪水，洪涝灾害严重，涉及湖南、湖北、江西、安徽及江苏共5省。

本章首先从洪峰水位及流量、径流量、洪水特点等简要归纳2016年长江洪水特征，再分别按干流洪水和支流洪水两部分，从洪水组成、实测洪水与还原洪水比较、洪水重现期分析、与历史洪水比较、高水位成因等角度，扼要分析、归纳2016年长江中下游大洪水区域性特征及规律。

4.1 洪 水 特 征

4.1.1 洪峰水位及流量

2016年长江上游干流主要控制站年最高水位及年最大流量在历史洪水中排位均靠后；中下游干流监利以下江段主要控制站及两湖出口控制站年最高水位排位靠前，但年最大流量排位不突出。监利站列第10位，螺山、莲花塘、汉口站均列第5位，七里山、湖口、安庆、大通均列第6位，黄石港、码头镇、九江均列第7位；向家坝、寸滩、宜昌站年最大洪峰流量在历史洪水中分别列倒数第12位、第1位、第9位，螺山、汉口、大通站分别列第25位、第30位、第7位，洞庭湖出口控制站七里山站列第23位，鄱阳湖出口控制站湖口站列第24位，见表4.1-1。

主要支流乌江、沅江、资水控制站的年最高水位及年最大流量在历史洪水中排位居中，其他支流均靠后，如岷江、嘉陵江、汉江、湘江以及澧水。岷江高场站、嘉陵江北碚站、乌江武隆站年最高水位在历史洪水中分别列第54位、第78位、第24位，洞庭湖水系湘江湘潭站、沅江桃源站、资水桃江、澧水石门站分别列第55位、第47位、第6位、第28位，汉江白河、皇庄、仙桃站分别列倒数第2位、倒数第6位、倒数第24位；岷江高场站年最大洪峰流量在历史洪水中列倒数第17位，嘉陵江北碚站列倒数第1位，乌江武隆站列第19位，湘江湘潭、资水桃江站分别列第22位、第10位，沅江桃源、澧水石门站分别列倒数第17位、倒数第35位，汉江白河、皇庄、仙桃站分别列倒数第2位、倒数第7位、倒数第18位。

在2016年长江干流洪水中，下游南京站率先突破警戒水位，其后扩展到九江—大通江段，紧接着中游监利—码头镇江段超过警戒水位，中下游监利—大通江段全线超过警戒水位，见表4.1-2。中下游干流及"两湖"出口控制站年最高水位超警戒水位幅度为0.51～1.97m，以七里山站超警1.97m为最大；各站超警戒水位的天数为8～30d，其中莲花塘、汉口、九江、大通超警戒水位的天数分别为26d、18d、29d、26d。

表 4.1－1

2016 年长江流域各主要站最高水位、最大流量统计

河名	站名	2016 年最高水位		历史最高水位		2016 年最大流量		历年最大流量		年最高水位排序/统计年数	年最大流量排序/统计年数
		数值/m	出现日期	数值/m	出现日期	数值/(m³/s)	出现日期	数值/(m³/s)	出现日期		
长江	向家坝	276.07	8 月 4 日			13100	9 月 21 日	29000	1966 年 9 月 2 日		66/77
	朱沱	206.54	7 月 16 日	217.04	2012 年 7 月 23 日	23000	7 月 16 日	55800	2012 年 7 月 23 日	61/63	61/63
	寸滩	173.04	7 月 20 日	192.78	1905 年 8 月 11 日	28500	7 月 20 日	85700	1981 年 7 月 16 日	124/124	125/125
	宜昌	49.44	7 月 2 日	55.92	1896 年 9 月 4 日	34600	7 月 2 日	71100	1896 年 9 月 4 日	134/140	132/140
	沙市	41.37	7 月 21 日	45.22	1998 年 8 月 17 日	29000	7 月 2 日	54600	1981 年 7 月 19 日	65/74	22/26
	监利	36.26	7 月 6 日	38.31	1998 年 8 月 17 日	26600	7 月 2 日	46300	1998 年 8 月 17 日	10/76	51/57
	莲花塘	34.29	7 月 7 日	35.80	1998 年 8 月 20 日					5/28	
	螺山	33.37	7 月 7 日	34.95	1998 年 8 月 20 日	52100	7 月 8 日	78800	1954 年 8 月 7 日	5/64	25/64
	汉口	28.37	7 月 7 日	29.73	1954 年 8 月 18 日	57200	7 月 7 日	76100	1954 年 8 月 14 日	5/151	30/151
	九江	21.68	7 月 9 日	23.03	1998 年 8 月 2 日	65200	7 月 7 日	75000	1996 年 7 月 23 日	7/112	7/29
	大通	15.66	7 月 8 日	16.64	1954 年 8 月 1 日	71000	7 月 10 日	92600	1954 年 8 月 1 日	6/80	7/80
岷江	高场	283.55	7 月 6 日	290.12	1961 年 6 月 29 日	14700	7 月 6 日	34100	1961 年 6 月 29 日	54/78	62/78
沱江	富顺	265.47	7 月 10 日	273.11	2010 年 8 月 22 日	1960	7 月 9 日	15200	1981 年 7 月 15 日	13/14	60/63
嘉陵江	武胜	215.11	7 月 27 日	232.06	1981 年 7 月 16 日	4210	7 月 27 日	28900	1981 年 7 月 15 日	69/77	68/71
	北碚	181.30	7 月 1 日	208.17	1981 年 7 月 16 日	7300	7 月 1 日	44800	1981 年 7 月 16 日	78/78	77/77

河名	站名	2016年最高水位		历史最高水位		2016年最大流量		历年最大流量		年最高水位排序/统计年数	年最大流量排序/统计年数
		数值/m	出现日期	数值/m	出现日期	数值/(m³/s)	出现日期	数值/(m³/s)	出现日期		
渠江	凤滩	293.84	8月1日	303.73	2011年9月18日	4760	8月1日	29600	2011年9月18日	27/64	58/64
	三汇	250.75	6月25日	267.81	2011年9月19日	6160	6月25日	29400	2011年9月19日	57/59	
涪江	罗渡溪	208.99	10月26日	227.92	2011年9月20日	4210	6月25日	28300	2011年9月20日	64/64	63/64
	小河坝	235.03	10月23日	241.68	2013年7月1日	2520	7月19日	28700	1981年7月15日	24/66	63/65
乌江	武隆	196.09	6月28日	204.63	1999年6月30日	15300	6月28日	22800	1999年6月30日	55/73	19/66
湘江	湘潭	37.25	6月16日	41.95	1994年6月18日	15100	6月16日	20800	1994年6月18日	47/69	22/72
沅江	桃源	41.02	7月6日	47.37	2014年7月17日	13100	6月29日	29100	1996年7月17日	6/72	53/69
资水	桃江	43.29	7月5日	44.44	1996年7月17日	9160	7月4日	15300	1955年8月27日	28/67	10/70
澧水	石门	58.60	6月28日	62.66	1998年7月23日	9050	6月28日	19900	1998年7月23日	6/106	33/67
洞庭湖	七里山	34.47	7月8日	35.94	1998年8月20日	31000	7月9日	57900	1931年7月9日	6/82	23/77
汉江	白河	175.61	7月28日	196.63	1983年8月1日	1880	7月28日	31000	1983年8月1日	81/82	80/81
	皇庄	43.27	7月21日	50.79	1964年10月6日	2380	7月21日	29100	1958年7月19日	66/71	63/69
	仙桃	31.35	7月22日	36.24	1984年9月30日	2900	7月23日	14600	1964年10月9日	51/74	43/60
鄱阳湖	湖口	21.33	7月11日	22.59	1998年7月31日	17400	5月12日	31900	1998年6月26日	6/77	24/67

注 因受迁站影响，涪江小河坝站水位不参与历史洪水排序。

表 4.1-2

长江中下游干支流主要控制站洪峰特征

站名	超警时间		超警(超保)天数	洪峰特征			
	起始时间	退出时间		水位/m	出现时间	最大超警幅度/m	历史排序
监利	7月4日21时	7月10日21时	7	36.26	7月6日20时	0.76	10
莲花塘	7月20日23时	7月24日15时	5	35.68	7月21日17时	0.18	5
	7月3日19时	7月28日21时	26	34.29	7月7日23时	1.79	5
螺山	7月4日13时	7月15日12时	12	33.37	7月7日20时	1.37	
	7月20日13时	7月25日22时	6	32.32	7月22日20时	0.32	5
汉口	7月4日21时	7月25日22时	12	28.37	7月7日4时	1.07	7
	7月20日11时	7月25日12时	6	27.83	7月21日23时	0.53	7
黄石港	7月6日8时	7月13日14时	8	25.01	7月7日6时	0.51	7
码头镇	7月5日2时	7月27日9时	23	22.5	7月9日15时	1	6
九江	7月3日15时	7月31日16时	29	21.68	7月9日22时	1.68	6
安庆	7月3日18时	7月26日13时	24	17.71	7月9日9时	1.01	4
大通	7月3日3时	7月28日4时	26	15.66	7月8日23时	1.26	3
芜湖	7月3日1时	7月26日19时	24	12.31	7月8日15时	1.11	4
马鞍山	7月2日20时	7月27日8时	26	11.16	7月8日15时	1.16	6
南京	7月2日6时	7月31日8时	30	9.96	7月7日12时	1.46	6
七里山	7月3日17时	7月31日6时	27	34.47	7月5日9时35分	1.97	6
湖口	7月3日16时	7月31日23时	29	21.33	7月11日13时	1.83	6
星子	7月3日0时	8月5日22时	34	21.38	7月11日11时	2.38	6
新河庄	6月20日16时36分	7月31日6时	42(13)	14.02	7月5日23时	3.02	2

注　水阳江新河庄站水位连续超警戒水位42d，列主要支流控制站超警戒水位时长第1位。

4.1.2 径流量

水库在发挥防洪兴利作用的同时，也改变了径流的时空分布。本节遵循水量平衡原则，首先分析统计长江干支流主要控制站径流受影响的主要水库及月蓄量变化（见表4.1-3和表4.1-4），考虑各水库至下游主要控制站的传播时间均在1个月以内，采用实测径流量同时叠加水库月蓄量变化值得到还原径流量，按实测径流量和还原径流量分析2016年4—10月主要控制站径流量的丰枯程度以及水库群的影响量（见表4.1-5及图4.1-1~图4.1-6）。总体来看，2016年4—10月长江流域径流量总体偏多，呈前丰后枯态势，上游正常略偏多，中下游偏多，嘉陵江、汉江严重偏少。

表4.1-3 长江干支流主要站受影响水库统计

河名	站名	主 要 影 响 水 库
金沙江	向家坝（屏山）	金沙江中下游梯级（梨园、阿海、金安桥、龙开口、鲁地拉、观音岩、溪洛渡、向家坝）和雅砻江梯级（锦屏一级、二滩）
长江	寸滩	金沙江中下游、雅砻江、岷江和嘉陵江主要水库
	三峡入库	金沙江中下游、雅砻江、岷江、嘉陵江和乌江主要水库
	宜昌	金沙江中下游、雅砻江、岷江、嘉陵江、乌江主要水库和三峡水库
	螺山	金沙江中下游、雅砻江、岷江、嘉陵江、乌江梯级、洞庭湖主要水库和三峡水库
	汉口	金沙江中下游、雅砻江、岷江、嘉陵江、乌江、汉江、洞庭湖主要水库和三峡水库
	大通	金沙江中下游、雅砻江、岷江、嘉陵江、乌江、汉江、洞庭湖、鄱阳湖主要水库和三峡水库
岷江	高场	岷江主要水库（紫坪埔、瀑布沟）
嘉陵江	北碚	嘉陵江主要水库（碧口、宝珠寺、亭子口、草街）
乌江	武隆	乌江主要水库（构皮滩、思林、沙沱、彭水）
洞庭湖	"四水"合成	洞庭湖主要水库（五强溪、柘溪）
汉江	兴隆	汉江主要水库（石泉、安康、潘口、黄龙滩、丹江口）
鄱阳湖	"五河"合成	鄱阳湖主要水库（万安、柘林）

1. 金沙江

金沙江向家坝（屏山）站4—10月来水偏少近1成，其中4—6月偏多1~4成，7月、10月基本正常，8月、9月偏少超两成。4—10月金沙江中下游梯级水库群（包括雅砻江）累计拦蓄水量80.33亿 m^3，占多年平均来水的6.9%，其中4月补水、7月拦蓄影响最为突出，分别达到5成、3成左右。考虑水库群蓄泄影响，金沙江4—10月天然来水正常，其中4月、9月、10月来水正常略偏少，5月、8月来水偏少1~2成，6月、7月来水偏多超2成。

2. 岷江

岷江高场站4—10月来水偏少1成多，其中6月、8月、9月偏少2~3成。岷江瀑布沟和紫坪埔水库4—10月累计蓄水35.22亿 m^3，占多年平均来水的5.3%；考虑水库群蓄泄影响，岷江高场站4—10月天然来水偏少近1成，总体来讲，岷江来水受水库影响不大，但9月拦蓄影响超2成。

表 4.1－4　　　　　　　　　4—10 月长江流域主要水库月蓄量变化统计　　　　　　　　单位：亿 m³

水系	水库名称	4 月	5 月	6 月	7 月	8 月	9 月	10 月	4—10 月
金沙江中游	梨园	0.64	−0.34	−1.01	0.88	0.52	0.06	−0.13	0.61
	阿海	1.80	−0.71	−1.06	1.12	0.70	0.03	0.12	1.99
	金安桥	0.30	−0.07	−0.54	0.52	0.51	0.07	−0.06	0.74
	龙开口	0.11	0.22	−0.78	0.58	0.26	−0.02	0.03	0.40
	鲁地拉	2.81	−2.32	−1.78	2.07	1.24	0.92	−0.33	2.61
	观音岩	−0.08	2.80	−2.32	1.21	−3.22	4.06	1.12	3.57
雅砻江	锦屏一级	3.16	−10.76	2.01	30.81	−7.18	17.03	0.76	35.84
	二滩	−9.95	8.06	1.27	15.85	4.68	−0.20	0.29	20.00
金沙江下游	溪洛渡	−19.89	−6.89	8.95	13.90	−8.17	35.41	−4.37	18.94
	向家坝	0.26	−2.06	−4.05	0.60	−0.86	6.39	−4.64	−4.36
岷江	紫坪铺	−0.39	−0.20	−0.44	1.99	−2.60	5.02	1.67	5.05
	瀑布沟	3.58	−4.67	0.12	18.80	−8.83	20.31	0.86	30.17
嘉陵江	碧口	−0.69	−0.15	−0.09	−0.13	0.03	0.51	0.48	−0.04
	宝珠寺	−0.20	−1.20	−1.53	5.09	−3.52	4.04	5.97	8.64
	亭子口	−0.13	−1.88	−1.34	6.40	−3.38	−0.70	1.02	0.01
	草街	−0.29	−0.56	−0.23	0.98	−0.37	0.44	0.17	0.14
乌江	构皮滩	−1.55	−7.24	5.42	7.62	−7.75	−0.95	−1.51	−5.95
	思林	1.39	−0.51	−0.39	−0.06	0.63	1.25	−2.12	0.17
	沙沱	−2.00	0.27	−0.31	−0.12	1.11	1.08	−0.13	−0.11
	彭水	1.55	−2.65	1.67	−0.38	−0.17	2.14	0.24	2.41
长江	三峡	−53.49	−76.79	−0.46	28.28	−31.06	95.09	115.23	76.80
洞庭湖	五强溪	−4.65	−6.10	−4.07	8.16	−0.07	−0.71	1.29	−6.15
	柘溪	11.57	−9.40	2.79	−1.99	7.18	0.46	−0.08	10.53
汉江	石泉	−0.14	−0.73	0.34	−0.23	0.14	0.66	0.28	0.32
	安康	−2.51	−0.24	−3.74	1.87	−1.38	1.01	9.17	4.18
	潘口	0.40	−2.32	−0.37	−1.57	−0.88	0.09	2.77	−1.89
	黄龙滩	−0.57	−0.96	0.38	0.04	−0.91	0.01	1.06	−0.95
	丹江口	1.20	5.90	15.57	9.44	3.15	−8.54	0.07	26.78
鄱阳湖	万安	−0.58	−0.28	5.62	0.32	−0.37	0.18	0.55	5.44
	柘林	2.90	−2.01	6.10	4.63	−0.53	−0.71	−0.37	10.01
合计		−65.44	−123.79	25.73	156.68	−61.10	184.43	129.41	245.90

注　各月蓄量变化为次月 1 日 8 时至本月 1 日 8 时的蓄量差值，正数为蓄量增加，负数为蓄量减少。

表 4.1-5　4—10 月长江干支流主要站径流分析统计

河名	站名		项　目	4 月	5 月	6 月	7 月	8 月	9 月	10 月	4—10 月
金沙江	向家坝	流量	2016 年/(m³/s)	2450	2470	5350	8930	7680	7320	6450	5820
			均值/(m³/s)	1710	2300	4470	9330	9680	10000	6470	6290
			距平/%	43.3	7.4	19.7	-4.3	-20.7	-26.8	-0.3	-7.5
		蓄水量	变化值（上游家坝)/亿 m³	-20.84	-12.07	0.68	67.53	-11.51	63.74	-7.20	80.33
			占向家坝/%	-47.0	-19.6	0.6	27.0	-4.4	24.6	-4.2	6.9
			还原距平/%	-3.7	-12.2	20.3	22.7	-25.1	-2.2	-4.5	-0.6
长江	寸滩	流量	2016 年/(m³/s)	6770	9430	14200	21100	16300	13500	12300	13400
			均值/(m³/s)	4800	7160	13000	23500	21500	20200	13300	14800
			距平/%	41.0	31.7	9.2	-10.2	-24.2	-33.2	-7.5	-9.5
		蓄水量	变化值/亿 m³	-18.96	-20.73	-2.82	100.68	-30.18	93.35	2.96	124.29
			占寸滩/%	-15.2	-10.8	-0.8	16.0	-5.2	17.8	0.8	4.5
			还原距平/%	25.8	20.9	8.4	5.8	-29.4	-15.3	-6.7	-4.9
	三峡入库	流量	2016 年/(m³/s)	10100	13400	21300	26500	18600	14500	13500	16900
			均值/(m³/s)	7080	10900	17400	29100	25000	23600	16000	18500
			距平/%	42.7	22.9	22.4	-8.9	-25.6	-38.6	-15.6	-8.6
		蓄水量	变化值/亿 m³	-19.57	-30.87	3.57	107.74	-36.36	96.87	-0.55	120.82
			占三峡入库/%	-10.7	-10.6	0.8	13.8	-5.4	15.8	-0.1	3.5
			还原距平/%	32.0	12.4	23.2	4.9	-31.0	-22.7	-15.8	-5.1
	宜昌	流量	2016 年/(m³/s)	12800	16600	21600	26700	21100	11100	9700	17100
			均值/(m³/s)	7230	11500	17500	28800	24900	22700	15100	18300
			距平/%	77.0	44.3	23.4	-7.3	-15.3	-51.1	-35.8	-6.6
		蓄水量	变化值/亿 m³	-73.06	-107.66	3.11	136.02	-67.42	191.96	114.68	197.62
			占宜昌/%	-39.0	-35.0	0.7	17.6	-10.1	32.6	28.4	5.8
			还原距平/%	38.1	9.4	24.1	10.3	-25.4	-18.5	-7.4	-0.7

河名	站名		项目	4月	5月	6月	7月	8月	9月	10月	4—10月
长江	螺山	流量	2016年/(m³/s)	24400	32000	32600	44200	33500	15500	12500	27900
			均值/(m³/s)	15000	21400	28100	38600	32900	29200	20300	26500
			距平/%	62.7	49.5	16.0	14.5	1.8	-46.9	-38.4	5.3
	汉口	流量	2016年/(m³/s)	26600	33900	34500	49400	36500	16200	12900	30100
			均值/(m³/s)	16600	23300	30300	42200	36500	32500	22900	29200
			距平/%	60.2	45.5	13.9	17.1	0.0	-50.2	-43.7	3.1
		蓄水量	变化值/亿m³	-67.77	-121.50	14.00	151.73	-60.18	184.94	129.24	230.45
			占汉口/%	-15.8	-19.5	1.8	13.4	-6.2	22.0	21.1	4.3
			还原距平/%	44.5	26.0	15.6	30.5	-6.2	-28.2	-22.6	7.4
	大通	流量	2016年/(m³/s)	34700	47100	49800	65600	51000	26400	18400	41900
			均值/(m³/s)	24100	31500	39700	50300	43500	38800	28900	36700
			距平/%	44.0	49.5	25.4	30.4	17.2	-32.0	-36.3	14.2
		蓄水量	变化值/亿m³	-65.45	-123.79	25.72	156.68	-61.08	184.41	129.42	245.90
			占大通/%	-10.5	-14.7	2.5	11.6	-5.2	18.3	16.7	3.6
			还原距平/%	33.5	34.9	27.9	42.0	12.0	-13.6	-19.6	17.8
岷江	高场	流量	2016年/(m³/s)	1260	2370	2990	5220	3530	3240	3100	3110
			均值/(m³/s)	1320	2020	3870	5550	5310	4340	2900	3620
			距平/%	-4.5	17.3	-22.7	-5.9	-33.5	-25.3	6.9	-14.1
		蓄水量	变化值/亿m³	3.19	-4.87	-0.32	20.80	-11.43	25.32	2.53	35.22
			占高场/%	9.3	-9.0	-0.3	14.0	-8.0	22.5	3.3	5.3
			还原距平/%	4.8	8.3	-23.1	8.0	-41.6	-2.8	10.2	-8.8

河名	站名		项目	4月	5月	6月	7月	8月	9月	10月	4—10月
嘉陵江	北碚	流量	2016年/(m³/s)	853	1760	1850	3040	2070	658	1080	1620
			均值/(m³/s)	876	1610	2510	5300	3730	3400	2140	2800
			距平/%	-2.6	9.3	-26.3	-42.6	-44.5	-80.6	-49.5	-42.1
		蓄水量	变化值/亿m³	-1.31	-3.79	-3.19	12.35	-7.23	4.29	7.64	8.75
			占北碚/%	-5.8	-8.8	-4.9	8.7	-7.2	4.9	13.3	1.7
			还原距平/%	-8.4	0.5	-31.2	-33.9	-51.7	-75.8	-36.2	-40.5
乌江	武隆	流量	2016年/(m³/s)	2560	2930	3940	3580	1890	716	883	2360
			均值/(m³/s)	1200	2030	3040	3310	2020	1470	1260	2050
			距平/%	113.3	44.3	29.6	8.2	-6.4	-51.3	-29.9	15.1
		蓄水量	变化值/亿m³	-0.61	-10.13	6.40	7.06	-6.19	3.52	-3.52	-3.48
			占武隆/%	-2.0	-18.6	8.1	8.0	-11.4	9.2	-10.4	-0.9
			还原距平/%	111.4	25.7	37.7	16.1	-17.9	-42.1	-40.3	14.2
湘江	湘潭	流量	2016年/(m³/s)	6230	5800	4450	2140	1210	1240	968	3140
			均值/(m³/s)	3210	3790	4100	2560	2040	1330	1090	2580
			距平/%	94.1	53.0	8.5	-16.4	-40.7	-6.8	-11.2	21.7
资水	桃江	流量	2016年/(m³/s)	1220	1690	826	2320	453	234	182	990
			均值/(m³/s)	942	1100	1320	1120	733	529	422	880
			距平/%	29.5	53.6	-37.4	107.1	-38.2	-55.8	-56.9	12.5
沅江	桃源	流量	2016年/(m³/s)	4520	5300	4900	5000	2600	630	454	3340
			均值/(m³/s)	2270	3380	4460	4040	2010	1500	1190	2690
			距平/%	99.1	56.8	9.9	23.8	29.4	-58.0	-61.8	24.2
澧水	石门	流量	2016年/(m³/s)	514	864	1360	1530	437	218	148	720
			均值/(m³/s)	476	685	853	1050	521	344	270	600
			距平/%	8.0	26.1	59.4	45.7	-16.1	-36.6	-45.2	20.0

河名	站名		项目	4月	5月	6月	7月	8月	9月	10月	4—10月
"四水"合成		流量	2016年/(m³/s)	12500	13700	11500	11000	4700	2320	1750	8200
			均值/(m³/s)	6900	8960	10700	8770	5300	3700	2970	6750
			距平/%	81.2	52.9	7.5	25.4	-11.3	-37.3	-41.1	21.5
		蓄水量	变化值/亿m³	6.92	-15.50	-1.28	6.17	7.11	-0.25	1.21	4.38
			占"四水"合成/%	3.9	-6.5	-0.5	2.6	5.0	-0.3	1.5	0.4
			还原距平/%	85.0	46.4	7.0	28.1	-6.3	-37.6	-39.6	21.8
汉江	丹江口入库	流量	2016年/(m³/s)	677	875	1260	1090	898	343	663	830
			均值/(m³/s)	741	984	1220	2060	1880	1830	1090	1400
			距平/%	-8.6	-11.1	3.3	-47.1	-52.2	-81.3	-39.2	-40.7
		蓄水量	变化值/亿m³	-2.83	-4.25	-3.39	0.11	-3.02	1.77	13.28	1.66
			占丹江口入库/%	-14.3	-16.1	-10.4	0.2	-6.0	3.6	45.5	0.6
	黄家港	流量	2016年/(m³/s)	481	500	497	580	605	485	458	520
			均值/(m³/s)	815	909	1010	1510	1500	1460	875	1150
			距平/%	-41.0	-45.0	-50.8	-61.6	-59.7	-66.8	-47.7	-54.8
		蓄水量	变化值/亿m³	-1.63	1.65	12.18	9.54	0.13	-6.77	13.35	28.45
			占黄家港/%	-7.5	6.8	45.0	23.6	0.3	-17.3	57.0	13.4
	兴隆	流量	2016年/(m³/s)	652	666	861	1610	1140	648	622	890
			均值/(m³/s)	967	1128	1304	2172	2298	1990	1220	1580
			距平/%	-32.6	-41.0	-34.0	-25.9	-50.4	-67.4	-49.0	-43.7
		蓄水量	变化值/亿m³	-1.63	1.65	12.18	9.54	0.13	-6.77	13.35	28.45
			占兴隆/%	-6.5	5.5	36.0	16.4	0.2	-13.1	40.9	9.7
			还原距平/%	-39.1	-35.5	2.0	-9.5	-50.2	-80.6	-8.2	-33.9
赣江	外洲	流量	2016年/(m³/s)	6420	6260	5030	3850	2000	1700	1750	3850
			均值/(m³/s)	3350	3910	4580	2800	2040	1630	1090	2770
			距平/%	91.6	60.1	9.8	37.5	-2.0	4.3	60.6	39.0

河名	站名		项目	4月	5月	6月	7月	8月	9月	10月	4-10月
抚河	李家渡	流量	2016年/(m³/s)	1080	1930	1040	429	106	231	234	720
			均值/(m³/s)	573	663	1010	468	227	162	111	460
			距平/%	88.5	191.1	3.0	-8.3	-53.3	42.6	110.8	56.5
信江	梅港	流量	2016年/(m³/s)	1490	1860	1800	514	96	295	327	910
			均值/(m³/s)	950	1020	1670	787	436	329	195	770
			距平/%	56.8	82.4	7.8	-34.7	-78.0	-10.3	67.7	18.2
昌江	渡峰坑	流量	2016年/(m³/s)	620	353	724	552	115	30	97.1	350
			均值/(m³/s)	229	272	417	331	86.2	51	30	210
			距平/%	170.7	29.8	73.6	66.8	-25.0	-41.2	223.7	66.7
乐安河	虎山	流量	2016年/(m³/s)	549	614	659	527	45.1	41.6	69.6	360
			均值/(m³/s)	387	406	659	385	161	94.8	52	310
			距平/%	41.9	51.2	0.0	36.9	-72.0	-56.1	33.8	16.1
修水	虬津	流量	2016年/(m³/s)	266	520	559	518	72	50	51	290
			均值/(m³/s)	339	424	361	391	285	253	190	320
			距平/%	-21.5	22.6	54.8	32.5	-74.7	-80.2	-73.2	-9.4
潦水	万家埠	流量	2016年/(m³/s)	199	240	328	454	73.9	52.6	57.5	200
			均值/(m³/s)	153	189	246	182	117	92	53.6	150
			距平/%	30.1	27.0	33.3	149.5	-36.8	-42.8	7.3	33.3
	"五河"合成	流量	2016年/(m³/s)	10600	11800	10100	6840	2480	2400	2590	6670
			均值/(m³/s)	5980	6880	8940	5340	3380	2610	1720	4970
			距平/%	77.3	71.5	13.0	28.1	-26.6	-8.0	50.6	34.2
		蓄水量	变化值/亿m³	2.32	-2.29	11.72	4.95	-0.9	-0.53	0.18	15.45
			占"五河"合成/%	1.5	-1.2	5.1	3.5	-1.0	-0.8	0.4	1.7
			还原距平/%	78.8	70.3	18.0	31.6	-27.6	-8.8	51.0	35.9

注 1.变化值指相应站点以上主要水库(不包括自身)的蓄水总量的增减,正数为增加,负数为减少。

2.还原距平指考虑站点以上主要水库蓄水影响后的来水距平。

3.均值系列为近30年均值。

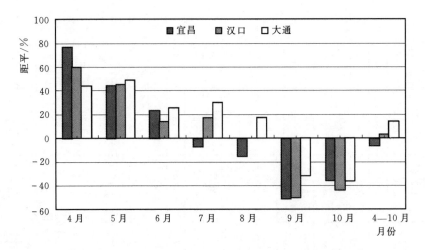

图 4.1-1　宜昌、汉口、大通站 2016 年 4—10 月实测径流距平

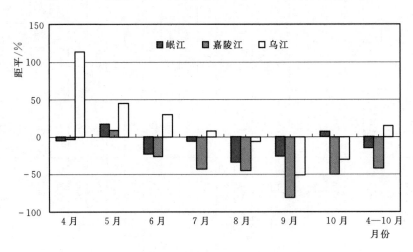

图 4.1-2　岷江、嘉陵江、乌江 2016 年 4—10 月实测径流距平

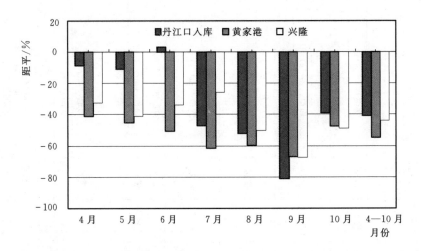

图 4.1-3　汉江主要控制站 2016 年 4—10 月实测径流距平

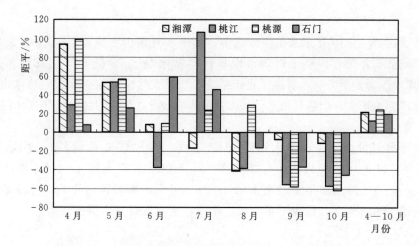

图 4.1-4　洞庭湖主要控制站 2016 年 4—10 月实测径流距平

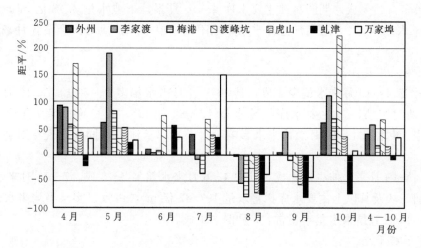

图 4.1-5　鄱阳湖主要控制站 2016 年 4—10 月实测径流距平

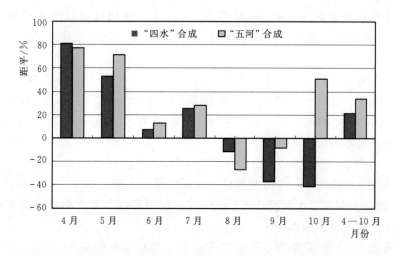

图4.1-6　洞庭湖、鄱阳湖各站合成流量 2016 年 4—10 月实测径流距平

3. 嘉陵江

嘉陵江北碚站 4—10 月来水偏少 4 成多，其中 9 月偏少 8 成，7 月、8 月、10 月偏少 4～5 成。嘉陵江宝珠寺、亭子口等水库累计拦蓄水量 8.75 亿 m^3，占多年平均来水的 1.7%；考虑水库群蓄泄影响，嘉陵江北碚站 4—10 月天然来水偏少 4 成，总体来讲，嘉陵江来水受水库影响不大，但各月来水受水库蓄泄影响较大，如 10 月拦蓄影响达到 1 成多。

4. 寸滩站

长江上游干流寸滩站 4—10 月来水偏少近 1 成，其中 4—6 月偏多 1～4 成，7—10 月偏少 1～3 成，以 9 月偏少最多，有 3 成多。寸滩以上主要水库 4—10 月累计拦蓄水量 124.29 亿 m^3，占寸滩站多年平均来水的 4.5%。考虑水库群蓄泄影响，寸滩站 4—10 月天然来水正常略偏少，9 月偏少不足 2 成。水库蓄泄对各月来水影响较大。

5. 乌江

乌江武隆站 4—10 月来水偏多超 1 成，4 月偏多 1.1 倍，最为明显，8 月后开始偏少，9 月偏少最多，达 5 成。期间乌江主要水库 4—10 月累计下泄水量 3.48 亿 m^3，占武隆站多年平均来水的 0.9%，对乌江总体来水影响不大，但水库蓄泄对武隆站各月来水影响较为明显。

6. 三峡入库及宜昌

三峡水库 4—10 月来水偏少 1 成，其中 4—6 月来水偏多 2～5 成，7—10 月来水偏少 1～4 成。期间三峡以上主要水库拦蓄水量 120.82 亿 m^3，占三峡水库多年平均来水的 3.5%，对三峡水库 4—10 月总体来水影响不大，水库蓄泄影响同样体现在对各月来水量的影响上。

宜昌 4—10 月来水偏少近 1 成，其中 4—6 月来水偏多 2～8 成，7—10 月偏少 1～5 成。期间三峡及其以上主要水库拦蓄水量 197.62 亿 m^3，占宜昌多年平均来水的 5.8%，还原后 4—10 月宜昌来水基本正常，7 月偏多 1 成。

7. 中下游干流

中游干流汉口站 4—10 月来水正常略偏多，其中 4—5 月偏多 4～6 成，6—7 月偏多 1～2 成，8 月来水开始减少，9—10 月偏少 4～5 成。期间汉口以上主要水库拦蓄水量 230.45 亿 m^3，占汉口站多年平均来水量的 4.3%，对汉口站来水影响不大，还原后汉口站来水偏多近 1 成。

下游干流大通站 4—10 月来水偏多超 1 成，其中 4—8 月偏多 2～5 成，9—10 月来水减少，偏少 3 成多。期间，上游主要水库拦蓄 245.90 亿 m^3，占大通站多年平均来水的 3.6%，对大通站来水影响亦不明显，还原后大通站来水偏多近 2 成。水库蓄泄对汉口、大通站各月来水量影响较为明显。

8. 汉江

汉江上游丹江口水库 4—10 月来水较历史同期偏少 4 成，其中 7—10 月严重偏少，偏少 4～8 成。期间上游主要水库拦蓄 1.66 亿 m^3，仅占丹江口水库多年平均来水的 0.6%，对丹江口水库天然来水影响不大。

中游黄家港站 4—10 月来水总体偏少 5 成多，各月来水偏少 4～7 成。黄家港以上主要水库 4—10 月共拦蓄水量 28.45 亿 m^3，占多年平均来水的 13.3%。

下游兴隆站 4—10 月来水偏少 4 成多，其中 4—7 月来水偏少 3～4 成，8—10 月偏少 5～7 成。期间上游主要水库拦蓄 28.45 亿 m^3，占兴隆多年平均来水的 9.7%。

9. 洞庭湖水系

4—10 月洞庭湖"四水"来水合成较多年均值偏多 2 成，其中 4 月、5 月分别偏多 8 成、5 成多，6—7 月偏多 1～3 成，8 月来水开始偏少，9 月、10 月来水偏少 4 成左右。4—10 月洞庭湖"四水"各主要水库累计拦蓄水量 4.38 亿 m^3，仅占多年平均来水的 0.4%，对"四水"天然来水影响不大。

各支流，4—10 月资水桃江站来水偏多超 1 成，湘江湘潭、沅江桃源、澧水石门站来水均偏多超 2 成。湘江 4—6 月来水偏多，最多偏多超 9 成（4 月），7—10 月来水偏少，最多偏少 4 成多（8 月）；资水 4 月、5 月、7 月来水偏多，最多偏多 1 倍多（7 月），6 月、8—10 月来水偏少，最多偏少近 6 成（10 月）；沅江 4—8 月来水偏多，4 月偏多最为明显，偏多近 1 倍，9 月、10 月来水严重偏少，均偏少 6 成左右；澧水 4—7 月来水偏多，最多偏多近 6 成（6 月），8—10 月来水偏少，最多偏少近 5 成（10 月）。

10. 鄱阳湖水系

4—10 月鄱阳湖"五河"来水合成总体偏多 3 成，其中 4—5 月偏多 7～8 成，6—7 月偏多 1～3 成，8—9 月来水偏少，10 月来水增加，偏多 5 成。4—10 月鄱阳湖"五河"主要水库拦蓄水量 15.45 亿 m^3，占多年平均来水的 1.7%，对"五河"天然来水影响不大。

各支流，赣江外洲站 4—10 月来水偏多近 4 成，除 8 月来水略偏少外，其他月份来水均偏多，其中 4 月来水偏多最多，达 9 成多；抚河李家渡站 4—10 月来水偏多近 6 成，除 7 月、8 月来水偏少外，其他月份均偏多，其中 5 月来水偏多近 2 倍；信江梅港站 4—10 月来水偏多近 2 成，其中 7—8 月来水偏少 3～8 成，6 月偏多近 1 成，其他各月分别偏多 6～8 成；昌江渡峰坑站 4—10 月来水偏多 7 成，其中 8—9 月偏少 2～4 成，其他各月均偏多，以 4 月、10 月偏多最为明显，分别偏多 1.7 倍和 2.2 倍；安乐河虎山站 4—10 月来水总体偏多近 2 成，其中 5 月偏多最为明显，偏多 5 成，8 月偏少最为严重，偏少 7 成多；修水虬津站来水偏少近 1 成，潦水偏多近 4 成。

4.2 干流洪水分析

6 月下旬，长江下游水阳江、西河等支流率先出现超警洪水，洪水迅速汇入长江，并与涨潮期潮流遭遇，长江下游干流南京站于 7 月 2 日开始超警。随着降雨范围扩大以及受下游顶托影响，长江下游干流九江—大通江段水位于 3 日开始超警，紧接着长江中游监利—码头镇江段于 4 日前后超警，中下游干流监利—大通江段全线超警，且较长时间维持在高水位，超警时间为 8～29d。同时鄱阳湖在主汛期出现明显的长江洪水倒灌现象。

4.2.1 实测洪水地区组成

长江流域水系发达，支流众多，干、支流控制站的洪水过程，都是由其上游各干、支流来水汇合形成。统计一场洪水或某一特定时段内在控制断面总洪量中，上游干、支流各控制站及区间相应时段洪量所占比重，即洪水组成，并与历年平均情况进行对比分析，是分析河流洪水特性、场次洪水特点的一项重要内容。

由于长江中下游平原河道上，大洪水期常常出现溃垸、分洪等现象，破坏了河道水流的自然关系，使控制站实测的流量过程不能反映代表河道洪水特性，通常采用上游诸水的总和（即总入流）来计算洪水组成。

4.2.1.1 三峡水库入库洪水

三峡水库位于湖北省宜昌市三斗坪镇，水库控制流域面积约 100 万 km^2，坝址多年平均流量为 14300m^3/s，多年平均年径流量为 4510 亿 m^3。分析三峡水库入库洪水组成时，一般有两种形式，一是以寸滩站控制长江干流来水，武隆站控制乌江来水，再加上三峡区间来水共 3 部分；二是再将寸滩来水分解为金沙江、岷江、沱江、嘉陵江和向家坝—寸滩区间（简称向寸区间）来水，再加上武隆站和三峡区间来水共 7 部分。三峡水库蓄水运用后，洪水在库区传播时间明显缩短。据近年资料统计，金沙江、岷江、沱江、嘉陵江和乌江各控制站至三峡水库入库站的平均传播时间分别为 60h、57h、54h、30h 和 12h。

2016 年三峡水库入库最大 7d、15d、30d、60d 洪量两种地区组成方式的计算成果见表 4.2-1 及图 4.2-1~图 4.2-5。从洪量组成看，2016 年三峡入库各时段最大洪量均以金沙江来水占比最大，为 25.8%~32.8%；其次为乌江（除 60d 居第 4 位外），其占比为 14.7%~23.5%。最大 7d 洪量占比从大到小排序前四位的依次为金沙江、乌江、向寸区间、三峡区间，占比为 15.1%~25.8%；最大 15d 洪量占比前四位的依次为金沙江、乌江、向寸区间、三峡区间，占比为 13.5%~26.6%；最大 30d 洪量占比前四位的依次为金沙江、乌江、岷江、向寸区间，占比为 14.8%~29.5%；最大 60d 洪量占比前四位的依次为金沙江、岷江、向寸区间、乌江，占比为 14.7%~32.8%。

表 4.2-1　　　　　　　　　　2016 年三峡水库入库洪量地区组成

河名	站名	7d 洪量			15d 洪量			30d 洪量			60d 洪量		
		洪量/亿 m^3	占入库洪量百分比/%	近10年占比平均值/%	洪量/亿 m^3	占入库洪量百分比/%	近10年占比平均值/%	洪量/亿 m^3	占入库洪量百分比/%	近10年占比平均值/%	洪量/亿 m^3	占入库洪量百分比/%	近10年占比平均值/%
金沙江	向家坝	54.5	25.8	29.7	103.3	26.6	31.4	214	29.5	32.4	434	32.8	33.1
岷江	高场	16.1	7.6	16.4	48.8	12.6	17.6	113.3	15.6	18.2	226.2	17.1	19.2
沱江	富顺	4.3	2.0	3.6	8.5	2.2	3.5	20.6	2.8	3.3	36.7	2.8	3.3
嘉陵江	北碚	20.7	9.8	27.3	34.7	8.9	24.5	72.3	10.0	23.1	137.9	10.4	20.3
向寸区间		33.8	16.2	10.5	63.4	16.3	10.8	107.7	14.8	9.6	195.2	14.7	9.7
长江	寸滩	129.4	61.4	87.6	258.7	66.6	87.9	527.9	72.7	86.6	1030	77.8	85.6
乌江	武隆	49.6	23.5	6.8	77.1	19.9	7.1	120	16.5	7.3	194.9	14.7	7.8
三峡区间		31.9	15.1	5.6	52.6	13.5	5.1	78.7	10.8	6.1	99.5	7.5	6.6
长江	三峡水库入库	210.9	100	100	388.4	100	100	726.6	100	100	1324.4	100	100

从 2016 年三峡入库各时段最大洪量及其组成与近 10 年均值的比较来看，一是三峡入库各时段最大洪量均明显小于近 10 年均值，最大 7d、15d 洪量较近 10 年均值偏小约

10%，说明 2016 年长江上游来水并不突出；二是乌江、三峡区间来水占比明显大于近10 年均值，最大 7d、15d 洪量占比偏大 10%～20%，洪量偏大 1～2 倍；三是嘉陵江、岷江来水占比明显偏小，近 10 年均值各时段最大洪量占比排序嘉陵江、岷江均为第二位、第三位，2016 年大多被乌江、向寸区间取代，嘉陵江来水占比偏小 9.9%～17.5%，更为明显。

综上所述，长江 2016 年第 1 号洪水主要由长江上游寸滩以上来水抬高底水，乌江及三峡区间来水造峰形成。

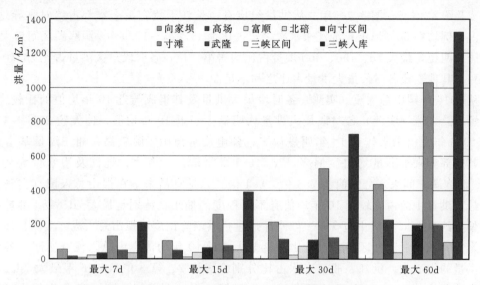

图 4.2-1　2016 年长江干流三峡入库洪量地区组成

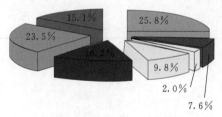

图 4.2-2　三峡入库最大 7d 洪量地区组成

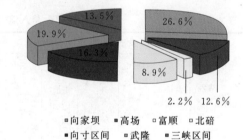

图 4.2-3　三峡入库最大 15d 洪量地区组成

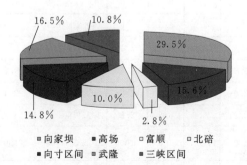

图 4.2-4　三峡入库最大 30d 洪量地区组成

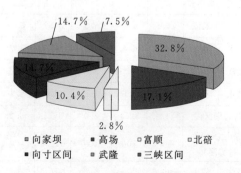

图 4.2-5　三峡入库最大 60d 洪量地区组成

4.2.1.2 螺山总入流（实测）

螺山站位于湖北省洪湖市螺山镇，集水面积约为 129 万 km^2。螺山站洪水主要由长江中游荆江和洞庭湖来水组成，采用螺山总入流进行分析。螺山总入流（实测）是由长江干流宜昌、清江高坝洲、洞庭湖水系中的湘江湘潭、资水桃江、沅江桃源、澧水石门等诸站流量过程及洞庭湖区间的流量过程共 7 种水源，考虑洪水传播时间予以叠加而成。

2016 年螺山总入流（实测）最大 7d、15d、30d、60d 洪量地区组成计算结果见表4.2-2及图 4.2-6～图 4.2-10。从洪量组成看，长江干流宜昌来水都占绝对主导地位，其所占比例均在 50% 以上；沅江来水次之，占比为 11.8%～15.9%。洞庭湖区间最大 60d占比居第四位，最大 7d、15d、30d 洪量占比均居第三位，各时段最大洪量占比为 5.0%～12.0%。其他支流各时段最大洪量占比之和不足 20%。

从 2016 年螺山总入流（实测）各时段最大洪量及其组成与近 10 年均值的比较来看，一是螺山总入流（实测）各时段最大洪量均明显大于近 10 年均值，偏大约 20%～40%，说明 2016 年螺山来水较近 10 年明显偏丰；各组成水源中，除宜昌、湘江洪量基本正常外，其他部分来水洪量均明显偏多，7d、15d 洪量清江、资水、沅江及澧水偏大约 1～3 倍，洞庭湖区间来水分别偏大 7.6 倍、3.4 倍。二是宜昌来水在螺山总入流（实测）各时段最大洪量中的占比较近 10 年均值有不同程度的偏小，特别是最大 7d、15d 洪量中的占比偏少约 20%，这其中包含了三峡水库通过拦洪削峰调度对螺山总入流（实测）地区组成的影响。三是洞庭湖区间来水占比明显偏大。近 10 年均值螺山总入流（实测）各时段最大洪量的组成中，沅江、湘江来水占比分别位居第 2、第 3 位，2016 年最大 7d、15d、30d 洪量洞庭湖区间占比超过了湘江，位居第 3 位，较近 10 年均值占比偏大 4%～10.1%，可见在 2016 年洪水中洞庭湖区间洪水相当突出。

表 4.2-2　　　　　　　2016 年螺山总入流（实测）洪量地区组成

河名	站名	7d 洪量			15d 洪量			30d 洪量			60d 洪量		
		洪量/亿 m³	占螺山总入流（实测）洪量百分比/%	近10年均值/%	洪量/亿 m³	占螺山总入流（实测）洪量百分比/%	近10年均值/%	洪量/亿 m³	占螺山总入流（实测）洪量百分比/%	近10年均值/%	洪量/亿 m³	占螺山总入流（实测）洪量百分比/%	近10年均值/%
长江	宜昌	198	54.0	76.8	380.8	56.6	75.5	696.3	59.1	75.3	1361.7	64.7	73.5
清江	高坝洲	8.5	2.3	1.5	15.5	2.3	1.5	41.7	3.5	1.6	63.6	3.0	1.7
湘江	湘潭	16.5	4.5	6.5	34.7	5.2	5.8	62.4	5.3	5.9	140.2	6.7	7.6
资水	桃江	23.5	6.4	2.3	38.7	5.7	2.4	64.1	5.4	2.4	88.4	4.2	2.5
沅江	桃源	58.4	15.9	9.0	107.2	15.9	9.9	167.1	14.2	9.5	249.6	11.8	9.2
澧水	石门	17.6	4.8	1.9	41.4	6.1	2.6	67.7	5.7	2.6	96.3	4.6	2.4
洞庭湖区间		44.1	12.1	2.0	55.1	8.2	2.3	79.6	6.8	2.8	105.9	5.0	3.2
螺山总入流（实测）		366.5	100	100	673.4	100	100	1178.9	100	100	2105.5	100	100
长江	螺山	299.6			601.6			1152.6			2101.5		

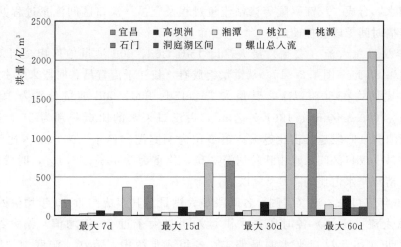

图 4.2-6   2016 年长江干流螺山总入流（实测）洪量地区组成

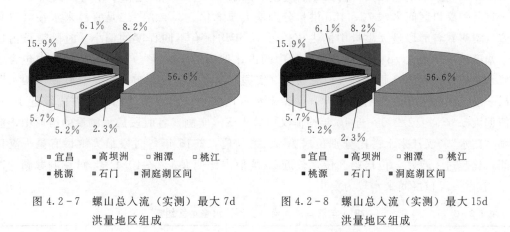

图 4.2-7   螺山总入流（实测）最大 7d
         洪量地区组成

图 4.2-8   螺山总入流（实测）最大 15d
         洪量地区组成

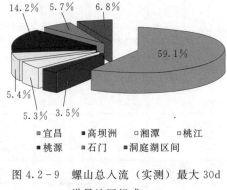

图 4.2-9   螺山总入流（实测）最大 30d
         洪量地区组成

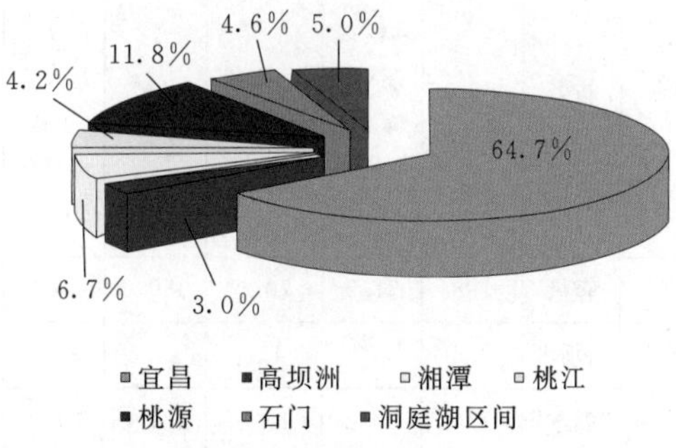

图 4.2-10   螺山总入流（实测）最大 60d
          洪量地区组成

4.2.1.3   汉口总入流（实测）

汉口站位于湖北省武汉市武汉关，是长江中游干流重要控制站，集水面积约为 149 万 km²。采用总入流分析汉口站洪水组成，汉口总入流（实测）是由长江干流宜昌、清江高坝洲、

— 105 —

洞庭湖"四水"合成、汉江兴隆等诸站流量过程及宜昌—汉口区间流量过程共5种水源，考虑洪水传播时间予以叠加而成。

2016年汉口总入流（实测）最大7d、15d、30d、60d洪量地区组成计算结果见表4.2-3及图4.2-11～图4.2-15。从洪量组成看，长江干流宜昌各时段来水占比都位居首位，其所占比例均在50%以上，其最大7d、15d、30d、60d洪量分别为198.0亿 m³、380.8亿 m³、696.3亿 m³、1361.7亿 m³，占汉口来水的比重分别为51.5%、54.3%、56.5%、62.1%，时段越长占比越大；第2位为洞庭湖"四水"来水，占比为26.2%～31.7%；宜昌—汉口区间来水占比位居第3位，比重为5.4%～13.1%，时段越长占比越小；汉江、清江来水占比均在3.5%以下。

从2016年汉口总入流（实测）各时段最大洪量及其组成与近10年均值的比较来看，一是汉口总入流（实测）各时段最大洪量均明显大于近10年均值，偏大约15.7%～35.9%，说明2016年汉口来水明显偏丰；各组成水源中，清江、洞庭湖"四水"及宜昌—汉口区间来水明显偏大，清江、洞庭湖"四水"7d、15d洪量较多年均值偏大1～1.4倍，宜昌—汉口区间来水7d、15d洪量分别偏大4.8倍、3.2倍。二是宜昌来水在汉口总入流（实测）各时段最大洪量中的占比较近10年均值有不同程度的偏小，时段越长占比偏小幅度越小，最大7d、15d、30d洪量中的占比偏小约13.1%～18.5%，这其中包含了三峡水库通过拦洪削峰调度对汉口总入流（实测）地区组成的影响。三是洞庭湖"四水"、宜昌—汉口区间来水占比明显偏大，汉江来水占比偏小。洞庭湖"四水"占比较近10年均值偏大5.6%～12.2%；近10年均值汉口总入流（实测）各时段最大洪量的组成中，洞庭湖"四水"、汉江来水占比分别位居第2、第3位，2016年各时段最大洪量宜昌—汉口区间占比超过了汉江，位居第3位，较近10均值占比偏大4%～10.1%，可见洞庭湖"四水"、宜昌—汉口区间来水较为突出。

表4.2-3　　　　　　　　　　2016年汉口总入流（实测）洪量地区组成

河名	站名	7d洪量			15d洪量			30d洪量			60d洪量		
		洪量/亿 m³	占汉口总入流（实测）洪量百分比/%	近10年占比平均值/%	洪量/亿 m³	占汉口总入流（实测）洪量百分比/%	近10年占比平均值/%	洪量/亿 m³	占汉口总入流（实测）洪量百分比/%	近10年占比平均值/%	洪量/亿 m³	占汉口总入流（实测）洪量百分比/%	近10年占比平均值/%
长江	宜昌	198	51.5	70.0	380.8	54.3	70.6	696.3	56.5	69.6	1361.7	62.1	68.8
清江	高坝洲	8.5	2.2	1.3	15.5	2.2	1.4	41.7	3.4	1.4	63.6	2.9	1.6
洞庭湖	"四水"	116	30.2	19.6	221.9	31.7	19.5	361.2	29.3	19.7	574.3	26.2	20.6
汉江	兴隆	11.7	3.0	6.1	20.3	2.9	5.9	42.9	3.5	5.9	73.4	3.4	5.8
宜昌—汉口区间		50.1	13.1	3.0	62.6	8.9	2.6	89.8	7.3	3.4	118.9	5.4	3.1
汉口总入流（实测）		384.2	100	100	701.2	100	100	1231.9	100	100	2191.9	100	100
长江	汉口	335.5			677.6			1286.5			2311.8		

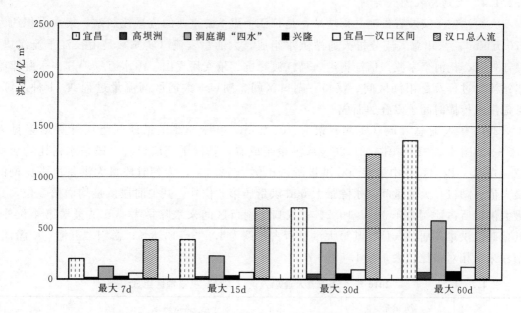

图 4.2-11　2016 年长江干流汉口总入流（实测）洪量地区组成

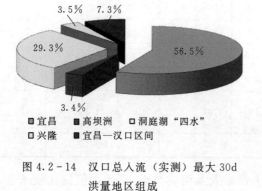

图 4.2-12　汉口总入流（实测）最大 7d
洪量地区组成

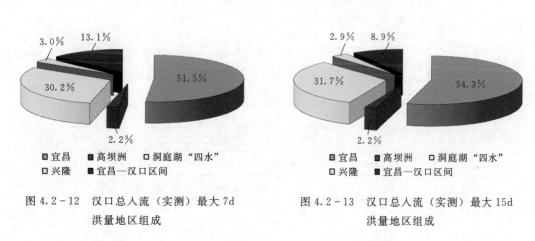

图 4.2-13　汉口总入流（实测）最大 15d
洪量地区组成

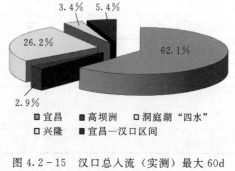

图 4.2-14　汉口总入流（实测）最大 30d
洪量地区组成

图 4.2-15　汉口总入流（实测）最大 60d
洪量地区组成

4.2.1.4 大通总入流（实测）

大通站位于安徽省贵池县梅埂站，是长江干流下游重要的流量控制站，集水面积约为170万km²。采用总入流分析大通站洪水组成，大通总入流（实测）是由长江干流汉口、赣江外洲、抚河李家渡、信江梅港、昌江渡峰坑、乐安河虎山、潦水万家埠、修水虬津等诸站流量过程及鄱阳湖区间、汉口—湖口区间、湖口—大通区间流量过程共11种水源，考虑洪水传播时间予以叠加而成。

2016年大通总入流（实测）最大7d、15d、30d、60d洪量地区组成计算结果见表4.2-4及图4.2-16～图4.2-20。从洪量组成看，长江干流汉口各时段来水占比均居首位，在50%以上，其中最大30d洪量所占比例为72.4%，为各时段最大洪量所占比例的最大值；湖口—大通区间来水除最大60d洪量居第3位外，其他时段洪量均居第2位，其最大洪量所占比例为4.9%～16.2%；汉口—湖口区间来水除最大60d洪量居第4位外，其他时段洪量均居第3位，其最大洪量所占比例为4.8%～13.8%；鄱阳"五河"中赣江、信江来水相对占比较大，为1.7%～7.7%。

表4.2-4　　　　　　2016年长江干流大通总入流（实测）洪量地区组成

河名	站名	7d洪量			15d洪量			30d洪量			60d洪量		
		洪量/亿m³	占大通总入流（实测）百分比/%	近10年占比平均值/%	洪量/亿m³	占大通总入流（实测）百分比/%	近10年占比平均值/%	洪量/亿m³	占大通总入流（实测）百分比/%	近10年占比平均值/%	洪量/亿m³	占大通总入流（实测）百分比/%	近10年占比平均值/%
长江	汉口	304.2	53.1	79.4	673.4	66.7	82.5	1279.1	72.4	80.6	2188.9	72.0	80.1
赣江	外洲	22.7	4.0	8.7	48.8	4.8	6.1	103.8	5.9	6.1	234.7	7.7	7.4
抚河	李家渡	3.8	0.7	1.9	7.1	0.7	1.1	13.6	0.7	1.2	39.3	1.4	1.4
信江	梅港	13.7	2.4	3.0	19.9	2.0	2.4	30	1.7	2.6	72.8	2.4	2.5
昌江	渡峰坑	10.2	1.8	0.5	12	1.2	0.6	15.5	0.9	0.8	33.7	1.1	0.6
乐安河	虎山	4.6	0.8	0.8	8.6	0.9	0.9	16.5	0.9	1.0	31.6	1.0	0.9
潦水	万家埠	6.5	1.1	0.3	9.3	1.0	0.3	12.1	0.7	0.4	20.6	0.7	0.4
修水	虬津	7.9	1.4	0.7	14.6	1.4	0.7	21.9	1.2	0.7	37.2	1.2	0.6
鄱阳湖区间		27.2	4.7	1.6	33.7	3.3	2.0	42.2	2.4	2.5	85.7	2.8	2.2
汉口—湖口区间		79.2	13.8	1.5	84.5	8.4	1.6	109.4	6.2	1.8	146.9	4.8	1.7
湖口—大通区间		92.7	16.2	1.6	97.1	9.6	1.8	122.9	7.0	2.4	149.8	4.9	2.3
大通总入流（实测）		572.8	100	100	1008.9	100	100	1767	100	100	3041.3	100	100
长江	大通	420.3			888.3			1713.2			3105.6		

从2016年大通总入流（实测）各时段最大洪量及其组成与近10年均值的比较来看，一是大通总入流（实测）各时段最大洪量均明显大于近10年均值，偏大28.4%～82%，

最大 7d 洪量偏大最严重，说明 2016 年大通来水明显偏丰；各组成水源中，干流汉口站 7d、15d 洪量均偏大约 20％，昌江、潦水、修水及鄱阳湖区间 7d、15d 洪量较多年均值偏大 1～6 倍，汉口—湖口区间、湖口—大通区间来水 7d、15d 洪量偏大 7～17 倍，是大通来水偏丰的主因。二是汉口—湖口区间、湖口—大通区间来水占比较近 10 年均值偏大，时段越短偏大越严重，其中湖口—大通区间来水占比略大。大通总入流（实测）最大 7d 洪量中汉口—湖口区间、湖口—大通区间来水合计占比达 30％，远远超过近 10 年均值的占比 3.1％，最大 60d 洪量合计占比也达到了 9.7％，超过了占比排位第 2 的赣江来水。

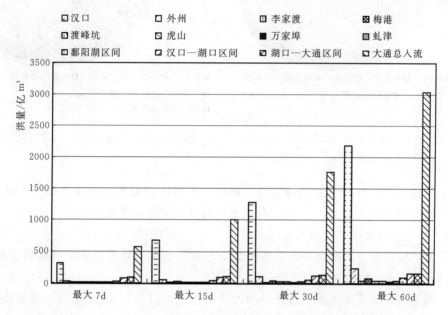

图 4.2-16　2016 年长江干流大通总入流（实测）洪量地区组成

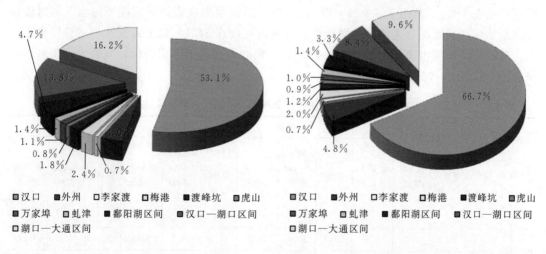

图 4.2-17　大通总入流（实测）最大 7d
　　　　　　洪量地区组成

图 4.2-18　大通总入流（实测）最大 15d
　　　　　　洪量地区组成

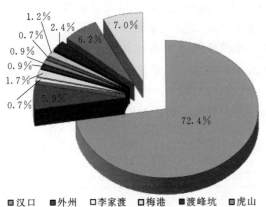
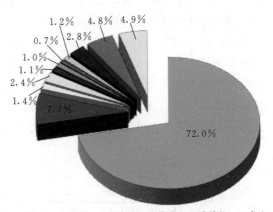

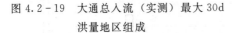

图 4.2-19 大通总入流（实测）最大 30d
洪量地区组成

图 4.2-20 大通总入流（实测）最大 60d
洪量地区组成

综上所述，2016年汉口—湖口区间、湖口—大通区间来水无论从洪量还是从所占比重来说都特别突出，充分反映了2016年洪水中沿江两岸暴雨洪水突出的特点。

4.2.1.5 洞庭湖（城陵矶）总入流（实测）

洞庭湖城陵矶站位于湖南省岳阳市七里山，是洞庭湖出口控制站。洞庭湖（城陵矶）总入流（实测）是由洞庭湖"四水"（湘江、资水、沅江、澧水）、长江"三口"（松滋口、太平口、藕池口）等诸支流流量过程及洞庭湖区间流量过程共 10 种水源，考虑洪水传播时间予以叠加而成。

2016 年洞庭湖（城陵矶）总入流（实测）最大 7d、15d、30d、60d 洪量地区组成计算结果见表 4.2-5 及图 4.2-21～图 4.2-25。从洪量组成看，洞庭湖"四水"各时段最大洪量始终占洞庭湖总入流的主导地位，其所占比例在 57.1% 以上；长江"三口"来水次之，其最大洪量所占比例为 20.7%～24.4%；洞庭湖区间来水居末位，其最大洪量所占比例为 10.6%～20.7%。

表 4.2-5　　　　2016 年洞庭湖（城陵矶）总入流（实测）洪量地区组成

河名	站名	7d 洪量			15d 洪量			30d 洪量			60d 洪量		
		洪量/亿 m³	占城陵矶总入流（实测）百分比/%	近 10 年占比平均值/%	洪量/亿 m³	占城陵矶总入流（实测）百分比/%	近 10 年占比平均值/%	洪量/亿 m³	占城陵矶总入流（实测）百分比/%	近 10 年占比平均值/%	洪量/亿 m³	占城陵矶总入流（实测）百分比/%	近 10 年占比平均值/%
松滋河	新江口	20.2	9.7	9.5	37.8	10.4	12.5	64.4	10.6	13.8	93.4	9.3	13.4
	沙道观	7.0	3.4	2.3	12.8	3.4	3.4	20.6	3.4	3.7	26.3	2.6	3.3
虎渡河	弥陀寺	6.1	2.9	3.6	12.2	3.3	4.8	21.4	3.5	5.4	29.5	2.9	5.2

河名	站名	7d 洪量			15d 洪量			30d 洪量			60d 洪量		
		洪量/亿 m³	占城陵矶总入流（实测）百分比/%	近10年占比平均值/%	洪量/亿 m³	占城陵矶总入流（实测）百分比/%	近10年占比平均值/%	洪量/亿 m³	占城陵矶总入流（实测）百分比/%	近10年占比平均值/%	洪量/亿 m³	占城陵矶总入流（实测）百分比/%	近10年占比平均值/%
藕池河	管家铺	12.3	5.9	5.2	23.2	6.4	6.9	40.8	6.7	7.4	57.4	5.7	6.7
	康家岗	0.5	0.2	0.2	1.0	0.3	0.3	1.5	0.3	0.3	1.5	0.1	0.3
"三口"合成		46.1	22.2	20.8	87	23.9	25.6	148.7	24.4	27.9	208	20.7	25.1
湘江	湘潭	19.0	9.1	30.6	34.7	9.5	26.2	67.7	11.1	24.6	222	22.1	26.3
资水	桃江	26.2	12.6	8.8	39.9	11.0	8.4	64.1	10.5	8.0	94.7	9.4	7.9
沅江	桃源	57.6	27.7	29.2	107.6	29.6	29.9	171.9	28.2	28.9	279.2	27.8	29.2
澧水	石门	15.8	7.6	4.5	39.9	11.0	4.8	76.2	12.5	5.9	95.2	9.5	6.3
"四水"合成		118.6	57.1	73.0	222.2	61.0	66.8	379.9	62.4	63.8	691.1	68.7	65.4
洞庭湖区间		43.0	20.7	6.2	54.9	15.1	7.6	80.0	13.2	8.3	106.8	10.6	9.5
城陵矶总入流（实测）		207.8	100	100	364	100	100	608.6	100	100	1005.9	100	100
洞庭湖	城陵矶	178.1			342			586.3			983		

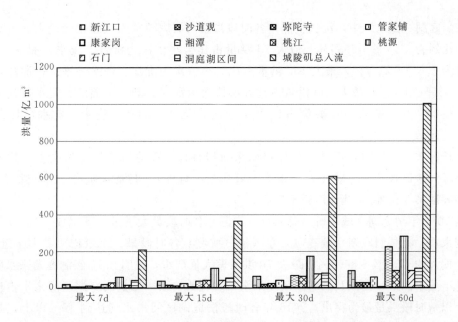

图 4.2-21 2016年洞庭湖（城陵矶）总入流（实测）洪量地区组成

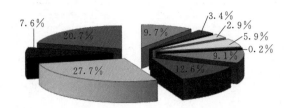

图 4.2-22 城陵矶总入流（实测）最大 7d　　　　图 4.2-23 城陵矶总入流（实测）最大 15d
　　　　　洪量地区组成　　　　　　　　　　　　　　　　洪量地区组成

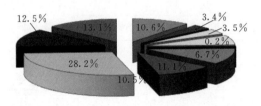

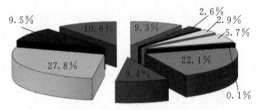

图 4.2-24 城陵矶总入流（实测）最大 30d　　　　图 4.2-25 城陵矶总入流（实测）最大 60d
　　　　　洪量地区组成　　　　　　　　　　　　　　　　洪量地区组成

在洞庭湖"四水"中，沅江桃源站各时段洪量占洞庭湖总入流的比例最大，占七里山洪量的比例为 27.7%～29.6%。最大 7d 洪量占比大小依次为沅江、资水、湘江、澧水，其占比为 7.6%～27.7%；最大 15d 洪量占比大小依次为沅江、资水、澧水、湘江，其占比为 9.5%～29.6%；最大 30d 洪量占比大小依次为沅江、澧水、湘江、资水，其占比为 10.5%～28.2%；最大 60d 洪量占比大小依次为沅江、湘江、澧水、资水，其占比为 9.4%～27.8%。

在长江"三口"中，松滋河新江口站来量居首位，藕池河管家铺站次之，其余依次为：松滋河沙道观站（除最大 7d、最大 60d 居第 4 位外）、虎渡河弥陀寺站（除最大 7d、最大 60d 居第 3 位外）、藕池河康家岗站。

从 2016 年洞庭湖（城陵矶）总入流（实测）各时段最大洪量及其组成与近 10 年均值的比较来看，一是洞庭湖（城陵矶）总入流（实测）各时段最大洪量均明显大于近 10 年均值，偏大约 47.8%～86.3%，最大 7d 洪量偏大最严重，说明 2016 年洞庭湖来水明显偏丰；各组成水源中，沅江及洞庭湖区间来水偏多较为突出。二是洞庭湖区间来水占比明显偏大，以短时段洪量最为突出。2016 年各时段洞庭湖区间来水均达到 10% 以上，其中最大 7d、15d 洪量洞庭湖区间占比分别为 20.7%、15.1%，较近 10 年均值占比分别偏大14.5%～7.5%，可见洞庭湖区间暴雨洪水较为集中。

4.2.1.6 鄱阳湖（湖口）总入流（实测）

鄱阳湖湖口站位于江西省湖口县双钟镇三里街，是鄱阳湖出口控制站，集水面积约为 16 万 km²。鄱阳湖（湖口）总入流（实测）是由赣江外洲站、抚河李家渡站、信江梅港站、昌江渡峰坑站、乐安河虎山站、修水虬津站、潦河万家埠站等诸站流量过程及鄱阳湖区间流量过程共 8 种水源，考虑洪水传播时间予以叠加而成。

2016 年鄱阳湖（湖口）总入流（实测）最大 7d、15d、30d、60d 洪量地区组成计算结果见表 4.2-6 及图 4.2-26～图 4.2-30。从洪量组成看，赣江外洲各时段来水占比均最大，其最大 7d、15d、30d、60d 洪量占鄱阳湖（湖口）总入流洪量的 45.5%～49.5%；信江梅港站除最大 7d 洪量居第 3 位外，其他时段洪量均居第 2 位，各时段最大洪量所占比例为 12.4%～16.2%；鄱阳湖区间除最大 7d、60d 洪量分别居第 2 位和第 4 位外，其他时段洪量均居第 3 位，各时段最大洪量所占比例为 11.4%～17.4%；抚河李家渡站除最大 60d 洪量居第 3 位外，其他时段洪量均居第 4 位，各时段最大洪量所占比例为 7.2%～11.6%；乐安河虎山站、潦水万家埠站、修水虬津站、昌江渡峰坑站各时段洪量占比均不超过 6.2%。

表 4.2-6 　　　　　　2016 年鄱阳湖（湖口）总入流（实测）洪量地区组成

河名	站名	7d 洪量			15d 洪量			30d 洪量			60d 洪量		
		洪量/亿 m³	占湖口总入流（实测）百分比/%	近10年占比平均值/%	洪量/亿 m³	占湖口总入流（实测）百分比/%	近10年占比平均值/%	洪量/亿 m³	占湖口总入流（实测）百分比/%	近10年占比平均值/%	洪量/亿 m³	占湖口总入流（实测）百分比/%	近10年占比平均值/%
赣江	外洲	55.5	47.3	47.9	102.0	49.8	47.0	178.4	45.5	46.3	333.5	46.7	48.4
抚河	李家渡	8.5	7.2	12.3	18.2	8.9	10.9	44.5	11.3	9.6	82.9	11.6	9.1
信江	梅港	14.5	12.4	18.4	30.3	14.8	16.6	63.7	16.2	15.8	108.2	15.2	14.5
昌江	渡峰坑	7.3	6.2	2.5	9.2	4.5	2.8	14.4	3.7	3.6	23.4	3.3	3.0
乐安河	虎山	5.8	4.9	5.9	9.7	4.7	5.1	20.6	5.3	5.6	34.7	4.8	5.0
潦水	万家埠	1.9	1.6	1.7	3.5	1.7	1.9	6.9	1.8	2.1	14.0	2.0	2.1
修水	虬津	3.5	2.9	2.9	6.4	3.1	3.1	18.6	4.7	3.3	35.4	5.0	3.8
鄱阳湖区间		20.4	17.4	8.4	25.6	12.5	12.6	45.2	11.5	13.9	81.1	11.4	14.0
湖口总入流（实测）		117.4	100	100	204.9	100	100	392.3	100	100	713.2	100	100
鄱阳湖	湖口	94.6			187.6			360.5			693.5		

从 2016 年鄱阳湖（湖口）总入流（实测）各时段最大洪量及其组成与近 10 年均值的比较来看，一是鄱阳湖（湖口）总入流（实测）各时段最大洪量均明显大于近 10 年均值，偏大约 14.9%～41.1%，最大 60d 洪量偏大最严重，说明 2016 年鄱阳湖来水明显偏丰；各组成水源中，赣江及鄱阳湖区间来水偏多较为突出。二是短时段鄱阳湖区间、昌江占比变大。最大 7d 洪量鄱阳湖区间占比 17.4%，较近 10 年均值偏大 9%，说明鄱阳湖区间洪

水较为集中；最大 7d、15d 洪量昌江占比分别为 6.2%、9.2%，较近 10 年均值偏大约 4%。

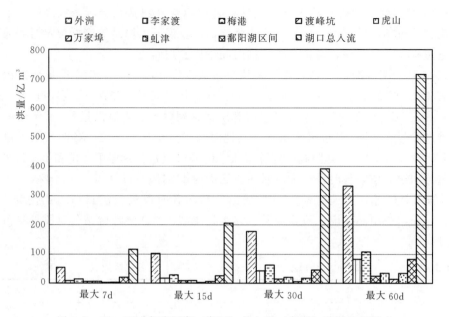

图 4.2-26　2016 年鄱阳湖（湖口）总入流（实测）洪量地区组成

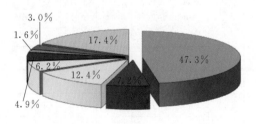

图 4.2-27　湖口总入流（实测）最大 7d
洪量地区组成

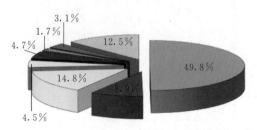

图 4.2-28　湖口总入流（实测）最大 15d
洪量地区组成

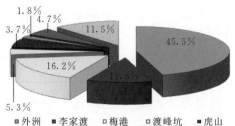

图 4.2-29　湖口总入流（实测）最大 30d
洪量地区组成

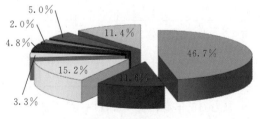

图 4.2-30　湖口总入流（实测）最大 60d
洪量地区组成

4.2.1.7 小结

从上述 6 站实测洪水组成可以看出：

（1）各站洪水组成大的格局未发生明显变化，如螺山总入流组成中宜昌来水占比最大，"两湖"总入流分别以"四水"合成、"五河"合成占比最大。

（2）区间来水占比明显偏大，且洪量统计时段越短占比越大，充分说明各站区间来水较为集中，对推高干流水位起到了关键作用；同时，区间来水洪量、占比总体表现为越往下游越大，也说明长江干流附近的来水越往下游越突出。

4.2.2 主要站落差及水位流量关系

2016 年 7 月长江中下游发生大洪水，中下游干流主要站最高洪峰水位居历史第 3～7 位。据还原分析成果（详见 4.2.3 节），莲花塘—螺山江段洪峰水位接近 1996 年，汉口及其以下江段较 1996 年偏高 0.10～0.35m，但还原的螺山、汉口及大通 30d 洪量比 1996 年偏小 10% 左右，出现洪峰水位偏高但洪量偏小的情况。本节将以螺山、汉口、九江、大通等站为分析对象，从测站之间的水位落差变化、测站自身的断面变化及水位-流量关系等角度与历史大水年进行比较，分析中下游干流各主要江段行洪能力的变化。

4.2.2.1 落差分析

7 月初，受长江中下游干流附近强降雨影响，鄂东北及长江下游主要支流来水快速增加，干流主要站水位几乎同步上涨，7 月 1 日各站水位日涨幅均在 0.4m 以上。汉口、大通站水位涨速较快，两站最大 24h 涨幅分别为 1.39m（1 日 10 时至 2 日 10 时）、0.80m（2 日 8 时至 3 日 8 时）。南京站水位 2 日 6 时率先超过警戒水位，5 日 9 时 35 分出现洪峰水位 9.96m，为城陵矶以下江段最早出现洪峰的站点，汉口站于 7 日 4 时出现洪峰水位 28.37m，之后螺山、莲花塘、大通、九江站相继出现洪峰，其中九江站 9 日 22 时出现洪峰水位，为最晚出现洪峰的站点，主要站洪水过程见图 4.2-31。

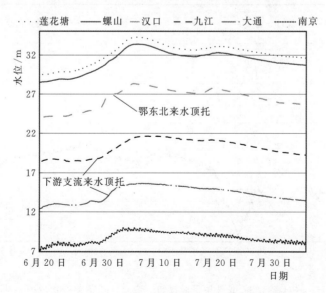

图 4.2-31 长江中下游干流主要控制站洪水过程

受汉口江段及大通江段顶托影响，7月初，长江中下游干流螺山—汉口、九江—大通段落差快速减小，分别于2日、4日出现最小落差4.21m、5.08m，汉口—九江段落差快速增加，于2日出现最大落差7.39m，此后各江段落差渐趋稳定；7月下旬初鄂东北诸河来水再次快速增加，受其顶托影响，螺山—汉口江段落差再次减小，具体见表4.2-7及图4.2-32和图4.2-33。考虑到南京站水位受潮位影响，日波动较大，大通—南京江段水位落差采用日均水位计算。

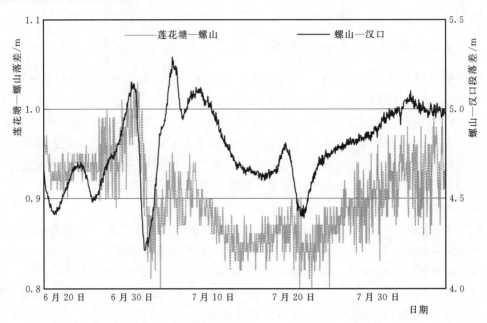

图 4.2-32　长江中下游莲花塘—汉口江段落差变化过程

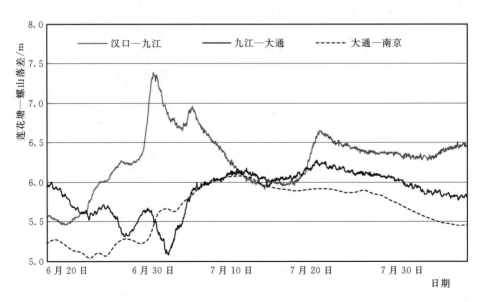

图 4.2-33　长江中下游汉口—南京江段落差变化过程

表 4.2-7 　　　　　　　　大水年份长江中下游干流主要江段落差 　　　　　　　　单位：m

江段	年份	超警	上游站出现洪峰时	下游站出现洪峰时	最小	最大
莲花塘—螺山	2016	0.89	0.95	0.93	0.80	1.03
	1998	0.94	0.87	0.84	0.76	1.19
	1996	0.88	0.84	0.84	0.75	0.94
	1995	0.79	0.83	0.83	0.73	0.90
螺山—汉口	2016	4.86	5.05	4.94	4.21	5.29
	1998	5.16	5.52	5.52	4.48	5.74
	1996	4.77	5.56	5.51	4.13	5.62
	1995	5.02	5.05	4.65	4.64	5.12
汉口—九江	2016	6.80	6.94	6.47	5.45	7.39
	1998	5.21	7.03	6.14	4.42	7.04
	1996	6.60	6.94	6.81	5.53	7.04
	1995	5.24	5.61	5.57	5.02	5.66
九江—大通	2016	5.27	6.03	5.96	5.08	6.27
	1998	6.10	6.68	6.67	4.80	6.80
	1996	5.92	6.23	6.18	5.00	6.44
	1995	5.90	6.45	6.42	5.38	6.54
大通—南京	2016	5.60	5.94	5.63	4.97	6.07
	1998	5.86	6.28	6.25	5.02	6.33
	1996	5.58	5.85	5.81	4.69	6.03
	1995 年	5.73	6.22	6.22	4.73	6.25

注 表头中超警栏为上站水位涨至警戒水位时落差；最大、最小栏为本次洪水过程中的最大、最小落差；表中大通—南京江段水位落差采用日均水位计算。

由表 4.2-7 中数据可见，与 20 世纪 90 年代以来的大水年相比，2016 年莲花塘—螺山段落差总体上相差不大。

螺山—汉口段落差总体偏小，螺山站出现洪峰时落差分别较 1998 年、1996 年偏小 0.47m、0.51m，与 1995 年相当，汉口站出现洪峰时落差分别较 1998 年、1996 年偏小 0.58m、0.57m，较 1995 年偏大 0.29m。

汉口—九江段落差总体偏大，但汉口站出现洪峰时落差与 1998 年、1996 年基本相当，较 1995 年偏大 1.33m，九江站出现洪峰时较 1998 年、1995 年分别偏大 0.33m、0.90m，较 1996 年偏小 0.34m。

九江—大通段落差总体偏小，九江站出现洪峰时落差较 1998 年、1996 年、1995 年分别偏小 0.65m、0.20m、0.42m，大通站出现洪峰时落差较 1998 年、1996 年、1995 年分别偏小 0.71m、0.22m、0.46m。

大通—南京段落差总体偏小，大通站出现洪峰时落差与 1996 年相当，较 1995 年、1998 年分别偏小 0.28m、0.34m，南京站出现洪峰时，落差较 1995 年、1996 年、1998 年分别偏小 0.59m、0.18m、0.62m。

综上所述，长江中下游 2016 年 7 月洪水中，强降雨中心集中在中下游干流附近，其中鄂东北及下游主要支流来水量大、历时长、洪水发生时间集中，受其顶托影响，螺山—汉口、九江—大通、大通—南京江段水位落差与历史大水年份相比总体偏小，洪水宣泄不畅，从而一定程度上抬高了中下游干流水位。

4.2.2.2 水位-流量关系分析

水位-流量关系是反映河道行洪能力的重要内容，影响水位-流量关系变化的因素主要有几何因素和水力因素，几何因素主要影响过水断面面积，水力因素（如：比降）主要影响断面流速。由于每场洪水的影响因素各不相同，其水位-流量关系也不相同。

1. 螺山站

螺山水文站位于洞庭湖与长江干流交汇处的湖北省洪湖市，地处城陵矶—汉口江段，为洞庭湖出流和荆江来水汇合后的控制站。螺山站测验江段较为顺直，河道呈上窄下宽的喇叭形。中、高水位时江段顺直长约 2km，测流断面呈 W 形，河宽通常为 1400～1800m。低水位时沙洲露出滩面宽度达 200～300m，将江水分为两股。右岸废堤至干堤间为一宽约 200m 的滩地，水位达 30.00m 时即淹没为死水区。左、右岸上游各建有电排泵站 1 座。螺山断面冲淤变化较大，主泓位置历年来有所摆动，见图 4.2-34。统计近年来典型代表年高水位（33.00m）时过水断面面积见表 4.2-8。

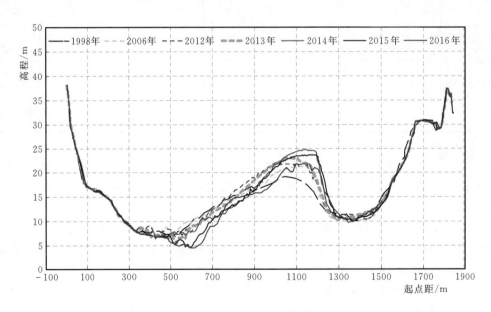

图 4.2-34 螺山站历年大断面

由表 4.2-8 可知，2016 年螺山站 33.00m 水位下过水断面面积与 1998 年和 2012 年相比并未发生明显变化。

图 4.2-35 点绘了典型大水年份螺山站水位-流量关系曲线。

表 4.2-8				螺山站3个典型年份过水断面面积统计	
水位	典型年份过水断面面积			2016年与1998年相比	2016年与2012年相比
	1998年	2012年	2016年		
33.00m	31214m²	31420m²	30670m²	−2%	−2%

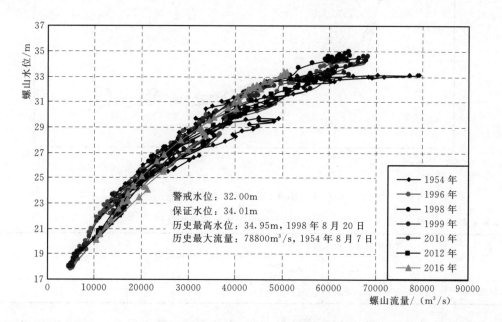

图 4.2-35　螺山站水位-流量关系图

　　螺山站水位-流量关系变化主要受洪水涨落和变动回水等水力因素影响。当下游支流陆水和汉江来水较大时，受其顶托影响，水位-流量呈现复杂绳套关系，且绳套线年内变化较大。分析近年水位-流量关系变化情况，主要认识如下。

　　（1）螺山站水位-流量关系受洪水涨落、断面冲淤、江湖槽蓄及下游汉口江段来水顶托影响，形成逆时针绳套，各次洪水绳套小幅度摆动，见图 4.2-35。

　　（2）2016年螺山站水位-流量呈较复杂绳套关系，同一水位值流量最大差值 5000m³/s，同一流量值水位最大差值 1.00m。

　　（3）2016年螺山站中低水位（水位小于28.00m）时，水位-流量关系线偏右；高水位（水位大于28.00m）时，水位-流量关系线偏左，同一流量值2016年水位比1996年水位偏高约1.00m。主要因为洪水起涨水位逐渐抬高，下游顶托严重引起。

　　2. 汉口站

　　汉口水文站位于武汉市，地处汉江汇入长江下游（约1.4km处），是长江中游干流主要控制站。汉口站流量断面介于汉江、府澴河入江口之间，江段顺直向下游呈喇叭形，且低水位期主泓居右，中高水位期，分左、右两股泓。汉口站断面在汛期大洪水时有一定的冲淤变化，通常是涨淤落冲，年内冲淤基本平衡，年际变化较小，各典型年断面图见图 4.2-36，高水位时过水断面面积统计见表 4.2-9。

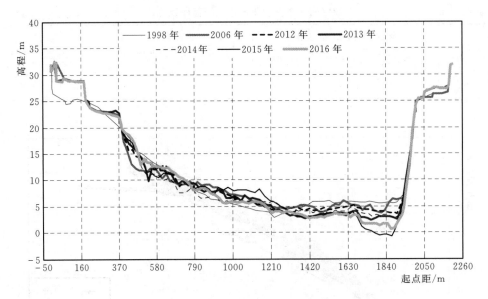

图 4.2-36　汉口站历年大断面

表 4.2-9　　　　　　　　　　汉口站 3 个典型年份过水断面面积统计

水位	典型年份过水断面面积			2016 年与 1998 年相比	2016 年与 2012 年相比
	1998 年	2012 年	2016 年		
28.00m	$34636m^2$	$33950m^2$	$35705m^2$	3%	5%

由表 4.2-9 可知，2016 年汉口站 28.00m 水位下过水断面面积与 1998 年和 2012 年相比并未发生明显变化，对水位-流量关系曲线影响甚小。

汉口站水位-流量关系主要受洪水涨落、下游支流和鄱阳湖来水顶托影响，关系较为复杂。分析近年水位-流量关系变化情况，主要认识如下。

（1）汉口站每年汛初受洪水涨落影响，洪水起涨水位低时，水位-流量关系偏右；当发生连续多峰洪水，长江底水较高时，河槽蓄量加大，水位-流量关系出现复式绳套，每次绳套的轴线逐渐左移，使得相同流量下水位逐渐增高。

（2）汉口站各年绳套轴线摆幅较大，但无趋势性变化，性质仍属于水力因素影响为主。2016 年汉口站中低水位（水位小于 23.00m）时，绳套轴线偏右，高水位（水位大于 23.00m）时，绳套轴线明显偏左，见图 4.2-37。

（3）2016 年汉口站水位-流量呈逆时针绳套关系，同一水位时流量最大相差 $10000m^3/s$ 左右，同一流量时水位最大差值 2.00m 左右。

（4）2016 年 7 月鄂东北诸支流出现 3 次大洪水过程，最大合成流量 $25000m^3/s$，对汉口站水位最大顶托影响值达 1.20m，加之汉口站以下江段壅水影响，汉口站水位-流量绳套关系发生左移，同流量下水位异常增高，比 1996 年、2010 年平均偏高 0.90m 左右。

3. 九江站

九江水文站位于江西省九江市大轮码头，地处长江与鄱阳湖汇合口上游（约 30km 处），是长江下游干流主要控制站。九江站测验江段上、下游均较顺直，左岸堤边有浅滩，

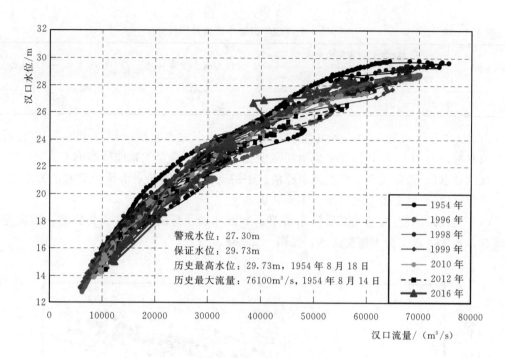

图 4.2-37　汉口站水位-流量关系

右岸为石砌护岸防水墙。九江站测验断面呈深 V 形，断面左岸（约占河宽的 2/3）冲淤明显，右岸地形陡峭无明显变化，主泓偏右，水流主流格局未发生明显改变，多年来河势保持稳定。典型代表年过水断面图见图 4.2-38，高水位时过水断面面积统计见表 4.2-10。

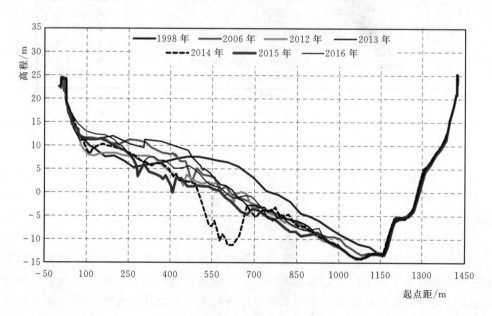

图 4.2-38　九江站历年大断面

表 4.2 - 10				九江站 3 个典型年份过水断面面积统计	
水位	典型年份过水断面面积			2016 年与 1998 年比较	2016 年与 2012 年比较
	1998 年	2012 年	2016 年		
20.00m	25049m²	27606m²	27824m²	11%	1%

由表 4.2 - 10 可知，2016 年九江站 20.00m 水位下过水断面面积与 1998 年相比增加约 1 成左右，与 2012 年相比并未发生明显变化，对水位-流量关系曲线影响不大。

九江站水位-流量关系主要受洪水涨落、下游支流和鄱阳湖来水顶托影响，关系复杂。分析近年水位-流量关系变化情况，主要认识如下。

（1）九江站水位-流量关系受洪水涨落、断面冲淤及鄱阳湖来水顶托影响，形成逆时针绳套，各次洪水绳套小幅度摆动，见图 4.2 - 39。

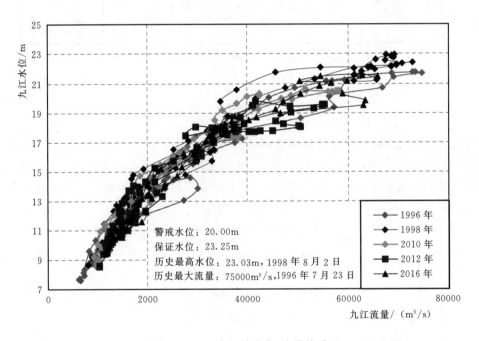

图 4.2 - 39　九江站水位-流量关系

（2）2016 年九江站低水位（水位小于 14.00m）时，水位-流量绳套关系轴线明显偏右；高水位（水位大于 14.00m）时，水位-流量绳套关系轴线回到各年中轴线。据 2016 年绳套线，同一水位时流量最大差值 16200m³/s，同一流量时水位最大差值 2.00m 左右。

4. 大通站

大通水文站位于安徽省贵池县，是长江下游干流重要控制站。大通站测验江段顺直，河床左岸汛期有冲淤现象，尤以起点距 500m 处最为显著，而右岸冲淤甚微，主泓偏右，水流主流格局未发生明显改变，多年来河势保持稳定。典型代表年过水断面图见图 4.2 - 40，高水位时过水断面面积统计见表 4.2 - 11。

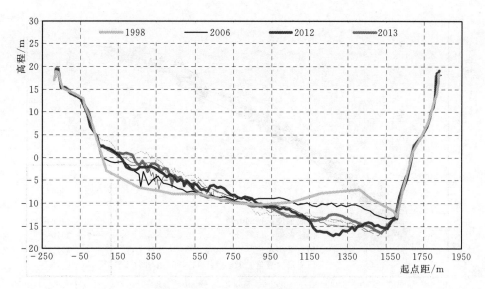

图 4.2 - 40　大通站历年大断面

表 4.2 - 11　　　　　　　　大通站 3 个典型年份过水断面面积统计

水位	典型年份过水断面面积			2016 年与 1998 年比较	2016 年与 2012 年比较
	1998 年	2012 年	2016 年		
15.00m	39460m²	40481m²	40203m²	2%	−1%

由表 4.2 - 11 可知，2016 年大通站 15.00m 水位下过水断面面积与 1998 年和 2012 年相比并未发生明显变化，对水位-流量关系曲线影响甚小。

大通站水位-流量关系主要受洪水涨落影响，但绳套不大；枯季，感潮影响明显；汛期，下游支流（青弋江、水阳江、滁河等）发生大洪水时顶托影响显著。分析近年水位-流量关系变化情况，主要认识如下。

（1）大通站水位-流量呈窄绳套关系，各次洪水绳套轴线小幅度摆动，见图 4.2 - 41。

（2）2016 年大通站低水（水位小于 14.00m）时，水位-流量关系接近各年中轴线，高水位（水位大于 14.00m）时，水位-流量关系明显偏左。

（3）2016 年 7 月洪水期间，上游汉口站洪水、鄂东北诸河特大洪水与鄱阳湖洪水恶劣遭遇，下游支流（青弋江、水阳江、滁河等）来水同步增加并长时间维持高水位，造成洪水在江、湖中壅塞堆积，水面比降下降，洪水宣泄不畅，大通站水位-流量绳套轴线左移，同流量下水位抬高，导致大通站高水位时水位偏高。

4.2.2.3　小结

通过长江中下游干流各主要站落差、断面变化及水位-流量关系分析，主要得到以下几点认识。

（1）长江中下游干流主要站水位几乎同步上涨，汉口、大通两站水位受下游支流洪水顶托影响涨速加快，螺山—汉口、九江—大通、大通—南京江段水位落差与历史大水年份相比总体偏小。

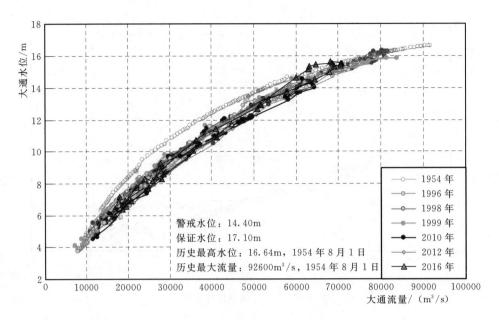

图 4.2-41　大通站水位-流量关系

（2）各站大断面总体稳定，水流主流格局未发生明显改变，多年来河势保持稳定。水位-流量关系中轴线较稳定，年际间未发现有明显的趋势性变化；受回水顶托、行洪不畅产生壅水等水力因素影响，2016年水位-流量关系绳套较历史大水年偏左，绳套带宽偏窄。

（3）2016年洪水期间，长江中下游干流洪水与支流洪水恶劣遭遇，河道壅水严重，洪水宣泄不畅，导致高水位时水位偏高，在水位-流量关系上呈现同流量下水位偏高的现象。

4.2.3　实测洪水与还原洪水比较

2016年洪水期间，以三峡为核心的梯级水库群发挥了巨大的防洪作用。为揭示梯级水库运行对长江中下游洪水的影响，采用水量平衡原理，结合河道演算，还原长江干流主要控制站宜昌、螺山、汉口、九江、大通等站的天然流量过程，同时采用水文学方法还原中下游干流莲花塘、螺山、汉口、九江、大通等站的水位过程，并将实测洪水与还原洪水进行分析比较。

4.2.3.1　洪水还原方法及对象

采用水量平衡方法，根据水库的坝上水位、出库流量和水位库容曲线开展各水库的洪水还原计算，还原后的洪水过程再进行河道演算，与区间洪水叠加，得到长江干流主要控制站的天然流量过程。

长江上游干支流控制站的洪水还原演算采用长办汇流曲线、马斯京根法等洪水演算方法。中下游干流控制站的洪水还原采用一维水流数学模型。还原计算的时段视各处的洪水过程特性和基础资料条件选择3h、6h或1d。

综合考虑长江流域的水库类型、坝址控制面积、调节库容大小等因素及2016年实际调度情况，确定需要还原的水库，共包括长江上游21座、清江3座、洞庭湖水系4座、鄱阳湖水系3座、汉江5座等共36个水库，详见表4.2-12。

表 4.2 - 12　　　　　　　　还原计算考虑的水库

序号	水系名称	水库名称	死水位/m	汛期限制水位/m	正常蓄水位/m	总库容/亿 m³	调节库容/亿 m³	规划防洪库容/亿 m³
1	金沙江	梨园	1605.00	1605.00	1618.00	8.05	1.73	1.73
2		阿海	1492.00	1493.30	1504.00	8.85	2.38	2.15
3		金安桥	1398.00	1410.00	1418.00	9.13	3.46	1.58
4		龙开口	1290.00	1289.00	1298.00	5.58	1.13	1.26
5		鲁地拉	1216.00	1212.00	1223.00	17.18	3.76	5.64
6		观音岩	1122.30	1122.30	1134.00	22.5	5.55	5.42
7		溪洛渡	540.00	560.00	600.00	126.7	64.62	46.51
8		向家坝	370.00	370.00	380.00	51.63	9.03	9.03
9	雅砻江	锦屏一级	1800.00	1859.00	1880.00	58	49.11	16.05
10		二滩	1155.00	1190.00	1200.00	79.9	33.7	9.43
11	岷江	紫坪铺	817.00	850.00	877.00	11.12	7.74	1.67
12		瀑布沟	790.00	836.20/841.00	850.00	53.32	38.94	11/7.27
13	嘉陵江	碧口	685.00	697.00/695.00	704.00	2.17	1.46	0.5/0.7
14		宝珠寺	558.00	583.00	588.00	25.5	13.4	2.8
15		亭子口	438.00	447.00	458.00	40.67	17.32	14.4
16		草街	202.00	200.00	203.00	22.18	0.65	1.99
17	乌江	构皮滩	590.00	626.24/628.12	630.00	64.54	29.02	4/2
18		思林	431.00	435.00	440.00	15.93	3.17	1.84
19		沙沱	353.50	357.00	365.00	9.21	2.87	2.09
20		彭水	278.00	287.00	293.00	14.65	5.18	2.32
21	长江	三峡	145.00	145.00	175.00	450.7	165	221.5
22	清江	水布垭	350.00	397.00/391.80	400.00	45.89	24.5	5
23		隔河岩	160.00	198.00/193.60	200.00	33.4	19.75	5
24		高坝洲	78.00	—	80.00	4.89	0.54	—
25	洞庭湖	江垭	188.00	210.60	236.00	18.34	11.62	7.28
26		皂市	112.00	125.00	140.00	14.39	10.29	7.83
27		五强溪	90.00	98.00	108.00	43.5	20.08	13.6
28		柘溪	144.00	162.00	169.50	35.65	21.8	10.6
29	汉江	石泉	395.00	405.00	410.00	5.71	2.08	0.98
30		安康	305.00	325.00	330.00	25.85	16.77	3.6
31		潘口	330.00	347.60	355.00	23.53	11.2	4.0
32		黄龙潭	226.00	—	247.00	12.28	5.15	—
33		丹江口	150.00	160.00/163.50	170.00	339.1	163.6	110

序号	水系 名称	水库名称	死水位/m	汛期限制水 位/m	正常蓄水位/m	总库容/亿 m³	调节库容/ 亿 m³	规划防洪库容/ 亿 m³
34		万安水库	85.00	88.00/96.00	100.00	17.27	7.98	5.33
35	鄱阳湖	廖坊	61.00	61.00/62.00	65.00	4.32	1.14	3.1
36		柘林	50.00	65.00	65.00	79.2	34.4	15.7

本次还原对象为长江干流上的金沙江的向家坝、宜昌、沙市、莲花塘、螺山、汉口、九江、大通等站。支流岷江的高场、嘉陵江的北碚、乌江的武隆、清江的高坝洲、汉江的皇庄、洞庭湖水系资水桃江、沅江桃源、澧水石门、鄱阳湖水系赣江外洲、抚河李家渡、修水虬津站等主要控制水文站。各水文站分布见图 1.1-1。

4.2.3.2 中下游干流控制站流量过程还原

根据纳入还原的水库实际运行情况，采用 4.2.3.1 所述方法还原得到长江干流的主要控制节点宜昌、螺山、汉口、九江、大通等站的流量过程，并统计还原后的天然洪水特征值，分别与实况进行比较。

1. 宜昌

还原宜昌站洪水需考虑上游金沙江、雅砻江、岷江、嘉陵江、乌江流域的梯级水库和三峡水库。三峡水库的入库流量采用动库容法进行推求，考虑上游梯级水库影响进行还原，采用长办汇流曲线法将还原后三峡入库流量演算到宜昌站，得到宜昌站的还原洪水过程。宜昌站还原洪水与实测洪水过程见图 4.2-42。

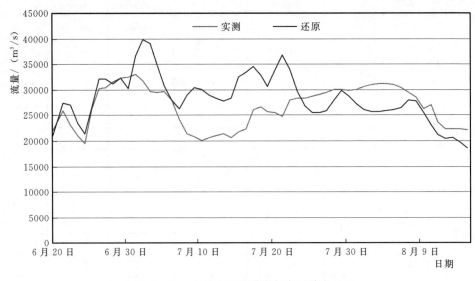

图 4.2-42　宜昌站还原洪水与实测洪水过程

2016 年汛期，宜昌站实测最大洪峰流量为 7 月 2 日的 34600m³/s，最大日平均流量为 33100m³/s，还原后的宜昌最大日均流量为 39900m³/s，较实测偏大 6800m³/s。实测洪水较还原洪水的最大 3d 洪量减少 15.4 亿 m³，最大 7d 洪量减少 19.6 亿 m³，最大 15d、30d 洪量分别减少 27.9 亿 m³ 和 102 亿 m³。其中三峡水库对拦蓄洪峰起到最关键的作用，最大 3d 拦蓄洪量 14.9 亿 m^3，最大 7d 拦蓄洪量 15.1 亿 m^3。上游其他水库群的拦蓄，使得实测 30d 洪量较还原洪量减少 96.5 亿 m^3，主要发挥了拦蓄洪量的积极作用。

2. 螺山

螺山站还原洪水与实测洪水过程对比见图 4.2-43。2016 年汛期螺山站实测最大洪峰流量为 7 月 8 日的 52100m^3/s，最大日平均流量为 51800m^3/s，还原后的螺山最大日均流量为 54200m^3/s，较实测偏大 2400m^3/s。

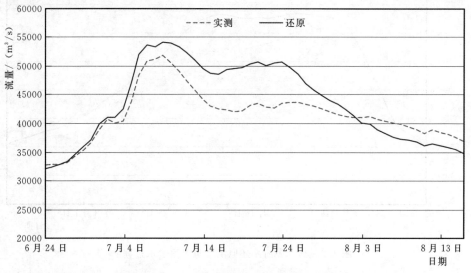

图 4.2-43 螺山站还原洪水与实测洪水过程

3. 汉口

汉口站还原洪水与实测洪水过程对比见图 4.2-44。2016 年汛期汉口站实测最大洪峰流量为 7 月 7 日的 57200m^3/s，最大日平均流量为 56900m^3/s，还原后的汉口站最大日均流量为 7 月 7 日的 59400m^3/s，较实测偏大 2500m^3/s。

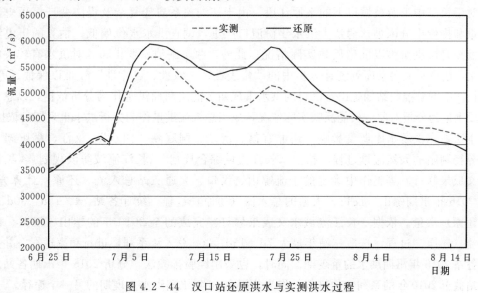

图 4.2-44 汉口站还原洪水与实测洪水过程

4. 大通

大通站还原洪水与实测洪水过程见图 4.2-45。2016 年大通站实测最大洪峰流量为 7 月 10 日的 71000m³/s，最大日平均流量为 70800m³/s，还原后的最大日平均流量为 7 月 13 日的 73500m³/s，较实测偏大 2700m³/s，时间推后 3d。

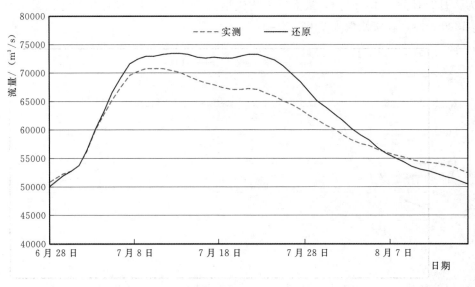

图 4.2-45　大通站还原洪水与实测洪水过程

4.2.4　洪水重现期分析

洪水重现期是指某量级洪水出现后，再次出现大于等于（或接近）该洪水的时间间隔的统计平均值，即平均的重现间隔期。一般来说，其分析方法是在对历史上出现过的特大洪水考证的基础上，采用理论频率曲线适线，再确认其重现期。

对于长江中下游枝城以下的平原江段，由于江湖关系演变复杂及堤防变迁，历史洪水的定量和排位十分困难；遇特大洪水年份溃口严重，调查洪水水位偏低，估算的历史洪峰流量及短时段洪量难以准确反映实际情况；此外，两岸湖泊星罗棋布，对洪水有较大的调蓄作用，使得水文要素序列统计分析中的"代表性、一致性、可靠性"较难以保证。因此，对于长江中下游控制站如螺山、汉口的洪水重现期不能用断面洪水作为分析依据，以总入流长时段洪量为分析对象，较能反映实际情况，故用总入流洪量作为分析洪水重现期的依据。

本次考虑上游水库调度影响，还原宜昌、清江、洞庭湖"四水"、汉江、鄱阳湖"五河"等控制站的天然流量过程，按照《长江流域综合规划》《长江流域防洪规划》《长江流域水文成果修订》等工作中确定的干流螺山、汉口、大通三站总入流（还原）计算方法，计算 2016 年汛期螺山、汉口、大通的总入流（还原）过程，统计各站 7d、15d、30d 总入流（还原）洪量。依据《长江流域水文成果修订》完成的至 2010 年的螺山、汉口、大通总入流（还原）过程，选取三站年最大 7d、15d、30d 总入流系列，进行频率适线，并据此分析各站 2016 年汛期洪水的重现期。同时，也采用经验排频法，分析 2016 年汛期各站洪量在本站截至 2010 年的系列中的排位，作为分析 2016 年汛期洪水重现期的另一个途径。

4.2.4.1 螺山总入流（还原）

螺山实测资料系列较短，螺山—汉口区间主要有汉江及陆水加入，区间面积不足汉口站以上流域面积的13%。根据螺山站1951—2010年实测洪水系列，1954年作为特大值处理，频率适线得到的螺山总入流设计洪水。

根据螺山总入流（还原）洪水时段洪量统计特征值，查算相应频率和重现期。由表4.2-13中统计成果可以看出，2016年螺山总入流（还原）最大30d洪量为1352亿m³，出现频率为23.1%，重现期约4年。螺山总入流（还原）最大7d和15d洪量在本站截至2010年的61年系列中排第21位，最大30d洪量排第9位。

表4.2-13　　　　　　　　　2016年螺山总入流（还原）洪水重现期

统计值	螺山还原洪量/亿 m³	频率/%	重现期/年	排位
最大7d洪量	367	34.5	3	21/61
最大15d洪量	703	34.8	3	21/61
最大30d洪量	1352	23.1	4	9/61

4.2.4.2 汉口总入流（还原）

长江中下游历史洪水水位调查由于受河道、堤防、居民区易变等因素影响，实施十分困难，时段洪量的重现期考证排位更为复杂。汉口站自1865年即有水位观测资料，故汉口站总入流洪量的历史洪水考证期可从1865年起算。自1865年以来，汉口主要大洪水年份有1870年、1931年、1935年、1954年和1998年。根据汉口站1951—2010年实测洪水系列，1870年、1931年、1954年和1998年作为特大值处理（因1935年30d洪量小于实测洪水系列中的1966年，不作特大值处理），频率适线得到的汉口总入流设计洪水统计参数及不同频率设计值。

根据还原后的汉口总入流洪水时段洪量统计特征值，查算相应频率和重现期。由表4.2-14中统计成果可以看出，2016年汉口洪水的最大30d洪量为1498亿m³，出现频率为20.2%，重现期约5年。汉口总入流最大7d、15d和30d洪量在本站截至2010年的61年系列中分别列第20位、第24位和第8位。

表4.2-14　　　　　　　　　2016年汉口总入流（还原）洪水重现期

统计值	汉口还原洪量/亿 m³	频率/%	重现期/年	排位
最大7d洪量	399	36.5	3	20/61
最大15d洪量	766	34.0	3	24/61
最大30d洪量	1498	20.2	5	8/61

4.2.4.3 大通总入流（还原）

近200多年来，长江中下游比较有影响的大洪水年份主要有1788年、1848年、1849年、1860年、1870年、1931年、1935年、1954年和1998年。其中1788年、1860年、1870年洪水主要在汉口以上反映；汉口以下，特别是九江以下至大通江段，1849年、1954年洪水反映最为突出；1931年、1935年洪水主要是长江中游洪水，在大通江段为一般洪水。根据历史洪水调查，1849 年洪水和 1954 年洪水作同量级处理，1998 年洪水排第 3 位。根据大通站 1954—2010 年实测洪水系列，1849 年、1954 年和 1998 年作为特大值处理，频率适线得到大通站总入流设计洪水统计参数及不同频率设计值。

根据还原后的大通总入流洪水时段洪量统计特征值，查算相应频率和重现期。由表 4.2-15 中统计成果可以看出，2016 年大通洪水的最大 7d 洪量为 565 亿 m^3，出现频率为 7.9%，重现期约为 13 年。大通总入流最大 7d、15d 和 30d 洪量在本站截至 2010 年的 58 年系列中分别列第 6、第 9 和第 6 位。在近年实测系列中，除 1954 和 1998 年特大洪水外，大通总入流最大 7d 洪量仅次于 1955 年、1968 年和 1969 年，30d 洪量仅次于 1955 年、1969 年和 1984 年。

表 4.2-15　　　　　　　　　　2016 年大通总入流（还原）洪水重现期

统计值	大通还原洪量/亿 m^3	频率/%	重现期/年	排位
最大 7d 洪量	565	7.9	13	6/58
最大 15d 洪量	1038	14.9	7	9/58
最大 30d 洪量	1941	11.9	8	6/58

4.2.4.4　小结

根据上述分析计算成果，将 2016 年螺山、汉口、大通总入流（还原）不同时段的洪量与 1996 年进行对比，结果见表 4.2-16。2016 年大通总入流最大 7d 洪量大于 1996 年，15d 洪量和 30d 洪量与 1996 年相当；螺山和汉口总入流各时段最大洪量均小于 1996 年，说明 2016 年汉口以上洪量小于 1996 年，汉口—大通区间洪量大于 1996 年。

2016 年螺山、汉口、大通总入流（还原）最大 30d 洪量重现期分别为 4 年、5 年和 8 年，大通总入流（还原）最大 7d 洪量重现期约为 13 年。综合长江干流各站长、短时段的洪量分析成果，2016 年洪水干流汉口以上重现期为 3~5 年，近似于 5 年，汉口—大通重现期近似于 10 年。

表 4.2-16　　　　长江中下游干流主要控制站总入流（还原）洪水重现期成果表

站点	分析项目	1996 年			2016 年		
		洪量/亿 m^3	排位	重现期/年	洪量/亿 m^3	排位	重现期/年
螺山	总入流最大 7d 洪量	475	2/61	16	367	21/61	3
	总入流最大 15d 洪量	903	2/61	14	703	21/61	3
	总入流最大 30d 洪量	1590	4/61	14	1352	9/61	4
汉口	总入流最大 7d 洪量	493	2/61	11	399	20/61	3
	总入流最大 15d 洪量	945	3/61	12	766	24/61	3
	总入流最大 30d 洪量	1677	4/61	11	1498	8/61	5
大通	总入流最大 7d 洪量	525	8/58	8	565	6/58	13
	总入流最大 15d 洪量	1038	9/58	7	1038	9/58	7
	总入流最大 30d 洪量	1936	7/58	8	1941	6/58	8

4.2.5 与历史洪水比较

4.2.5.1 洪峰比较

2016年长江上游干流各主要控制站向家坝、寸滩、宜昌站年最大洪峰流量较历年最大流量均值明显偏小，偏小幅度为24.1%～41.7%；螺山、汉口、大通站年最大洪峰流量较历年最大流量均值偏大，偏大幅度为4.2～22.1%；洞庭湖出口控制站七里山站实测年最大洪峰流量较历年最大流量均值偏大6.8%；鄱阳湖出口控制站湖口站年最大洪峰流量较历年最大流量均值偏大13.3%；支流岷江高场站实测年最大洪峰流量较历年最大流量均值偏小23.3%；嘉陵江北碚站年最大洪峰流量较历年最大流量均值偏小69.2%；乌江武隆站年最大洪峰流量较历年最大流量均值偏大23.4%。2016年上游干支流来水偏少，干支流年最大流量位居历史系列中较后的位置；长江中下游除大通站年最大洪峰流量排第7位较为靠前外，其余站排位不突出。2016年长江流域各主要站最高水位及最大流量特征值见表4.1-1，最大流量特征值与典型大水年比较见表4.2-17。

长江中下游干流监利以下各主要控制站年最高水位在历史最高水位排序（从大到小）中非常靠前，其中长江干流监利站居第10位，螺山、莲花塘、汉口站均居第5位，七里山、湖口、安庆、大通均居第6位，黄石港、码头镇、九江均居第7位，芜湖、马鞍山、南京站位居3～4位。上中游主要支流最高水位排序较为靠后，其中干流朱沱、寸滩站最高水位居历史序列倒数第3位，岷江高场站、嘉陵江北碚站、乌江武隆站分别居第54位（倒数第25位）、78位（倒数第1位）、24位（倒数第43位）；洞庭湖水系湘江湘潭站、沅江桃源站、资水桃江站分别居第55位（倒数第19位）、47位（倒数第23位）、6位；汉江白河、皇庄、仙桃站分别居第81位（倒数第2位）、66位（倒数第6位）、51位（倒数第24位）。最高水位特征值与典型大水年比较见表4.2-18。

长江中下游干流及"两湖"出口控制站洪峰水位超警幅度为0.51～1.97m，以七里山站超警1.97m为最，莲花塘站最高水位为34.29m，接近保证水位34.40m；干流莲花塘、汉口、九江、大通等站超警天数分别为26d、18d、29d、26d，中下游干流水位未超过保证水位。与1996年洪水相比，2016年中下游干流九江以上江段洪峰水位偏低，安庆以下江段洪峰水位偏高，超警天数较1996年偏少；与1999年洪水相比，大通以上江段各站洪峰水位偏低，大通以下江段各站洪峰水位偏高，见表4.2-19和表4.2-20。

4.2.5.2 洪量比较

采用4.2.1小节分析的螺山、汉口、大通、洞庭湖（城陵矶）、鄱阳湖（湖口）总入流（实测）最大7d、15d、30d、60d洪量地区组成成果，与1996年、1998年、1999年、2002年典型年洪水的洪量地区组成进行对比分析（见表4.2-21～表4.2-25），形成如下主要认识。

1. 螺山总入流（实测）

从各时段洪量来看，螺山总入流（实测）2016年最大7d、15d、30d、60d洪量均小于其他典型年份。

— 131 —

表 4.2 - 17 2016 年长江流域各主要站年最大流量特征值与典型大水水年对照

河名	站名	历年实测最大洪峰流量/(m³/s)	调查最大洪峰流量/(m³/s)	历年最大洪峰流量		最大流量/(m³/s)						2016年最大流量在历史最大流量中的排序(降序)
				均值/(m³/s)	统计年数	1954 年	1996 年	1998 年	1999 年	2002 年	2016 年	
长江	向家坝	29000		17000	77	23900	19300	23700	21500	22800	13100	66
	寸滩	85700	100000	50600	124	54800	39400	59200	48000	38500	28500	125
	宜昌	71100	105000	50600	139	66800	41700	63300	57500	48800	34600	132
	螺山	78800		50100	63	78800	67500	67800	68300	67400	52100	25
	汉口	76100		49700	150	76100	70300	71100	68800	69200	57200	30
	大通	92600		57900	79	92600	66900	81700	84500	75000	71000	7
岷江	高场	34100	51000	18900	77	18400	21000	20500	16400	17800	14700	62
嘉陵江	北碚	44800	57300	23100	77	19300	7820	27600	16800	15100	7300	77
乌江	武隆	22800		12400	65	16000	20300	13900	22800	15600	15300	19
洞庭湖	七里山	57900		29200	76	43400	43900	35900	34200	35900	31000	23
鄱阳湖	湖口	31900		15800	66	22400	10600	31900	15800	13300	17400	24

注 1. 历史均值统计截至 2015 年。

2. 考虑屏山水文站受向家坝水电站施工和蓄水的影响,长江委水文局于 2012 年 6 月 21 日起正式以向家坝水文站替代屏山水文站对外提供报汛和预报服务(因向家坝水文站建站时间较短,向家坝水文站历年实测最大洪峰流量及其均值采用屏山站水文站统计成果)。

— 132 —

表 4.2 - 18

2016 年长江流域各主要站年最高水位特征值与典型大水年对照

| 河名 | 站名 | 历年实测最高洪峰水位/m | 历年最高洪峰水位 | | 最高水位/m | | | | | | 2016 年最高水位在 | |
			均值/m	统计年数	1996 年	1998 年	1999 年	2002 年	2016 年		历史最高水位中的排序（降序）
	向家坝	283.18							276.07		109
	寸滩	178.00	181.35	123	176.50	183.21	180.02	176.79	176.12		134
	宜昌	55.92	52.56	139	50.96	54.50	53.68	51.70	49.44		5
	莲花塘	35.80	35.80		35.01	35.80	35.54	34.75	34.29		5
	螺山	34.95	30.96	63	34.18	34.95	34.60	33.83	33.37		5
长江	汉口	29.73	25.53	150	28.66	29.43	28.89	27.77	28.37		6
	湖口	22.59			21.22	22.59	21.93	20.23	21.33		6
	大通	16.64	13.44	79	15.55	16.32	15.87	14.55	15.66		4
	芜湖	12.87			12.14	12.61	12.27		12.31		3
	马鞍山	11.46			11.08	11.46	11.16		11.16		4
	南京	10.22			9.89	10.14	9.88		9.96		
岷江	高场	290.12	284.77	77	285.65	285.50	284.08	284.57	283.55		54
嘉陵江	北碚	208.17	194.73	77	185.64	198.46	192.08	190.74	181.30		78
乌江	武隆	204.63	193.18	65	201.41	195.24	204.63	197.15	196.09		24
洞庭湖	七里山	35.94	31.81	105	35.31	35.94	35.68	34.91	34.47		5
鄱阳湖	湖口	22.59	18.95	76	21.22	22.59	21.93	20.23	21.33		6

注 1. 历史均值统计截至 2015 年。
2. 由于向家坝建站时间较短，故不对其作排序分析。

表 4.2-19　　长江中下游干支流主要控制站洪峰特征值与 1996 年（相似年）比较分析

站名	2016 年							1996 年			
	超警时间		超警（超保）天数	洪峰特征				超警（超保）天数	洪峰特征		
	起始时间	退出时间		水位/m	发生时间	最大超警幅度/m	历史排序		水位/m	最大超警/超保幅度/m	历史排序
监利	7月4日21时	7月10日21时	7	36.26	6 日 20 时	0.76	10	26	37.06	1.56	4
	7月20日23时	7月24日15时	5	35.68	21 日 17 时	0.18					
莲花塘	7月3日19时	7月28日21时	26	34.29	7 日 23 时	1.79	5	32（8）	35.01	2.51/0.61	3
螺山	7月4日13时	7月15日12时	12	33.37	7 日 20 时	1.37	5	29（3）	34.18	2.18/0.17	3
	7月20日13时	7月25日22时	6	32.32	22 日 20 时	0.32					
汉口	7月4日21时	7月15日22时	12	28.37	7 日 4 时	1.07	5	27	28.66	1.36	4
	7月20日11时	7月25日12时	6	27.83	21 日 23 时	0.53					
黄石港	7月6日8时	7月13日14时	8	25.01	7 日 6 时	0.51	7	23	25.56	1.06	4
码头镇	7月5日2时	7月27日9时	23	22.50	9 日 15 时	1.0	7	35	22.90	1.40	6
九江	7月3日15时	7月31日16时	29	21.68	9 日 22 时	1.68	7	41	21.78	1.78	6
安庆	7月3日18时	7月26日13时	24	17.71	9 日 9 时	1.01	6	31	17.56	0.86	7
大通	7月3日3时	7月28日4时	26	15.66	8 日 23 时	1.26	6	36	15.55	1.15	7
芜湖	7月3日1时	7月26日19时	24	12.31	8 日 15 时	1.11	4	41	12.14	1.27	6
马鞍山	7月2日20时	7月27日8时	26	11.16	7 日 12 时	1.16	3	51	11.08	2.08	5
南京	7月2日6时	7月31日8时	30	9.96	5 日 9 时 35 分	1.46	4	44	9.89	1.39	5
七里山	7月3日17时	7月29日6时	27	34.47	8 日 3 时	1.97	6	33（9）	35.31	2.81/0.76	3
湖口	7月3日16时	7月31日23时	29	21.33	11 日 13 时	1.83	6	40	21.22	1.72	7
星子	7月3日0时	8月5日22时	34	21.38	11 日 11 时	2.38	6	47	21.14	2.14	7
新河庄	6月20日16时36分	7月31日6时	42（13）	14.02	7月5日23时	3.02	2		13.28		4

注：芜湖、马鞍山的警戒水位发生变更，分别从原来的 10.87m、9.00m 调整为 11.20m、10.00m。

— 134 —

表 4.2-20 2016 年长江中下游主要控制站年最大洪峰的传播时间

站名	最高水位 /m	峰现时间	上站→下站	上下站峰现时间差/h	平均传播时间/h	距离 /km
监利	36.26	7月6日20时				
七里山	34.47	7月8日3时	监利→七里山	−31	12	80.6
莲花塘	34.29	7月7日23时				
螺山	33.37	7月7日20时	城陵矶→螺山	−7	3	29.3
汉口	28.37	7月7日4时	螺山→汉口	−16	24	209.1
黄石	25.01	7月7日6时	汉口→黄石	2	15	146.9
码头镇	22.50	7月9日15时	黄石→码头镇	57	9	73.1
九江	21.68	7月9日23时	码头镇→九江	8	6	47.6
湖口	21.30	7月9日23时	九江→湖口	0	3	32.1
安庆	17.71	7月9日9时	湖口→安庆	−14	21	135.1
大通	15.66	7月8日23时	安庆→大通	−10	6	76.6

注 负号表示下游比上游先出峰。

从洪量地区组成来看,宜昌以上各时段洪量占绝对主导地位,与典型年一致;洞庭湖区间各时段洪量占比均高于典型年,以最大 7d 洪量占比偏大最为明显,典型年占比在 3% 左右,2016 年高达 12.1%,则充分反映 2016 年洞庭湖区间来水突出的特点;此外,清江最大 7d 洪量占比略高于典型年。螺山总入流(实测)洪量地区组成见表 4.2-21。

2. 汉口总入流(实测)

从各时段洪量来看,汉口总入流(实测)2016 年最大 7d、15d、30d、60d 洪量均小于其他典型年份。

表 4.2-21 长江干流螺山总入流(实测)洪量地区组成表

时段	年份	项目	长江宜昌站	清江高坝洲(长阳)站	湘江湘潭站	资水桃江站	沅江桃源站	澧水石门(三江口)站	洞庭湖区间	螺山总入流
最大 7d	1996	洪量/亿 m³	200.6	6.5	36.7	58.9	145.2	16.3	17.9	482.1
		百分比/%	41.6	1.4	7.6	12.2	30.1	3.4	3.7	100
	1998	洪量/亿 m³	311.1	5.7	6.9	5.7	54.7	39.6	15.9	439.6
		百分比/%	70.8	1.3	1.6	1.3	12.5	9	3.5	100
	1999	洪量/亿 m³	256	4.8	19.6	18	117.8	26.1	14.6	456.8
		百分比/%	56	1.0	4.4	3.9	25.8	5.7	3.2	100
	2002	洪量/亿 m³	290.7	2.3	58.9	32.5	64.8	5.7	13.8	468.8
		百分比/%	62	0.5	12.6	6.9	13.8	1.2	3	100
	2016	洪量/亿 m³	198	8.5	16.5	23.5	58.4	17.6	44.1	366.5
		百分比/%	54	2.3	4.5	6.4	15.9	4.8	12.1	100

时段	年份	项　目	长江宜昌站	清江高坝洲（长阳）站	湘江湘潭站	资水桃江站	沅江桃源站	澧水石门（三江口）站	洞庭湖区间	螺山总入流
最大15d	1996	洪量/亿 m³	459.7	15	59.1	72.7	202.7	28.5	23.8	861.5
		百分比/%	53.4	1.7	6.9	8.4	23.5	3.3	2.8	100
	1998	洪量/亿 m³	731.2	39.0	14.8	7.9	46.5	28.9	0.9	869.3
		百分比/%	84.2	4.5	1.7	0.9	5.3	3.3	0.1	100
	1999	洪量/亿 m³	562.8	10.4	30.7	26.7	168	37.8	23.6	860
		百分比/%	65.4	1.2	3.6	3.1	19.5	4.4	2.8	100
	2002	洪量/亿 m³	546.7	4.5	100.8	43.7	100.6	12.1	28.6	836.9
		百分比/%	65.3	0.5	12.1	5.2	12.0	1.5	3.4	100
	2016	洪量/亿 m³	380.8	15.5	34.7	38.7	107.2	41.4	55.1	673.4
		百分比/%	56.6	2.3	5.2	5.7	15.9	6.1	8.2	100
最大30d	1996	洪量/亿 m³	943.7	39.9	85.6	87.4	274.2	55.0	30.8	1516.6
		百分比/%	62.2	2.6	5.6	5.8	18.1	3.6	2.1	100
	1998	洪量/亿 m³	1279.3	59.8	33.6	36.9	175.6	85.2	76.7	1747.1
		百分比/%	73.2	3.4	1.9	2.1	10.1	4.9	4.4	100
	1999	洪量/亿 m³	1108.8	28	102	58.8	267.9	54.2	43.6	1663.3
		百分比/%	66.7	1.7	6.1	3.5	16.1	3.3	2.6	100
	2002	洪量/亿 m³	863.1	8.0	176.6	57.5	125.7	14.4	31.7	1277.1
		百分比/%	67.6	0.6	13.8	4.5	9.9	1.1	2.5	100
	2016	洪量/亿 m³	696.3	41.7	62.4	64.1	167.1	67.7	79.6	1178.9
		百分比/%	59.1	3.5	5.3	5.4	14.2	5.7	6.8	100
最大60d	1996	洪量/亿 m³	1593.6	50.6	189.4	113.5	363.5	80.5	46.6	2437.7
		百分比/%	65.4	2.1	7.8	4.7	14.9	3.3	1.8	100
	1998	洪量/亿 m³	2430.5	96.6	147.2	91.0	303.9	115.5	117.1	3301.8
		百分比/%	73.6	2.9	4.5	2.8	9.2	3.5	3.5	100
	1999	洪量/亿 m³	1822	36.2	185.7	80.3	316.2	59.9	57.5	2557.8
		百分比/%	71.2	1.4	7.3	3.1	12.4	2.3	2.3	100
	2002	洪量/亿 m³	1383.4	23.6	334.8	96.0	235.2	33.5	77.0	2183.4
		百分比/%	63.4	1.1	15.3	4.4	10.8	1.5	3.5	100
	2016	洪量/亿 m³	1361.7	63.6	140.2	88.4	249.4	96.3	105.9	2105.5
		百分比/%	64.7	3.0	6.7	4.2	11.8	4.6	5.0	100

从洪量地区组成来看，宜昌以上各时段洪量占绝对主导地位，与典型年一致；宜昌—汉口区间各时段洪量占比均高于典型年，以最大 7d 洪量占比偏大最为明显，典型年占比在 4% 左右，2016 年高达 13.1%，充分反映宜昌—汉口区间洪水突出。汉口总入流（实测）洪量地区组成计算结果见表 4.2-22。

表 4.2-22　　　　　　　　长江干流汉口总入流（实测）洪量地区组成表

时段	年份	项　目	长江宜昌站	清江高坝洲（长阳）站	洞庭湖四水站	汉江兴隆（沙洋）站	宜昌—汉口区间	汉口总入流
最大 7d	1996	洪量/亿 m³	200.6	6.5	257.1	11.7	22.0	497.9
		百分比/%	40.3	1.3	51.6	2.4	4.4	100
	1998	洪量/亿 m³	359.1	15.3	45.1	37.2	1.6	458.3
		百分比/%	78.3	3.4	9.9	8.1	0.3	100
	1999	洪量/亿 m³	252.3	4.7	183.7	5.3	18.2	464.2
		百分比/%	54.4	1.0	39.6	1.1	3.9	100
	2002	洪量/亿 m³	288.7	2.4	164.4	7.2	14.2	476.9
		百分比/%	60.5	0.5	34.5	1.5	3.0	100
	2016	洪量/亿 m³	198	8.5	116	11.7	50.1	384.2
		百分比/%	51.5	2.2	30.2	3.0	13.1	100
最大 15d	1996	洪量/亿 m³	459.7	15.0	363	28.1	31.5	897.3
		百分比/%	51.2	1.7	40.5	3.1	3.5	100
	1998	洪量/亿 m³	731.2	39.0	98.1	65.9	2.6	936.9
		百分比/%	78.0	4.2	10.5	7.0	0.3	100
	1999	洪量/亿 m³	562.8	10.4	263.2	12.8	27.6	876.7
		百分比/%	64.2	1.2	30.0	1.5	3.1	100
	2002	洪量/亿 m³	546.7	4.5	257.1	16.6	31.1	855.9
		百分比/%	63.9	0.5	30.0	1.9	3.6	100
	2016	洪量/亿 m³	380.8	15.5	221.9	20.3	62.6	701.2
		百分比/%	54.3	2.2	31.7	2.9	8.9	100
最大 30d	1996	洪量/亿 m³	945.9	39.6	499.2	62.6	42.3	1589.6
		百分比/%	59.5	2.5	31.4	3.9	2.7	100
	1998	洪量/亿 m³	1281	56.4	312	128	107.6	1885
		百分比/%	67.9	3.0	16.6	6.8	5.7	100
	1999	洪量/亿 m³	1105	27.9	485.7	25.3	52.0	1695.9
		百分比/%	65.2	1.6	28.6	1.5	3.1	100
	2002	洪量/亿 m³	863.1	8.0	374.2	31.2	35.8	1312.4
		百分比/%	65.8	0.6	28.5	2.4	2.7	100
	2016	洪量/亿 m³	696.3	41.7	361.2	42.9	89.8	1231.9
		百分比/%	56.5	3.4	29.3	3.5	7.3	100

时段	年份	项 目	长江宜昌站	清江高坝洲（长阳）站	洞庭湖四水站	汉江兴隆（沙洋）站	宜昌—汉口区间	汉口总入流
	1996	洪量/亿 m³	1593.6	50.6	746.9	143.4	61.4	2595.9
		百分比/%	61.4	1.9	28.8	5.5	2.4	100
	1998	洪量/亿 m³	2416	95.2	641	223.2	172.6	3548
		百分比/%	68.1	2.7	18.1	6.3	4.8	100
最大 60d	1999	洪量/亿 m³	1819.8	36.2	643.6	46.7	71.9	2618.3
		百分比/%	69.5	1.4	24.6	1.8	2.7	100
	2002	洪量/亿 m³	1383.4	23.6	699.4	81.4	85.6	2273.4
		百分比/%	60.8	1.0	30.8	3.6	3.8	100
	2016	洪量/亿 m³	1361.7	63.6	574.3	73.4	118.9	2191.9
		百分比/%	62.1	2.9	26.2	3.4	5.4	100

3. 大通总入流（实测）

从各时段洪量来看，大通总入流（实测）最大 7d 洪量均大于典型年，最大 15d 洪量大于 1996 年、2002 年，小于 1998 年、1999 年，最大 30d、60d 洪量大于 2002 年，小于 1998 年、1999 年，与 1996 年相当。

从洪量地区组成来看，干流汉口以上各统计尺度来水都占绝对主导地位，其所占比例均在 50% 以上，2016 年占比较典型年均偏小。汉口—大通区间各时段洪量远大于其他典型年，7d、15d 洪量甚至超过了 2016 年鄱阳湖水系的来水量；另外，汉口—大通区间各时段洪量占比也都高于其他典型年，以最大 7d 洪量占比偏大最为明显，典型年占比最大为 1996 年的 5.7%，2016 年高达 30%，也超过鄱阳湖水系来水占比 16.9%，揭示 2016 年汉口—大通区间来水较为突出的特点。大通总入流（实测）洪量地区组成计算结果见表 4.2 - 23。

表 4.2 - 23 　　　　　长江干流大通总入流（实测）洪量地区组成表

时段	年份	项目	长江汉口站	鄱阳湖水系湖口站	汉口—大通区间	大通总入流
	1996	洪量/亿 m³	400.3	33.1	26.1	459.5
		百分比/%	87.1	7.2	5.7	100
	1998	洪量/亿 m³	413.2	137.7	6.7	557.6
		百分比/%	74.1	24.7	1.2	100
最大 7d	1999	洪量/亿 m³	416.6	93.1	3.2	512.8
		百分比/%	81.2	18.2	0.6	100
	2002	洪量/亿 m³	415.8	47.3	0.6	463.7
		百分比/%	89.7	10.2	0.1	100
	2016	洪量/亿 m³	304.2	96.7	172.0	572.8
		百分比/%	53.1	16.9	30.0	100
最大 15d	1996	洪量/亿 m³	810.4	80.5	38.9	929.8
		百分比/%	87.2	8.6	4.2	100

时段	年份	项目	长江汉口站	鄱阳湖水系湖口站	汉口—大通区间	大通总入流
最大 15d	1998	洪量/亿 m³	850.0	227.2	17.5	1094.7
		百分比/%	77.6	20.8	1.6	100
	1999	洪量/亿 m³	868.4	156.7	4.5	1029.6
		百分比/%	84.3	15.2	0.5	100
	2002	洪量/亿 m³	799.5	88.8	1.2	889.5
		百分比/%	89.9	10.0	0.1	100
	2016	洪量/亿 m³	673.4	154.0	181.6	1008.9
		百分比/%	66.7	15.3	18.0	100
最大 30d	1996	洪量/亿 m³	1571.2	147.5	43.9	1762.7
		百分比/%	89.1	8.4	2.5	100
	1998	洪量/亿 m³	1808.0	316.0	108.0	2231.0
		百分比/%	81.0	14.2	4.8	100
	1999	洪量/亿 m³	1678.8	258.8	7.1	1944.7
		百分比/%	86.3	13.3	0.4	100
	2002	洪量/亿 m³	1324.4	181.5	3.1	1509.0
		百分比/%	87.8	12.0	0.2	100
	2016	洪量/亿 m³	1279.1	255.6	232.3	1767.0
		百分比/%	72.4	14.5	13.1	100
最大 60d	1996	洪量/亿 m³	2725.8	278.0	75.8	3079.6
		百分比/%	88.5	9.0	2.5	100
	1998	洪量/亿 m³	3302.0	718.0	207.0	4227.0
		百分比/%	78.1	17.0	4.9	100
	1999	洪量/亿 m³	2756.1	481.0	30.6	3267.7
		百分比/%	84.4	14.7	0.9	100
	2002	洪量/亿 m³	2341.3	463.7	11.6	2816.6
		百分比/%	83.1	16.5	0.4	100
	2016	洪量/亿 m³	2188.9	555.7	296.7	3041.3
		百分比/%	72.0	18.3	9.7	100

4. 洞庭湖（城陵矶）总入流（实测）

从各时段洪量来看，2016 年洞庭湖（城陵矶）总入流除最大 30d 洪量略高于 2002 年外，其他各时段最大洪量均小于其他典型年份。

从洪量地区组成来看，洞庭湖"四水"占绝对主导地位，与其他典型年一致；洞庭湖区间各时段洪量占比均高于其他典型年，以最大 7d 洪量占比偏大最为明显，典型年占比为 5%～7%，2016 年高达 20.7%。洞庭湖（城陵矶）总入流（实测）洪量地区组成计算结果见表 4.2-24。

表 4.2－24

长江洞庭湖（城陵矶）总入流（实测）洪量地区组成表

时段	年份	项目	松滋河		虎渡河	藕池河		"三口"合成	湘江湘潭站	资水桃江站	沅江桃源站	澧水石门站	"四水"合成	洞庭湖区间	洞庭湖总入流
			新江口站	沙道观站	弥陀寺站	管家铺站	康家岗站								
最大7d	1996	洪量/亿 m³	18.4	6.8	9.5	14.4	1.0	50.3	36.7	60.2	146.4	15.7	258.9	16.7	325.8
		百分比/%	5.7	2.1	2.9	4.4	0.3	15.4	11.3	18.5	44.9	4.8	79.5	5.1	100
	1998	洪量/亿 m³	12.6	3.3	6.6	7.9	0.5	30.8	78.7	43.9	71.7	7.7	202	16.0	248.8
		百分比/%	5.0	1.3	2.7	3.2	0.2	12.4	31.6	17.6	28.8	3.1	81.2	6.4	100
	1999	洪量/亿 m³	21.5	7.0	8.8	13.2	1.0	51.5	21.0	17.8	116.7	30.2	185.8	17.9	255.2
		百分比/%	8.4	2.7	3.4	5.2	0.4	20.2	8.2	7.0	45.7	11.8	72.8	7.0	100
	2002	洪量/亿 m³	24.8	8.4	11.0	21	1.5	66.7	63.7	33.1	63.2	5.3	165.3	12.4	244.5
		百分比/%	10.2	3.4	4.5	8.6	0.6	27.3	26.1	13.6	25.8	2.2	67.6	5.1	100
	2016	洪量/亿 m³	20.2	7.0	6.1	12.3	0.5	46.1	19.0	26.2	57.6	15.8	118.6	43.0	207.8
		百分比/%	9.7	3.4	2.9	5.9	0.3	22.2	9.1	12.6	27.7	7.6	57.1	20.7	100
最大15d	1996	洪量/亿 m³	41.4	15.6	20.6	33.1	2.5	113.3	59.1	72.7	202.7	28.5	363	23.8	500.1
		百分比/%	8.3	3.1	4.1	6.6	0.5	22.6	11.8	14.5	40.5	5.7	72.6	4.8	100
	1998	洪量/亿 m³	39.7	12.4	18.2	29.9	2.1	102.3	117.7	55.2	100.4	22.7	296	27.2	425.5
		百分比/%	9.3	2.9	4.3	7.0	0.5	24.0	27.7	13.0	23.6	5.3	69.6	6.4	100
	1999	洪量/亿 m³	50.5	17.4	21.9	37.8	2.9	130.6	31.6	26.6	167.2	39.9	265.3	25.5	421.4
		百分比/%	12.0	4.1	5.2	9.0	0.7	31.0	7.5	6.3	39.7	9.5	62.9	6.1	100
	2002	洪量/亿 m³	43.7	14.3	20.4	34.5	2.4	115.2	117.7	43.4	99.3	9.9	270.3	25.3	410.8
		百分比/%	10.6	3.5	5.0	8.4	0.6	28.1	28.7	10.6	24.2	2.4	65.8	6.1	100
	2016	洪量/亿 m³	37.8	12.8	12.2	23.2	1.0	87.0	34.7	39.9	107.6	39.9	222.2	54.9	364
		百分比/%	10.4	3.5	3.3	6.4	0.3	23.9	9.5	11.0	29.6	11.0	61.0	15.1	100

时段	年份	项目	松滋河		虎渡河	藕池河		"三口"合成	湘江湘潭站	资水桃江站	沅江桃源站	澧水石门站	"四水"合成	洞庭湖区间	洞庭湖总入流
			新江口站	沙道观站	弥陀寺站	管家铺站	康家岗站								
最大30d	1996	洪量/亿m³	85.7	36.4	41.2	66.4	5.1	234.8	85.0	86.9	277.2	59.3	508.4	29.3	772.4
		百分比/%	11.1	4.7	5.3	8.6	0.7	30.4	11.0	11.3	35.9	7.7	65.8	3.8	100
	1998	洪量/亿m³	130.7	49.9	59.3	117.7	10.7	368.3	31.3	31.7	164.7	87.6	315.3	30.5	714.1
		百分比/%	18.3	7.0	8.3	16.5	1.5	51.6	4.4	4.4	23.1	12.3	44.1	4.3	100
	1999	洪量/亿m³	105.1	37.4	47.4	83.7	6.8	280.4	102.6	58.8	271.2	57.2	489.8	46.3	816.6
		百分比/%	12.9	4.6	5.8	10.2	0.8	34.3	12.6	7.2	33.2	7.0	60	5.7	100
	2002	洪量/亿m³	73.1	23.3	35.1	56.1	3.9	191.5	174.5	57.3	126.3	16.4	374.5	31.3	597.3
		百分比/%	12.2	3.9	5.9	9.4	0.6	32.1	29.2	9.6	21.1	2.7	62.7	5.2	100
	2016	洪量/亿m³	64.4	20.6	21.4	40.8	1.5	148.7	67.7	64.1	171.9	76.2	379.9	80.0	608.6
		百分比/%	10.6	3.4	3.5	6.7	0.2	24.4	11.1	10.5	28.2	12.5	62.4	13.2	100
最大60d	1996	洪量/亿m³	141.1	53.9	71.9	107.5	8.6	383.0	189.4	113.5	363.5	80.5	746.9	46.6	1176.5
		百分比/%	12.0	4.6	6.1	9.1	0.7	32.5	16.1	9.6	30.9	6.8	63.5	4.0	100
	1998	洪量/亿m³	230.7	83.5	103.3	198.3	16.8	632.6	171.7	96.4	293.3	118.5	679.9	62.9	1375.4
		百分比/%	16.8	6.1	7.5	14.4	1.2	46.0	12.5	7.0	21.3	8.6	49.4	4.6	100
	1999	洪量/亿m³	167.6	55.2	79.8	128.4	10.8	441.6	182.2	80.8	333.9	62.2	659.1	58.9	1159.6
		百分比/%	14.4	4.8	6.9	11.1	0.9	38.1	15.7	7.0	28.8	5.4	56.8	5.1	100
	2002	洪量/亿m³	112.9	32.1	54.6	80.8	5.0	285.4	334.8	96.0	235.2	33.5	699.4	77.0	1061.8
		百分比/%	10.6	3.0	5.1	7.6	0.5	26.9	31.5	9.0	22.1	3.2	65.9	7.2	100
	2016	洪量/亿m³	93.4	26.3	29.5	57.4	1.5	208.0	222.0	94.7	279.2	95.2	691.1	106.8	1005.9
		百分比/%	9.3	2.6	2.9	5.7	0.2	20.7	22.1	9.4	27.8	9.5	68.7	10.6	100

在洞庭湖"四水"来水中，又以湘江湘潭、沅江桃源站来量为主，但排位因年而异，其中 2016 年沅江桃源站来量居首位，湘江湘潭站次之。在长江"三口"来水中，松滋河新江口站来量居首位，藕池河管家铺站次之，2016 年与典型年基本一致。

5. 鄱阳湖（湖口）总入流（实测）

从各时段洪量来看，鄱阳湖（湖口）总入流（实测）2016 年最大 7d、15d、30d、60d 洪量均小于 1998 年，大于 1996 年、1999 年和 2002 年。

从典型年的洪量地区组成来看，赣江外洲站各时段洪量占比均最大，信江梅港站、抚河李家渡站一般排第 2 位或第 3 位，鄱阳湖区间排第 4 位或更靠后。但 2016 年鄱阳湖区间洪量占比排位明显靠前，除最大 60d 排第 4 位外，最大 15d、30d 均排第 3 位，最大 7d 排至第 2 位；另外，2016 年鄱阳湖区间各时段洪量占比均为 10%～20%，最大 7d 洪量占比大于典型年，其他时段仅略低于 1998 年。可见 2016 年鄱阳湖区间来水较为突出，鄱阳湖（湖口）总入流（实测）洪量地区组成计算结果见表 4.2-25。

表 4.2-25　　　　长江鄱阳湖（湖口）总入流（实测）洪量地区组成表

时段	年份	项 目	赣江外洲站	抚河李家渡站	信江梅港站	昌江渡峰坑站	乐安河虎山站	潦水万家埠站	修水虬津站	鄱阳湖区间	鄱阳湖总入流
最大 7d	1996	洪量/亿 m³	42.7	17.6	8.2	2.4	3.1	1.3	0	1.3	76.6
		百分比/%	55.8	23.0	10.7	3.1	4.0	1.7	0	1.7	100
	1998	洪量/亿 m³	85.4	41.1	55.9	16.6	14.2	8.3	7.3	33.7	262.7
		百分比/%	32.5	15.7	21.3	6.3	5.4	3.2	2.8	12.8	100
	1999	洪量/亿 m³	40.2	9.3	18.6	6.0	12.3	2.9	6.7	6.7	102.7
		百分比/%	39.1	9.0	18.1	5.8	12.0	2.9	6.5	6.6	100
	2002	洪量/亿 m³	63.7	14.9	21.0	3.1	5.2	0.8	0.6	0.4	109.7
		百分比/%	58.0	13.6	19.2	2.8	4.7	0.8	0.6	0.3	100
	2016	洪量/亿 m³	55.5	8.5	14.5	7.3	5.8	1.9	3.5	20.4	117.4
		百分比/%	47.3	7.2	12.4	6.2	4.9	1.6	3.0	17.4	100
最大 15d	1996	洪量/亿 m³	64.2	23.4	12.7	2.9	4.2	1.8	0	2.0	111.2
		百分比/%	57.7	21.0	11.5	2.6	3.8	1.6	0	1.8	100
	1998	洪量/亿 m³	136.9	70.7	123.5	22.0	28.9	14.4	18.3	59.4	474.2
		百分比/%	28.9	14.9	26.1	4.6	6.1	3.0	3.9	12.5	100
	1999	洪量/亿 m³	67.6	14.4	35.2	27.2	20.7	4.9	7.1	17.3	194.4
		百分比/%	34.8	7.4	18.1	14.0	10.7	2.5	3.6	8.9	100
	2002	洪量/亿 m³	120.7	21.4	23.5	8.1	6.7	1.7	1.8	2.8	186.6
		百分比/%	64.7	11.5	12.6	4.3	3.6	0.9	0.9	1.5	100
	2016	洪量/亿 m³	102.0	18.2	30.3	9.2	9.7	3.5	6.4	25.6	204.9
		百分比/%	49.8	8.9	14.8	4.5	4.7	1.7	3.1	12.5	100

时段	年份	项 目	赣江外洲站	抚河李家渡站	信江梅港站	昌江渡峰坑站	乐安河虎山站	潦水万家埠站	修水虹津站	鄱阳湖区间	鄱阳湖总入流
最大30d	1996	洪量/亿 m³	72.6	13.2	18.7	40.0	20.8	4.8	0	17.8	187.9
		百分比/%	38.7	7.0	9.9	21.3	11.1	2.5	0	9.5	100
	1998	洪量/亿 m³	205.0	80.6	138.1	25.8	34.7	18.6	34.0	74.8	611.5
		百分比/%	33.5	13.2	22.6	4.2	5.7	3.0	5.6	12.2	100
	1999	洪量/亿 m³	112.1	26.3	62.3	32.1	30.1	11.5	18.2	23.2	315.8
		百分比/%	35.5	8.3	19.7	10.2	9.5	3.6	5.8	7.4	100
	2002	洪量/亿 m³	209.9	40.2	36.2	9.6	8.7	2.6	3.7	3.4	314.3
		百分比/%	66.8	12.8	11.5	3.1	2.7	0.8	1.2	1.1	100
	2016	洪量/亿 m³	178.4	44.5	63.7	14.4	20.6	6.9	18.6	45.2	392.3
		百分比/%	45.5	11.3	16.2	3.7	5.3	1.8	4.7	11.5	100
最大60d	1996	洪量/亿 m³	163.9	42.8	36.7	44.4	27.3	7.7	0	21.1	343.8
		百分比/%	47.7	12.4	10.7	12.9	8.0	2.2	0	6.1	100
	1998	洪量/亿 m³	270.0	95.1	181.3	55.3	74.1	35.5	68.5	131.1	910.8
		百分比/%	29.6	10.5	19.9	6.1	8.1	3.9	7.5	14.4	100
	1999	洪量/亿 m³	257.7	51.5	102.6	45.8	43.6	17.0	38	31.6	587.8
		百分比/%	43.8	8.8	17.4	7.8	7.4	2.9	6.5	5.4	100
	2002	洪量/亿 m³	322.1	53.2	57.2	20.8	20.1	10.0	28.0	12.6	524
		百分比/%	61.5	10.2	10.9	4.0	3.8	1.9	5.3	2.4	100
	2016	洪量/亿 m³	333.5	82.9	108.2	23.4	34.7	14.0	35.4	81.1	713.2
		百分比/%	46.7	11.6	15.2	3.3	4.9	1.9	5.0	11.4	100

4.3 支流洪水分析

4.3.1 概述

2016 年，受高强度、长时段持续暴雨影响，中下游干流附近及两湖水系多条支流，如清江、鄂北支流汉北河、鄂东支流府澴河、江汉湖群的长湖、梁子湖以及长江下游巢湖、秦淮河等，发生了超保证、超历史的大洪水或特大洪水，本节重点对部分较为突出的主要支流洪水作简要分析。

清江流域、鄂东北诸支流及江汉湖群等流域汛期降雨明显偏多，有 8 条主要河流发生超保证洪水，其中 7 条河流发生超历史洪水。洪峰水位汉北河天门站超过历史最高水位 0.83m，府澴河卧龙潭站超过历史最高水位 0.93m，环水孝感站超过历史最高水位 0.61m，府河隔蒲潭站超过历史最高水位 0.81m，举水柳子港站超过历史最高水位

143

0.47m，大富水应城站超过历史最高水位 0.05m，倒水李家集站超过历史最高水位0.02m。鄂东北诸支流最大合成流量高达 25000m³/s，历史罕见，导致长江干流汉口站水位最大 24h 涨幅达 1.31m，超过历史记录。五大湖泊长湖、洪湖、斧头湖、梁子湖、刁汊湖中有 4 个发生超保证洪水，其中梁子湖超过历史最高水位 0.06m，长湖超过历史最高水位 0.15m。清江水布垭水库发生建库以来最大洪水，还原至隔河岩水库洪峰流量重现期接近100 年。总体来看，2016 年，湖北省境内暴雨总量和强度、主要河流洪水均超过 1998 年。

洞庭湖水系中，资水洪水较为突出。资水柘溪水库出现了建库以来最大入库洪峰流量20400m³/s，洪水重现期约为 200 年；资水干流控制站桃江站洪峰水位为 43.29m，超过警戒水位 4.09m，超过保证水位 0.99m，历史实测水位排第 7 位。洞庭湖区控制站七里山站洪峰水位为 34.47m（接近保证水位 34.55m），历史实测水位排第 6 位。洞庭湖其余几条支流洪水不大。

鄱阳湖水系 6 月中旬、7 月上旬先后出现两次致洪性强降雨过程。受其影响，修水发生大洪水；饶河昌江多条支流发生超历史洪水。修水控制站永修站洪峰水位为 23.18m，水位列 1947 年有实测资料以来第 2 位，重现期超过 20 年；昌江渡峰坑站洪峰水位为33.89m，超过警戒水位 5.39m，水位列 1952 年有实测资料以来第 2 位，重现期接近 20年；昌江支流东河深渡站、建溪水蛟潭站、马家水竹岭站发生超历史洪水；鄱阳湖代表站星子站洪峰水位为 21.38m，超过警戒水位 2.38m，列 1950 年有实测资料以来第 6 位。总体而言，2016 年鄱阳湖水系洪水达到大洪水量级。

巢湖流域，水阳江、青弋江、漳河流域（以下简称"三江"流域），皖西南诸河及沿江湖泊群等安徽省境内支流，2016 年汛期，均发生暴雨洪水。6 月 18 日至 7 月 20 日共出现 4 次降雨过程，累积面雨量为 617mm，最大 3d、7d、15d 面雨量均列历史第 1 位，重现期接近或超过 50 年；27 条河流发生超警以上洪水，其中 17 条河流超保证水位，13 条河流超历史；沿江主要湖泊长时间维持高水位，最高水位均超过保证水位（或安全水位❶）。巢湖流域发生仅次于 1991 年的洪水，湖区水位列 1962 年有实测资料以来第 2 位，入湖水量小于 1991 年，但大于 1998 年、1999 年。三江流域水阳江、漳河水系发生仅次于 1999年的洪水，下游水网区水位、流量、洪量则大于 1999 年，水阳江控制站新河庄站、入江口当涂站，青弋江入江口大砻坊站实测流量均超历史，当涂站各时段洪量均大于 1998 年和 1999 年。皖西南诸河及沿江湖泊群中，菜子湖、白荡湖、枫沙湖、升金湖水位均列历史第 1 位，武昌湖和华阳河湖泊群列历史第 2 位，黄溢河、尧渡河最高水位和洪量均列历史第 1 位，秋浦河下游水位列历史第 1 位。综合分析认为，2016 年长江安徽省境内支流洪水大于 1998 年、1999 年。

6 月 20 日至 7 月 15 日，秦淮河流域共出现 5 次降雨过程，其中 6 月 30 日至 7 月 6 日最强，7d 累积面雨量为 400.6mm，列历史第 1 位。受其影响，秦淮河流域发生超历史特大洪水，东山站洪峰水位为 11.44m，超过历史最高水位 0.27m，重现期超过 50 年。

由于 2016 年汛期发生大洪水的支流洪水资料很多，将主要支流洪水的概况汇总于表4.3-1。其中各主要支流洪水重现期分析成果由其所辖省水文部门提供。

---

❶ 安全水位为安徽境内部分湖泊惯用防汛特征值。

表 4.3 - 1　　2016 年汛期主要支流洪水概况汇总

流域名称	主要控制站	洪峰水位/m	洪峰流量/(m³/s)	历史排位 水位	历史排位 流量	超警/超保/超汛限情况/m	重现期/年	备　注
清江	高坝洲(长阳)	50.22	7440	—	1	—	100	还原后洪峰流量为 18300m³/s,重现期为 100 年
清江	隔河岩水库	198.85	9750		5	超汛限 5.25	—	入库洪峰为 1994 年建库以来第 5 大洪峰
清江	水布垭水库	397.15	13100		1	—	70	入库洪峰为 2007 年建库以来最大洪峰
长湖	长湖	33.45	—	1		超保证 0.45 超历史 0.15	—	
洪湖	挖沟咀	26.99	—	3		超保证 0.02	—	
汉北河	天门	31.35	—	1		超历史 0.83	500	
府澴河	卧龙潭	31.19	8330	1		超保证 1.50	100	
倒水	李家集	30.75	3160	1		超历史 0.93	20	
举水	柳子港	33.58	5620	1		超保证 0.02 超历史 0.02	30	
巴水	马家潭	28.21	7450		2	超历史 0.47	超 50	1986 年以来的次大值,仅次于 1983 年最大流量 8820m³/s
梁子湖	梁子镇	21.49	—	1		超保证 0.13	—	

注:流域名称中长湖、洪湖、汉北河、府澴河、倒水、举水、巴水、梁子湖均属鄂东、鄂北诸河及江汉湖群。

流域名称	主要控制站		洪峰水位/m	洪峰流量/(m³/s)	历史排位		超警/超保/超汛限情况/m	重现期/年	备注
					水位	流量			
洞庭湖水系		七里山	34.47	29800	6		超警戒1.97	—	接近1954年洪峰水位(保证水位)
	湘江	湘潭	37.25	15100	—		未超警	—	
	资水	柘溪水库	169.01	20400		1	超汛限4.01	200	为建库以来最大入库洪峰
		桃江	43.29	9160	7		超警戒4.09	—	
	沅江	五强溪水库	104.14	22300	—		超保证0.99	—	
		桃源	41.02	12300	—		超汛限6.14	—	
	澧水	石门(三江口)	58.6	9050	—		未超警	—	
鄱阳湖水系		湖口	21.32	15100	4		超警戒0.10	—	
	赣江	外洲	22.34	12000	—		超警戒1.82	—	
	抚河	李家渡	30.18	6570	—			—	
	信江	梅港	25.6	6790	—			—	
	饶河	渡峰坑	33.89	7090	2		超警戒5.39	15	为新中国成立以来第2大洪水,第1位为1998年,最高水位34.27m
	修水	柘林水库	65.61	7000	—		超警戒0.61	—	
		永修	23.18	5600	2		超警戒3.18	25	洪峰水位相应实测流量5600m³/s,为有记录以来第1位;洪峰水位仅次于第1位的1998年23.48m

续表

流域名称		主要控制站	洪峰水位/m	洪峰流量/(m³/s)	历史排位 水位	历史排位 流量	超警/超保/超汛限情况/m	重现期/年	备注
水阳江、青弋江、漳河	水阳江	新河庄	14.02	1800	2		超警戒3.02	—	仅次于1999年历史最高水位14.64m
		固城湖	13.21	—	1		超保证1.52	超50	
		石臼湖	13.02	—	1		超警戒3.21 超历史0.14	50	
	青弋江	西河镇	15.98	—	—		超警戒3.02 超历史0.34	—	
	漳河	南陵	17.22	—	1		超警戒0.98	—	
巢湖	湖区	忠庙	12.77	—	2		超警戒1.40 超保证1.10	—	
	西河	缺口	12.65	467	1		超历史0.01	—	
秦淮河		前埠村	—	1200	—	1	超警戒2.27 超保证0.77	—	
		东山	11.44	—	1		超警戒2.15 超保证0.75	—	
							超警戒2.94 超保证0.27	超50	历史最大洪水

注 水库站洪峰水位为最高库水位，洪峰流量为最大入库流量。

4.3.2 清江

清江发源于鄂西利川市齐岳山龙洞沟，自西向东横贯湖北省西南区域，流经湖北省利川、恩施、建始、巴东、长阳等10个县（市），于宜都市注入长江，是长江出三峡后的第一条大支流，干流全长423km，总落差1430m。流域呈南北窄、东西长的狭长形，干流几乎与纬线平行，面积为17000km²。清江干流已建水布垭、隔河岩、高坝洲3座控制性水库，水布垭、隔河岩均留有防洪库容5亿m³；高坝洲水库下游设有高坝洲水文站，为清江流域出口控制站，见图4.3-1。2016年7月中旬清江流域发生特大洪水。

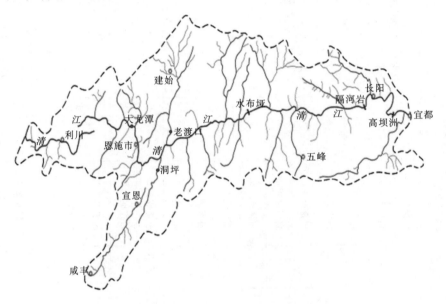

图4.3-1　清江流域水系及水文代表站分布图

4.3.2.1 暴雨洪水过程

2016年6月18日，清江流域先后出现了6次强降雨过程，累积雨量达563.6mm，比多年同期均值308.4mm偏多82.7%。其中水布垭以上流域累积雨量561.4mm，水布垭—隔河岩区间533.4mm，隔河岩—高坝洲区间620.1mm。

7月18日12时至20日7时，受高空低槽及中低层切变线共同影响，清江全流域发生暴雨至大暴雨，局部特大暴雨过程，暴雨中心在水布垭水库上游左岸支流马水河流域及水布垭—隔河岩区间，面平均雨量166mm，单站累积最大降雨量为364mm（马水河崔坝站）。此次降雨为年内清江流域最大的暴雨过程，并形成了清江年度最大洪水。

2016年清江流域梅雨期场次暴雨洪水统计见表4.3-2。其中，7月19日水布垭、隔河岩水库均出现年最大入库洪水过程，以下重点对该场洪水进行分析。

7月19日，受强降雨影响，老渡口水库12时下泄1160m³/s，随后增加到2020m³/s，13时野三河水库下泄760m³/s，14时老渡口水库下泄增加到2520m³/s，洞坪水库下泄200m³/s，大龙潭水库下泄750m³/s。洪水不断汇合叠加并进入水布垭水库，水布垭入库流量7月19日7时起快速上涨，18时达到最大值13100m³/s，出库流量最大加大至5560m³/s，削峰率58%，20日10时出现最高库水位397.15m，27h共上涨9.93m，拦蓄洪量 5.82 亿 m³（水布垭水库调度过程见图 2.2-19）。

受水布垭出库与区间来水叠加的影响，隔河岩水库入库于 19 日 3 时起涨，16 时入库洪峰流量达 9750m³/s，出库流量 20 日 8 时加大至 6450m³/s 后基本维持，21 日 8 时开始逐步减小，削峰率 32%，库水位最高涨至 198.85m（超汛限水位 5.25m），拦蓄洪量 3.47亿 m³，隔河岩水库调度过程线见图 4.3-2。经水布垭、隔河岩水库合力拦洪削峰，清江出口控制站高坝洲水文站 20 日 7 时出现洪峰流量 7440m³/s。

表 4.3-2　　　　　　　　　　　2016 年清江流域梅雨期场次暴雨洪水

| 场次 | 过程降雨量统计 | | 水布垭起涨 | | | 水布垭入库 | | | 隔河岩入库 | |
	降雨起讫时间	累积面平均降雨量/mm	时间	水位/m	流量/(m³/s)	峰现时间	洪峰流量/(m³/s)	相应水位/m	峰现时间	洪峰流量/(m³/s)
1	6 月 19 日 8 时至 6 月 21 日 17 时	63.7	6 月 19 日 20 时	370.78	404	6 月 21 日 19 时	1090	371.37		
2	6 月 23 日 2 时至 6 月 27 日 11 时	127.1	6 月 24 日 0 时	371.75	711	6 月 24 日 22 时	4850	373.25	6 月 25 日 12 时	2820
3	6 月 30 日 8 时至 7 月 1 日 10 时	69.0	6 月 30 日 23 时	382.50	809	7 月 1 日 8 时	6830	384.30	7 月 1 日 10 时	3860
4	7 月 3 日 10 时至 7 月 6 日 18 时	36.3	7 月 3 日 10 时	388.03	770	7 月 3 日 18 时	2230	388.33	7 月 4 日 11 时	2700
5	7 月 10 日 18 时至 7 月 15 日 8 时	99.5	7 月 12 日 19 时	386.26	747	7 月 14 日 0 时	1880	386.66		
6	7 月 18 日 12 时至 7 月 20 日 7 时	166	7 月 19 日 7 时	387.22	880	7 月 19 日 18 时	13100	390.80	7 月 19 日 16 时	9750

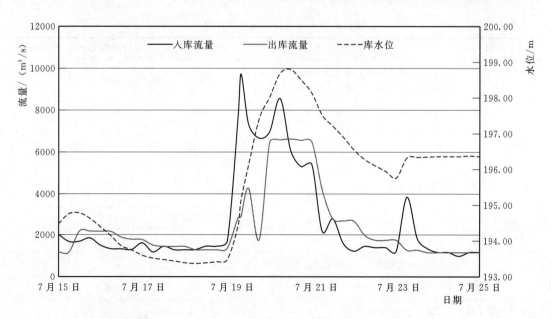

图 4.3-2　隔河岩水库调度过程线

4.3.2.2 暴雨洪水分析

2016 年"7·19"暴雨洪水过程中，水布垭水库最大 1d 入库洪量 7.82 亿 m³，重现期超过 20 年；最大 3d 入库洪量 11.9 亿 m³，重现期接近 10 年，隔河岩坝址洪量重现期接近 100 年。暴雨洪水特征如下。

（1）降雨范围广，强度大。降雨自 7 月 18 日 12 时开始，至 20 日 7 时结束，历时 42h，先从上游开始，然后移动至中下游，并长时间徘徊在中下游，50mm 以上降雨笼罩面积为 17000km²，覆盖全流域。清江流域 36 个遥测站中累积雨量大于 100mm 的有 35 个，大于 200mm 的有 26 个，大于 300mm 的有 1 个。流域单站最大 1h、3h、6h、12h、24h 降雨量均发生在马水河崔坝站，分别为 67mm、149mm、206mm、275.5mm、360mm，其中 6h 降雨量重现期接近 100 年，24h 雨量重现期超过 100 年。

（2）洪水涨势猛，量级大。本次洪水水布垭、隔河岩入库洪水过程均为陡涨陡落的单峰洪水过程。水布垭水库 7 月 19 日 8 时最大入库流量为 13100m³/s，为 2007 年建库以来最大入库流量，重现期超过 50 年，27h 库水位上涨 9.93m。经水布垭水库拦蓄后，隔河岩水库 7 月 19 日 16 时最大入库流量为 9750m³/s，列 1994 建库以来的第 5 位。经还原至隔河岩坝址，洪峰流量为 18300m³/s，接近历史最大实测洪峰流量（1969 年 18900m³/s），重现期接近 100 年。

4.3.3 鄂东北诸支流及江汉湖群

湖北省被誉为"千湖之省"，在广阔的冲积平原上，发育着和邻近地区湖泊河流既有相对独立性、又有相似性地理特征的与长江或汉江相连的湖河水系，同时又有直接汇入长江的 10 多条小支流，本书统称为鄂东北诸支流及江汉湖群。各河湖水系的基本情况见表 4.3-3，水系主要水文站、水库分布见图 4.3-3。

表 4.3-3　　　　　　　　　鄂东北诸支流及江汉湖群基本情况

序号	河名/湖名	发源地/地理位置	控制站点	流域面积/km²	河长/km
1	长湖	江汉平原，西邻沮漳河流域，东与漳河三干渠、二支渠、二分干渠接壤	长湖	2265	—
2	洪湖	长江中游北岸，江汉平原东南端	挖沟咀	5045	—
3	汉北河	京山县官桥铺五家岭	天门	6304	242
4	府澴河	大别山脉南麓灵山	花园（澴水）	2601	150.8
			安陆（府河上游）；隔蒲潭（下游）	8577	385
			卧龙潭（府澴河）	12700	—
5	倒水	河南省新县庆儿寺	李家集	1793	162
6	举水	大别山南麓湖北、河南交界的风包裂山	柳子港	4061	170
7	巴水	大别山南麓	马家潭	3697	148
8	梁子湖	鄂东南长江中游南岸	梁子镇	2085	—

在 2016 年长江洪水的第二、第三阶段，上述河湖均发生多次大的洪水过程，部分支流发生超历史的特大洪水。本节按自上而下、先左后右的顺序，根据发生的洪水场次，对该区域的暴雨洪水过程进行分析。

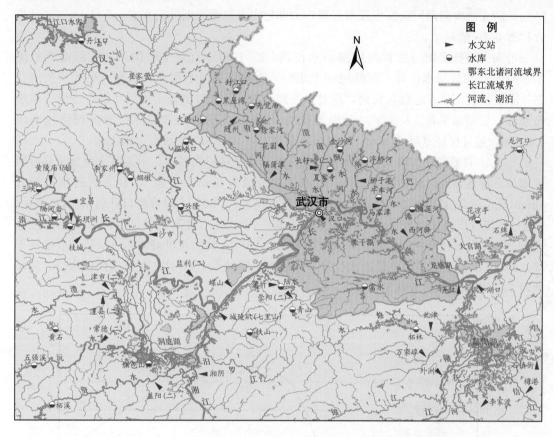

图 4.3-3　鄂东北诸支流及邻近水系主要水文站、水库分布示意图

4.3.3.1　暴雨洪水概况

1. 长湖

长湖地处江汉平原，西邻沮漳河流域，东与漳河三干渠、二支渠、二分干渠接壤，流域面积 2265km²，拾桥河、太湖港两大支流分别占流域面积的 53.8%、17.1%，湖区有长湖水位站控制。沿长湖主要有刘岭闸和习家口闸等排水闸，刘岭闸排长湖水入田关河，再通过东荆河入长江；习家口闸通过总干渠入洪湖，两闸设计总流量 308m³/s。长湖水位上涨时，两闸同时开启，可有效降低长湖水位。

7 月 18 日 8 时至 21 日 8 时，长湖流域大部发生大到暴雨，局地特大暴雨，降雨中心主要位于流域上游拾桥江段及长湖湖区北部，降雨过程历时 3d，流域面雨量为 182mm。单站最大 24h 降雨量为荆门沙洋县拾桥站 176mm，重现期约为 20 年；单站最大 3d 降雨量为荆门钟祥旧口站 669mm，位居该站历史第 1 位。

受长湖支流拾桥河流域强降雨影响，拾桥站水位暴涨，7 月 19 日 9 时起涨水位为32.04m，7 月 21 日 8 时出现洪峰水位 36.59m，位居历史第 1 位，拾桥河 21 日 12 时最大实测流量为926m³/s。受工程调度影响，汉江水位抬高，7月19—26日南水北调引江济汉工程关闭进口泵站节制闸与高石碑出口闸，同时开启拾桥河上、下游泄洪闸，造成拾桥河洪水悉数进入长湖。

长湖支流太湖港河也发生涨水过程，太湖港水库拦蓄太湖港河来水，7月18—22日累计拦蓄0.10亿m³。

沿湖主要排水闸习家口闸因洪湖水位高，25日前一直处于关闭状态，同时刘岭闸20—21日因田关河水位高于刘岭闸闸上水位，为防田关河水倒灌入长湖，也处于关闭状态。上游拾桥河洪水悉数入长湖，同时出流刘岭闸、习家口闸处于关闭状态，造成长湖水位暴涨。长湖站7月19日9时起涨水位为31.93m，至7月23日10时出现洪峰水位33.45m，超过保证水位0.45m，超过历史最高水位0.15m，位居历史第1位。

7月21日晚间，因降雨停止加上田关泵站全力抽排田关河水，田关河水位低于刘岭闸上水位，遂逐渐开启刘岭闸，21日20时过闸流量为65m³/s，至23日8时过闸流量为136m³/s，至28日以131～250m³/s的过闸流量出流；24日12时习家口开启闸门以30m³/s的过闸流量出流并逐步加大，26—29日以50～70m³/s的过闸流量出流，30日过闸流量达到103m³/s；经两闸合力排水，长湖水位在23日10时出现洪峰水位33.45m后逐渐下降，25日18时后退至历史最高水位以下，超历史历时4d；28日2时退出保证水位，超保历时7d。长湖水位过程线见图4.3-4。

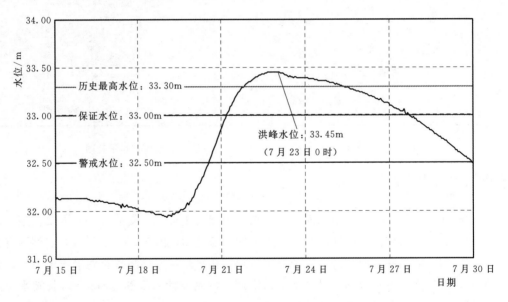

图4.3-4 长湖水位过程线

经统计分析，7月19—28日长湖流域总来水量2.79亿m³，反推综合径流系数约为0.65，其中湖面直接承水量为0.44亿m³，上游支流来水2.35亿m³；民垸分洪0.18亿m³，湖容增量1.48亿m³，下游刘岭闸排出水量1.00亿m³，习家口闸排出水量0.19亿m³。

2. 洪湖

洪湖位于长江中游北岸，江汉平原东南端。北与四湖总干渠贯通，东与老内荆河相连，西与螺山电排渠毗邻，南抵幺河口闸。流域面积为5045km²，正常水面面积为

$419km^2$。挖沟咀水位站为洪湖水位代表站。

6月30日8时至7月7日8时,洪湖流域普降暴雨到大暴雨,局地特大暴雨,暴雨中心主要位于荆州洪湖市,此次降雨过程历时7d,流域面雨量为373mm,单站最大累积雨量为荆州洪湖市新滩口站539mm,最大24h降雨量为荆州洪湖市新滩口站302.5mm,重现期超过100年。

本轮强降雨前,流域已经历两轮降雨过程,挖沟咀站水位持续上涨,至7月1日8时水位已涨至25.30m。6月19—20日,洪湖流域面均降雨量为57mm,6月20—22日,福田寺闸入湖流量维持在350~400m^3/s,扣除张大口闸、小港湖闸、子贝渊闸出流后,入湖流量保持在200~300m^3/s,挖沟咀站水位自19日16时24.43m上涨至23日17时的24.94m;23—27日福田寺闸入湖流量维持在170~280m^3/s,扣除张大口闸、小港湖闸、子贝渊闸出流后,入湖流量维持在40~120m^3/s,挖沟咀水位缓慢上涨并趋于稳定,27日8时水位为24.96m。6月27—29日,洪湖流域面均降雨75mm,6月29日至7月1日,福田寺闸入湖流量保持在280~350m^3/s,小港湖闸出湖流量保持在45~102m^3/s,其余排水闸关闭,入湖流量保持在200~280m^3/s,7月1日8时水位为25.30m。

6月30日8时至7月7日8时,受强降雨影响,入湖水量迅猛增加,7月2—4日,福田寺闸入湖流量保持在690m^3/s,下薪河闸入湖流量为90~115m^3/s,3日子贝渊闸入湖流量为19m^3/s;4日桐梓湖闸入湖流量为37m^3/s,5日关闭闸门;同时,小港湖闸出湖流量保持在70m^3/s,张大口闸在2日出湖流量为31m^3/s,3日关闭闸门。7月2—3日,净入湖流量保持在700~750m^3/s,挖沟咀站水位暴涨,4日20时突破警戒水位26.20m。5—8日,福田寺闸入湖流量始终保持在460m^3/s以上,9日后逐渐减少,11日减至198m^3/s;8—11日,下薪河、子贝渊、张大口、小港湖、桐梓湖、幺河口闸门保持一定出流,10日净入湖流量为100m^3/s,7月11日出、入湖已基本平衡,挖沟咀站11日10时出现洪峰水位26.94m,超警戒水位0.74m,排历史第3位(1952年、1954年、1955年长江干堤分洪,1969年洪湖破堤分洪,挖沟咀站水位不加入排位)。

7月13—16日,流域又降中到大雨,面平均降雨量为48mm。12—14日,福田寺闸入湖流量为130~200m^3/s,下薪河、子贝渊、张大口、小港湖、桐梓湖、幺河口闸门保持一定出流,净出湖流量70~185m^3/s,挖沟咀站水位14日19时退至26.86m;15—16日,福田寺闸入湖流量为310~335m^3/s,净入湖流量为80~105m^3/s,17日出、入湖流量基本平衡,18日10时挖沟咀站出现年最高水位26.99m,超保证水位0.02m,排历史第2位。此后挖沟咀站水位小幅波动,至22日开始转退,7月31日6时退至警戒水位以下,超警历时27d。洪湖挖沟咀站水位过程线见图4.3-5。

经分析,6月30日至7月11日,洪湖福田寺以下范围形成径流量4.58亿m^3,其中湖面直接承水1.36亿m^3;福田寺闸入湖水量4.90亿m^3,上游下薪河闸入湖水量0.25亿m^3,上游子贝渊排出水量0.11亿m^3,下游张大口闸排出水量0.15亿m^3,小港湖闸排出水量0.45亿m^3,幺河口闸排出水量0.06亿m^3,桐梓湖闸排出水量0.06亿m^3。

3. 汉北河

汉北河发源于海拔450m的京山县官桥铺五家岭,至武汉新沟注入汉江,流域面积为6304km^2。流域上段干流有天门水文站控制,下段有支流皂市河和大富水汇入,两条支流

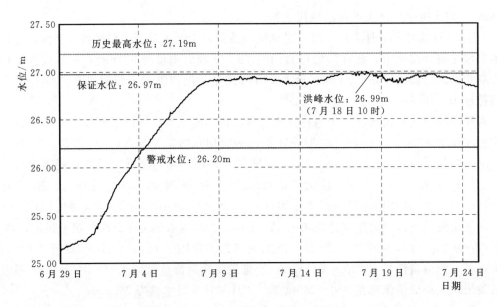

图 4.3 - 5　洪湖挖沟咀站水位过程线

分别建有皂市、应城两座水文站。

汉北河流域在 2016 年 6 月 18 日至 7 月 21 日间共发生两次大的降雨过程：6 月 30 日至 7 月 7 日、7 月 18—21 日，并形成两场洪水过程。

6 月 30 日 8 时至 7 月 7 日 8 时，汉北河流域大部发生大到暴雨，局部大暴雨，降雨中心主要位于钟祥市，此次降雨历时 7d，流域面雨量为 236.9mm。单站最大降雨量为钟祥市石门站 291mm；大富水应城以上流域降大到暴雨，局部大暴雨，降雨中心主要位于应城市，面雨量为 289.2mm，单站最大降雨量为应城站 373.5mm。

受此次流域强降雨影响，汉北河天门站水位 6 月 30 日 21 时开始上涨，7 月 2 日 4 时超过警戒水位（29.30m），2 日 19 时水位为 30.02m，超过保证水位（30.00m）。后期雨势逐渐减弱，但与此同时下游大富水、皂市河也出现了较大的洪水过程，大富水、皂市河洪水汇入，汉北河下游水位仍不断抬高，受此影响，天门站水位不断上涨，4 日 13 时水位 30.52m，达到历史最高水位（30.52m）；4 日 15 时首度出现洪峰水位 30.54m，超过保证水位 0.54m，超过历史最高水位 0.02m。5 日流域发生第二次强降雨，6 日 5 时汉北河天门水位再度起涨，水位为 30.31m；6 日 21 时水位为 30.52m，又一次达到历史最高水位（30.52m）；7 日 11 时二度出现洪峰水位 30.61m，超过保证水位 0.61m，超过历史最高水位 0.09m；大富水应城站 6 月 30 日 23 时起涨，7 月 1 日 22 时超警戒水位（29.00m），2 日 7 时出现洪峰水位 31.85m，超过警戒水位 2.85m，相应流量为 1480m³/s；皂市河皂市站 6 月 30 日 19 时水位起涨，7 月 2 日 2 时出现洪峰流量 480m³/s，由于下游水位的顶托，皂市站水位不断缓涨，7 月 8 日 20 时达到洪峰水位 30.38m。

6 月 30 日至 7 月 12 日汉北河主要支流总来水量 9.26 亿 m³，其中天门河来水 5.29 亿 m³，大富水来水 3.08 亿 m³，皂市河来水 0.89 亿 m³，下游东山头闸排出水量 3.97 亿 m³，新沟闸排出水量 7.11 亿 m³。

— 154 —

7月18日8时至21日8时，汉北河流域发生新一轮强降雨，降雨中心主要位于钟祥市，此次降雨过程历时3d，流域面雨量363.5mm，场次暴雨为历史第1位。最大降雨量、最大时段降雨量均为钟祥市长滩站；最大6h降雨量为302.5mm（19日6—12时），重现期为300年；最大24h降雨量为499.5mm（19日7时至20日7时），重现期为500年；最大3d降雨量为619.5mm（18日8时至21日8时），重现期为500年。

受此次降雨影响，汉北河天门站水位于19日1时起涨，19日15时水位超过警戒水位（29.30m），19日14时雨势短暂停歇后，19日20时至20日8时，流域再降103.3mm雨量，受其影响，汉北河天门水位再次上涨，19日21时水位为30.09m，超过保证水位（30.00m）；20日2时水位为30.56m，第3次超过历史最高水位（30.52m）。20日14时后，汉北河流域雨势逐渐减弱直至停止。但由于汉北河下游皂市河流域和大富水流域同时发生较大强度降雨，形成较大洪水过程，汉北河下游水位骤涨，对汉北河水位产生较大顶托影响，汉北河天门站水位仍然上涨，21日6时达到洪峰水位31.35m，超过保证水位1.35m，超过历史最高水位0.83m。此后汉北河水位开始缓降，天门水位也开始缓慢下落，于27日16时退出保证水位。大富水应城站7月19日3时水位起涨，19日16时超过警戒水位（29.00m），20日21时超过保证水位（33.00m），超过历史最高水位（32.96m），21日3时洪峰水位为33.66m，超过保证水位0.66m，超过历史最高水位0.70m，相应洪峰流量为2100m³/s；皂市河皂市站7月19日1时水位起涨，20日16时出现洪峰流量934m³/s，20日20时达到洪峰水位31.54m。汉北河天门站水位过程线见图4.3-6。

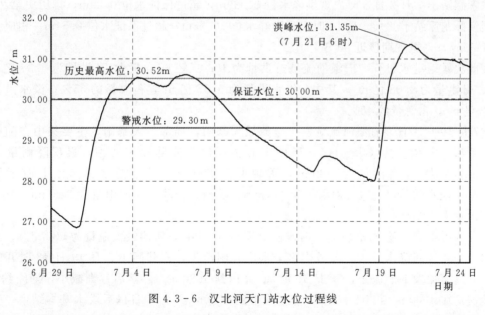

图4.3-6 汉北河天门站水位过程线

此次暴雨洪水过程主要支流总来水量12.44亿m³，其中汉北河上游来水量为7.11亿m³，大富水来水量为3.40亿m³，皂市河来水量为1.93亿m³。汉北河天门以上流域来水量为7.11亿m³，最大1d洪量为1.77亿m³（7月20日14时至21日14时），最大3d洪量为4.32亿m³（7月19日20时至22日20时），最大7d洪量为5.50亿m³（7月18日8

时至 25 日 8 时），重现期约为 500 年。大富水应城以上流域来水量为 3.40 亿 m^3，最大 1d 洪量为 1.53 亿 m^3（7 月 20 日 14 时至 21 日 14 时），重现期为 50 年；最大 3d 洪量为 3.02 亿 m^3（7 月 19 日 16 时至 22 日 16 时），重现期为 300 年；最大 7d 洪量为 3.40 亿 m^3（7 月 18 日 8 时至 25 日 8 时），重现期为 30 年。

4. 府澴河

府澴河是 1959 年府河及澴水下游人工改道后合而为一的统称。流域面积为 14769 km^2，干流全长 349km，澴水及府河上、下游建有控制站花园站、安陆站、隔蒲潭站。两河于孝感市卧龙潭汇合，建有卧龙潭站。

2016 年 6 月 18 日至 7 月 21 日共发生两次大的降雨过程：6 月 30 日至 7 月 2 日、7 月 19—21 日，并形成两次洪水过程。

6 月 30 日至 7 月 2 日，府澴河流域普降大暴雨，主要集中在广水、大悟两县（市），暴雨中心位于孝感大悟草店站，累积降雨量达 342mm，最大 24h 降雨量为 306mm，重现期为 100 年。其中澴水花园以上流域面雨量为 214mm，涢水随州以上区间面雨量为 64mm，随州—安陆区间面雨量为 176mm，整个流域面雨量为 138mm。

由于随州—安陆区间降水较大，安陆站始终维持着较高的下泄流量，7 月 1 日 16 时最大下泄流量达到 2930 m^3/s，然后逐渐减小，5 日以后洪水基本结束。受安陆闸下泄影响，隔蒲潭站流量于 7 月 1 日 14 时起涨，2 日 11 时 40 分出现洪峰流量 2700 m^3/s；花园流量从 7 月 1 日 10 时起，持续上涨并于 22 时 30 分出现洪峰流量 4820 m^3/s，相应洪峰水位为 39.24m，超过警戒水位 1.74m，排历史第 2 位；受到涢水、澴水两支来水的共同影响，澴水孝感站于 7 月 2 日 8 时出现洪峰水位 31.29m，超过保证水位 0.29m，排历史第 2 位；府澴河卧龙潭站于 7 月 2 日 14 时出现洪峰水位 30.23m，超过保证水位 0.54m，相应流量为 6950 m^3/s，重现期接近 50 年。

此次暴雨洪水过程，府澴河流域总洪量为 10.09 亿 m^3，最大 1d 洪量为 5.38 亿 m^3，最大 3d 洪量为 9.08 亿 m^3。其中，涢水洪量为 5.57 亿 m^3，占总量的 55%；澴水洪量为 4.52 亿 m^3，占总量的 45%。

7 月 19—21 日，府澴河流域发生全流域大暴雨，局部特大暴雨，主要集中在随州安陆、曾都、广水三县（市、区），暴雨中心主要位于安陆郑家河站，累积降雨量达到 542mm，最大 3d 降雨量为 502mm，重现期为 300 年。其中澴水花园以上面雨量为 213mm，涢水随州以上区间面雨量为 171mm，随州—安陆区间面雨量为 346mm，整个流域面雨量为 202mm。

受暴雨影响，随州站 20 日 9 时水位上涨至 60.59m，实测最大流量为 980 m^3/s；由于随州—安陆区间降水较大，流域内多个水库开闸泄洪，安陆闸于 7 月 19 日 13 时开闸下泄，并迅速加大下泄流量，20 日 15 时 30 分达到 4980 m^3/s，然后逐渐减小，期间约 12h 下泄流量在 4000 m^3/s 以上，21 日 8 时减小到 3340 m^3/s，25 日以后洪水基本结束；受安陆闸下泄影响，隔蒲潭站于 7 月 19 日 22 时开始起涨，至 21 日 4 时 20 分出现洪峰 4770 m^3/s；环水花园站于 7 月 19 日 20 时开始涨水，20 日 22 时 40 分出现洪峰流量 4370 m^3/s，相应洪峰水位为 38.55m，超过警戒水位 1.05m；受到涢水、环水的共同影响，环水孝感站于 7 月 21 日 3 时出现洪峰水位 32.28m，超过保证水位 2.28m，排历史第 1

位；府澴河卧龙潭站于 7 月 21 日 3 时出现洪峰水位 31.19m，超过保证水位 1.50m，排历史第 1 位，洪峰流量为 8330m³/s，重现期接近 100 年。其水位过程线见图 4.3-7。

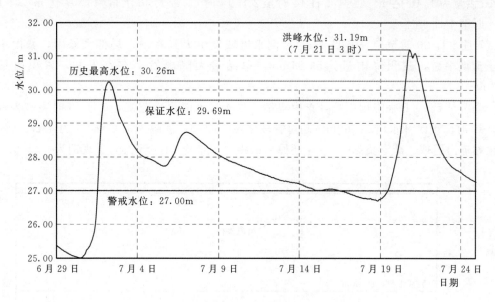

图 4.3-7　府澴河卧龙潭站水位过程线

此次暴雨洪水过程，府澴河流域总洪量为 14.33 亿 m³，最大 1d 洪量为 6.72 亿 m³，重现期为 100 年，最大 3d 洪量为 12.06 亿 m³，其中涢水洪量为 9.74 亿 m³，占总量的 68%，澴水洪量为 4.59 亿 m³，占总量的 32%。

5. 倒水

倒水发源于河南省新县，流域面积 1793km²，在武汉市新洲区阳逻龙口注入长江。李家集水位站为倒水出口控制站，位于武汉市新洲区李集镇，测站控制面积 1586km²，占流域面积的 88.5%。

流域在 2016 年 6 月 18 日至 7 月 21 日共发生两次大的降雨过程：6 月 30 日至 7 月 4 日、7 月 5—7 日，并形成两场洪水过程，其中 6 月 30 日至 7 月 4 日的洪水过程为超保证、超历史的一次特大洪水。

6 月 30 日 14 时至 7 月 1 日 20 时，倒水流域发生全流域特大暴雨降水过程，暴雨中心位于流域中游，累积降雨量达到 325mm，最大降雨发生在八里湾站，累积雨量为 354mm，该站最大 6h 降雨量为 180mm，周八家、檀树岗、觅儿寺 6h 最大降雨量分别为 175mm、173mm、170mm。

受 6 月 30 日至 7 月 4 日强降雨影响，李家集站 6 月 30 日 13 时起涨，起涨水位为 24.42m，7 月 1 日 10 时突破警戒水位，7 月 2 日 11 时出现洪峰水位 30.75m，超过保证水位（历史最高水位）0.02m，涨幅 6.33m，居历年最高水位排序第 1 位，7 月 3 日 8 时退出警戒，其水位过程线见图 4.3-8。

此次暴雨洪水过程中，7 月 1 日 19 时 25 分倒水上游红安站出现历史最大流量 2430m³/s，排历史第 1 位，最高水位为 49.57m，水位涨幅达 7.44m。21 时水位开始迅速回落，7月2日15时水位降至44.85m后缓慢回落，7月5日15时水位降至42.13m，洪水过程结束。倒水流域红安站以上总洪量为2.21亿m³（7月1日2时至4日20时），最大1d洪量为1.46亿m³（7月1日14时至2日14时）、最大3d洪量为2.07亿m³（7月1日4时至4日4时）。

7月5日20时至7月6日14时，倒水流域发生大到暴雨，局部大暴雨，暴雨中心位于流域中游，累积降雨量达到84mm，单站最大降雨发生在红安站，累积雨量为117mm。

受7月5—7日强降雨影响，李家集站7月4日8时再次起涨，6日15时突破警戒水位，20时出现洪峰水位28.69m，超过警戒水位0.69m，涨幅为1.81m。7月7日12时李家集站退出警戒。李家集站2016年还原后的洪峰流量为3160m³/s，重现期为20年。

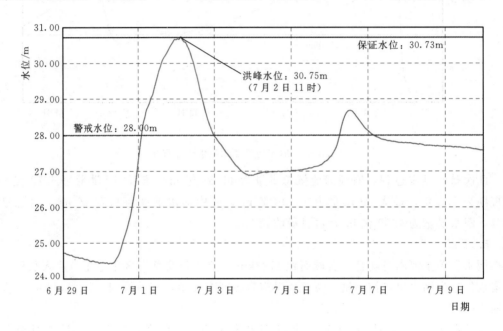

图4.3-8 倒水李家集站水位过程线

此次暴雨洪水过程中，红安—李家集站区间来水量大，倒水流域红安站以上总洪量为0.46亿m³（7月5日20时至10日8时），最大1d洪量为0.15亿m³（7月6日12时至7日12时）、最大3d洪量为0.36亿m³（7月6日9时至9日9时）。

6. 举水

举水源于大别山南麓湖北、河南交界的风包裂山，自北向南流经湖北省麻城市、武汉市新洲区及黄冈市，于武汉市新洲区大埠镇注入长江。流域全长165km，总集水面积为4061km²。柳子港水文站为举水出口控制站，位于湖北省武汉市新洲区凤凰镇庙岗山村，断面至河口46.5km，控制面积为2997km²。

6月30日14时至7月1日20时，举水流域发生全流域特大暴雨降水过程。本轮降雨历时长、强度大，流域内累积雨量大于300mm的有4个站，举水流域8个站雨量均在200mm以上。此次暴雨过程中单站最大降雨量为麻城站374mm，其中最大6h降雨量为 183mm（7月1日2—8时），最大 24h 降雨量为 340mm（6月30日20时至7月1日20时）。

受此次暴雨过程的影响，6月30日至7月5日，举水流域发生了超历史特大洪水。柳子港站于6月30日16时起迅速上涨，起涨水位为24.88m，7月1日10时5分突破警戒水位，20时超过保证水位，至7月1日22时30分出现洪峰水位33.58m，相应流量为5200m³/s，水位涨幅为8.70m，洪峰超过保证水位（历史最高水位）0.47m，居历年最高水位排序第1位。7月2日4时，柳子港站退出保证，3日13时退出警戒，之后柳子港站水位受长江水位顶托影响，维持高水位运行。柳子港站2016年还原后的洪峰流量为5620m³/s，重现期为30年。其水位过程线见图4.3-9。

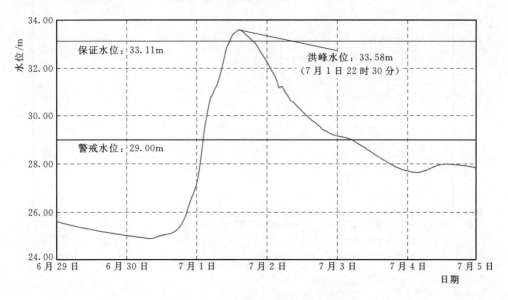

图 4.3-9 举水柳子港站水位过程线

受此影响，举水上游武汉新洲区凤凰镇郑园村陶家河湾于7月1日20时发生溃口，溃口宽度为70m，深度为7m，溃口水量直接涌向凤凰镇郑园村以及凤凰镇街道转盘附近，部分房屋被水淹没近2.0m。溃口开始水位为33.37m，溃口于4日12时合龙，合龙时水位为27.64m。

此次暴雨洪水过程中，举水流域总洪量为 8.41 亿 m³，最大 1d 洪量为 4.21 亿 m³（7月1日16时至2日16时），最大 3d 洪量为 7.89 亿 m³（7月1日9时至4日9时）。其中麻城以上洪量为 2.26 亿 m³，占总量的27%，麻城最大 1d 洪量为 2.13 亿 m³（7月1日11时至2日11时），最大 3d 洪量为 2.26 亿 m³（6月30日17时至7月3日17时）。

7. 巴水

巴水发源于大别山南麓，于浠水县巴河镇下巴河注入长江，流域面积为 3697km²，干流总长为151km，距河口34km处有马家潭水文站控制，控制面积为 2979km²。

6月30日16时至7月3日6时，巴水流域发生全流域特大暴雨降水过程，暴雨中心位于流域中上游，单站最大降雨发生在栗子关站，累积雨量为488.5mm，流域累积面雨量为360mm。

受此次降雨过程影响，巴水流域发生历史实测第二大洪水，其控制水文站马家潭站2016年的洪峰流量为7450m³/s，是1896年以来的次大值，仅次于1983年最大流量8820m³/s（1983年7月14日），重现期超过50年一遇。此次洪水过程受强降雨影响，马家潭站7月1日0时起涨，起涨水位为22.20m，7月2日1时出现洪峰水位28.21m，相应流量为7380m³/s，涨幅为6.01m，7月4日4时本次洪水过程结束。

此次暴雨洪水过程中，巴水流域马家潭站以上总洪量为7.36亿m³，其中罗田站以上洪量为1.49亿m³，占总量的20%，巴水马家潭站水位过程线见图4.3-10。

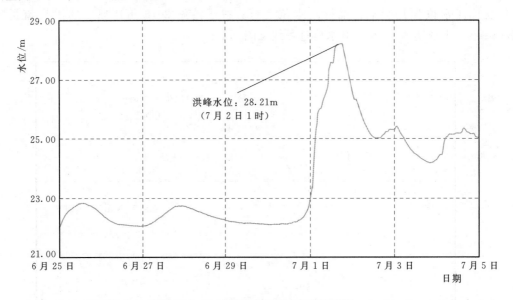

图4.3-10　巴水马家潭站水位过程线

8. 梁子湖

梁子湖位于长江中游南岸，是湖北省第二大湖泊，蓄水容量位居全省第一，常年平均水位相应湖面面积为271km²，平均水深为2.5m，蓄水量为6.5亿m³，流域面积为2085km²，梁子镇水位站是梁子湖水位的代表站。

梁子湖流域在2016年6月下旬至7月上旬共发生3次强降雨过程，分别为6月19—20日、6月25—28日、6月30日至7月6日。

6月19—20日，梁子湖流域普降大到暴雨，局部大暴雨至特大暴雨，暴雨中心主要位于咸宁市，单站最大降雨量为192mm（贺胜桥站）；在16个站点中有15个站点降雨量在50mm以上，其中降雨量在100mm以上的有13个，降雨量在150mm以上的有4个；最大6h降雨量175mm和最大24h降雨量190.5mm均发生在贺胜桥站。

6月25—28日，梁子湖流域大部地区发生中到大雨，局部暴雨，暴雨中心主要位于徐家桥站，最大降雨量为214mm（鄂州市徐家桥站）；流域内所有站点降雨量在50mm以上，其中降雨量在100mm以上的有11个；最大6h降雨量89mm和最大24h降雨量157mm均发生在徐家桥站。

6月30日至7月6日，梁子湖流域普降大到暴雨，局部大暴雨至特大暴雨，单站最大降雨量为730mm（五里界站）；降雨量在200mm以上的站点有16个，其中降雨量在

300mm 以上的有 14 个，400mm 以上的有 5 个，500mm 以上的有 2 个；最大 6h、最大 24h 降雨量均发生在徐河站，分别为 122mm、307.5mm。上述 3 次强降雨过程中，梁子湖流域累积面雨量为 707.7mm，总入湖水量为 13 亿 m³。水位从 6 月 19 日 11 时开始快速上涨并维持高水位状态。7 月 4 日 21 时达到警戒水位 20.50m；7 月 7 日 3 时达到保证水位 21.36m；7 月 7 日 22 时出现自 1958 年有水文观测记录以来的最高水位 21.44m。7 月 12 日 1 时，梁子湖水位再创历史新高，达到 21.49m，并在此水位维持，14 日 17 时梁子湖与下游牛山湖之间的隔堤实施人工爆破，水位降至 21.30m 左右后平稳，至 21 日开始转退，22 日退出保证水位，其水位过程线见图 4.3－11。

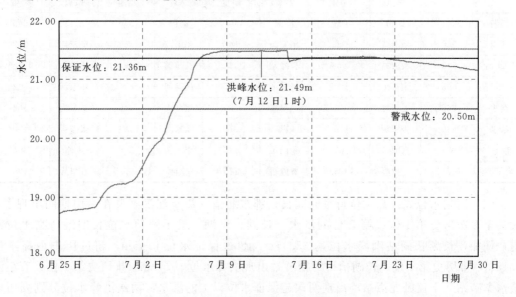

图 4.3－11　梁子湖梁子镇站水位过程线

由于来水量大，排水能力有限，梁子湖在保证水位以上维持时间达 14d。其中，最大 1h 涨幅为 0.07m（6 月 19 日 13—14 时），最大 24h 涨幅为 0.43m（7 月 6 日 0 时至 7 月 7 日 0 时），累积涨幅 3.28m（6 月 18 日 8 时至 7 月 12 日 1 时），最大 1h 入湖流量 5278m³/s（6 月 19 日 13—14 时，根据梁子湖水位变化计算水量增量反推得到）。

梁子湖 6 月 18 日至 7 月 21 日总入湖水量为 13 亿 m³，最大 1h 入湖流量为 5278m³/s，按照各地实测降雨量和汇流面积计算出咸宁市、武汉市、黄石市和鄂州市入湖水量，所占比例分别为 21.64%、41.86%、19.49% 和 17.02%。

4.3.3.2　暴雨洪水分析

1. 暴雨洪水特征

2016 年汛期，鄂东北诸支流及江汉湖群中的汉北河、府澴河、倒水、举水、长湖、梁子湖等 10 条河湖水系发生超历史洪水，其中府澴河卧龙潭最高水位为 31.19m，超过保证水位 1.50m，超过历史最高水位 0.93m（历史最高水位为 30.26m，1996 年 7 月 18 日）；汉北河天门最高水位为 31.35m，超过保证水位 1.35m，超过历史最高水位 0.83m（历史最高水位为 30.52m，2008 年 8 月 31 日）。暴雨洪水呈现以下特点。

（1）累积雨量大，强度历史罕见。鄂东北诸支流及江汉湖群在梅雨期间发生多次暴雨过程，普遍具有累积雨量大、降雨强度高等特点。例如，长湖流域最大 3d 降雨量为 669mm，排历史第 1 位；汉北河在干流天门以上、大富水应城以上流域 3d 累积面雨量分别达到 363.3mm、395.3mm，均为历史第 1 位，其最大 6h、最大 24h、最大 3d 降雨量为长滩站的 302.5mm、499.5mm、619.5mm，重现期为 300~500 年。各流域及站点暴雨过程信息详见表 4.3-4。

表 4.3-4　　2016 年鄂东北诸支流及江汉湖群梅雨期暴雨过程信息统计　　单位：mm

流域名称	累积面雨量	单站最大累积雨量信息		最大 6h 降雨量信息		最大 24h 降雨量信息		最大 3d 降雨量信息	
		站点	雨量	站点	雨量	站点	雨量	站点	雨量
长湖	529.8	高阳	880	高阳	160.5	高阳	370	旧口	669
洪湖	570	新滩口	539	瞿家湾	168	瞿家湾	360	瞿家湾	442
汉北河	770	长滩站	958	长滩站	302.5	长滩站	499.5	长滩站	619.5
府澴河	668	太平镇	1002	桃源河	197	桃源河	344	郑家河	502
倒水	866	七里坪	1013.5	八里湾	180	尾斗山	346	李家集	363
举水	836	张家畈	1185	岐亭	212	张家畈	443	张家畈	450
巴水	993	双河口	1267.5	瓮门关	186	栗子关	385	天堂	394
梁子湖	707.7	五里界	1025.5	贺胜桥	175	徐河	307.5	五里界	408

（2）河湖水位高，高水位持续时间长。鄂东北诸支流及江汉湖群在梅雨期间出现了 1 次甚至多次历史第 1 位或第 2 位的洪水，长湖、洪湖、梁子湖湖水位长期维持高水位不退，例如，长湖长湖站洪峰水位达 33.45m，超过保证水位 0.45m，超过历史最高水位 0.15m，排历史第 1 位；长湖拾桥河拾桥站出现洪峰水位 36.59m，排历史第 1 位；府澴河澴水孝感站、干流卧龙潭站均出现两次超保证水位以上的洪水，两次洪峰水位分别列历史第 2 位、第 1 位；梁子湖梁子镇站水位 7 月 7 日 22 时出现 1958 年历史新高水位 21.44m，12 日 1 时再创历史新高水位达 21.49m。各流域洪峰水位情况及超警、超保、超历史时间详见表 4.3-5。

表 4.3-5　　2016 年鄂东北诸支流及江汉湖群梅雨期洪水过程信息统计

流域名称	超警/保/历史站点	最高水位/m	峰现时间	超警时间	超保时间	超历史时间
长湖	长湖	33.45	7 月 23 日 0 时	16d	6d	4d
	拾桥	36.59	—			
洪湖	挖沟咀	26.99	7 月 18 日 10 时	21d	2h	—
汉北河	天门站	31.35	7 月 21 日 6 时	19d	15d	6d
府澴河	卧龙潭	31.19	7 月 21 日 3 时	23d	3d	1d
倒水	李家集	30.75	7 月 2 日 11 时	3d	1d	1h
举水	柳子港	33.58	7 月 1 日 22 时 30 分	3d	6h	6h
梁子湖	梁子镇	21.49	7 月 7 日 22 时	18d	14d	—

（3）洪水遭遇恶劣，量级大。鄂东北诸支流及邻近水系几乎相同时段内发生高重现期的洪水，鄂东北诸支流最大合成流量高达 25000m³/s，均属历史罕见，可见暴雨洪水在鄂

东、鄂北及其邻近地区的遭遇极为严重。同时，两次合成流量的洪峰出现时间正好匹配 2016 年长江洪水第二阶段汉口水位快速上涨，和第三阶段汉口水位自高水位返涨，说明该地区的内河大流量也与长江中游干流高水位形成了严重遭遇，通过互相顶托、壅高等影响不断推高内河、外江的水位，造成洪水宣泄不畅。

据频率分析，倒水、举水、巴水控制站洪峰流量的重现期分别为 20 年、30 年和超 50 年。汉北河天门以上流域来水量最大 1d、最大 3d、最大 7d 洪量的重现期均为 500 年，下游支流大富水应城以上最大 1d、最大 3d、最大 7d 洪量的重现期分别为 50 年、300 年、30 年。府澴河在 7 月 19—21 日的洪水过程中，由于㵐水隔蒲潭站、府河花园站洪峰出现时间相差约 6h，根据各自传播时间的不同，至干流卧龙潭站两峰遭遇，造成卧龙潭站洪峰流量重现期高达 100 年。

2. 与 1998 年洪水对比

1998 年洪水为 20 世纪以来仅次于 1954 年的最大洪水，2016 年鄂东北诸支流及江汉湖群区暴雨总量和强度、主要河流洪水均大幅度超过 1998 年，具体分析如下。

(1) 暴雨强度创历史极值。在 6 月 18 日至 7 月 21 日的 6 轮暴雨中，江汉平原、鄂东一带多地降雨强度创历史极值，暴雨强度均大于 1998 年。武汉江岸区 1h 最大降雨量为 119mm，达 100 年一遇，列本站历史第 1 位；沙洋马良集最大 3h、最大 12h 降雨量分别达 285mm、589mm，刷新了湖北省纪录（历史最大 3h、最大 12h 降雨量分别为远安 1990 年的 259.2mm、阳新 1994 年的 554mm）。沙洋马良集最大 24h 降雨量为 681mm，仅次于湖北省纪录房县余家河 685.5mm。

(2) 主要河流洪水量级普遍大于 1998 年。在 6 月下旬至 7 月中旬，湖北省主要河流有 8 条河流发生超保证洪水，其中汉北河、府澴河、府河、举水、倒水、澴水、大富水等 7 条河流发生超历史洪水，府澴河卧龙潭最高水位为 31.19m，超过保证水位 1.50m，超过历史最高水位 0.93m（历史最高水位为 30.26m，1996 年 7 月 18 日）；汉北河天门最高水位为 31.35m，超过保证水位 1.35m，超过历史最高水位 0.83m（历史最高水位为 30.52m，2008 年 8 月 31 日）。而 1998 年只有 7 条主要中小河流超过警戒水位，其中 1 条河流发生超保证水位的洪水。综合分析，鄂东、鄂北及江汉平原大部河流 2016 年洪水量级均大幅度高于 1998 年。

(3) 五大湖泊最高水位普遍高于 1998 年。在 6 月下旬至 7 月中旬，湖北省五大湖泊除汈汊湖（接近保证水位）外，全部超过保证水位。梁子湖、长湖最高水位分别为 21.49m、33.45m，超过历史最高水位 0.06m（梁子湖历史最高水位为 21.43m，1991 年）、0.15m（长湖历史最高水位为 33.30m，1983 年）。除斧头湖外，其余四大湖泊高峰水位均高于 1998 年最高水位。

综上所述，2016 年湖北省雨水情总体上超过 1998 年，特别是暴雨的总量和强度、主要河流洪水大幅度超过 1998 年。

4.3.3.3 小结

2016 年汛期清江流域、鄂东北诸支流及江汉湖群等湖北省境内流域发生大范围大量级暴雨，多地多个站次短历时暴雨居本站历史排位第 1 位，其中长湖、府澴河、汉北河等流域多站暴雨达 100 年一遇甚至 500 年一遇。在湖北省内超过保证水位的 8 条河流中，有汉北河、府澴河、府河、举水、倒水、澴水、大富水等 7 条超过历史最高水位。五大湖泊中梁子湖、斧头湖、长湖、洪湖最高水位均超过保证水位。

对比 1998 年暴雨洪水，2016 年度暴雨覆盖范围、总量、强度均大于 1998 年；鄂东、江汉平原大部分中小河流发生的洪水也大幅度高于 1998 年；除斧头湖外，其余四大湖泊高峰时水位均高于 1998 年最高水位。总体而言，鄂东北诸支流及江汉湖群发生的洪水量级及影响程度均超过 1998 年。

4.3.4 洞庭湖水系

洞庭湖水系是以洞庭湖为汇集中心的辐聚水系，由湘江、资水、沅江、澧水和环湖直接入湖河流共同组成。各河来水汇聚洞庭湖后，经调蓄于城陵矶注入长江。湘江流域面积为 94660km²，干流全长 856km；资水流域面积为 28142km²，干流全长 653km；沅江流域面积为 89163km²，干流全长 1033km；澧水流域面积为 18496km²，干流全长 388km。洞庭湖流域水系及主要水文（水位）站、水库分布见图 4.3-12。

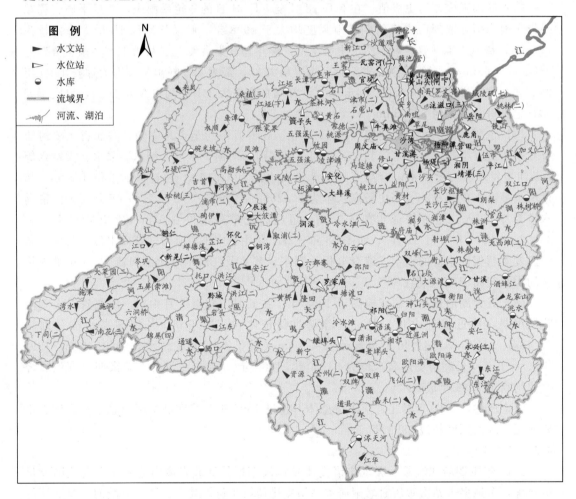

图 4.3-12　洞庭湖流域水系及主要水文（水位）站、水库分布示意图

4.3.4.1 暴雨洪水过程

2016年洞庭湖水系共发生15次强降雨过程，其中7月1—4日最强，降雨主要分布在沅江中游、资水中下游及南洞庭湖区。过程累积降雨量100mm以上笼罩面积为9.1万km²，200mm以上笼罩面积为3.7万km²，300mm以上笼罩面积为0.7万km²；大暴雨和特大暴雨站数多，过程累积降雨量超过300mm的117站，超过400mm的21站，超过500mm的2站；单站过程累积最大降雨量为湖区长沙市望城区茶亭镇茶亭水库站518.0mm，日最大降雨量为湖区益阳市赫山区泉交河镇水管站336.7mm（7月3日）。

强降雨导致资水发生特大洪水，柘溪水库出现建库以来最大入库流量，中下游干流桃江站、益阳站洪峰水位超过保证水位；沅江中游干流浦市站、辰溪站洪峰水位超过警戒水位；洞庭湖区南嘴站、七里山站洪峰水位超过警戒水位近2m，七里山站洪峰水位接近保证水位。资水、沅江共4条支流发生超历史洪水，资水支流沂溪蒙公塘站洪峰水位为71.78m（超历史最高水位1.60m），涑溪竹溪坡站洪峰水位为130.82m（超历史最高水位0.19m）；沅江支流酉水石堤站洪峰水位为87.42m（超历史最高水位3.58m），淑水淑浦站洪峰水位为157.21m（超历史最高水位0.20m）。本次洪水过程洞庭湖水系共计34站水位超警，酉水龙山县里耶镇发生漫溃，湖区华容县新华垸发生内溃。以下选取资水和沅江分别进行洪水过程分析。

1. 资水

受强降雨影响，资水柘溪水库入库流量自7月2日8时起涨，4日14时出现最大入库流量20400m³/s，超过建库以来的最大入库流量（历史最大入库流量为17900m³/s，1996年7月15日），4日23时出现最大出库流量6190m³/s，削峰率为69.66%，6日12时出现本次过程最高库水位169.01m，超过汛限水位4.01m；下游干流桃江站水位自7月2日19时30分起涨，4日6时30分超警，5日5时洪峰水位为43.29m，超过警戒水位4.09m，超过保证水位0.99m，洪峰流量为9160m³/s（4日23时），6日15时40分退出警戒，超警历时3d。柘溪水库调度过程及桃江站水位过程线见图4.3-13和图4.3-14。

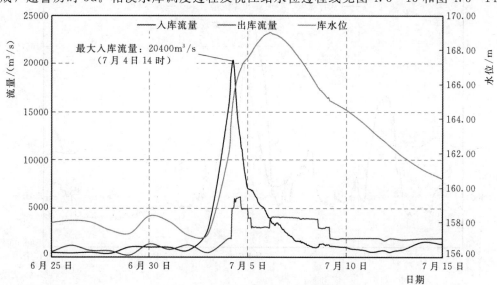

图4.3-13 资水柘溪水库调度过程线

— **165** —

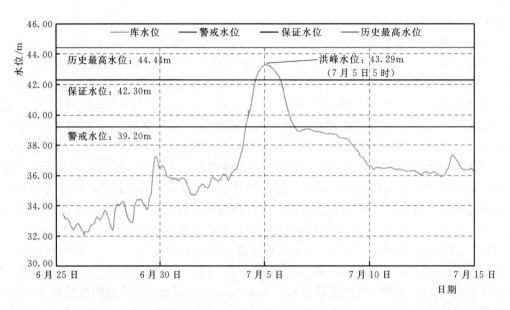

图 4.3-14　资水桃江站水位过程线

2. 沅江

受强降雨影响，沅江五强溪水库入库流量自 7 月 1 日 14 时起涨，2 日 8 时涨至 9660m³/s 后回落，4 日 4 时再次起涨，5 日 9 时出现最大入库流量 22300m³/s，6 日 2 时出现最大出库流量 11700m³/s，削峰率为 48%，6 日 12 时出现本次过程最高库水位 104.14m，超汛限 6.14m；下游干流桃源站水位自 7 月 1 日 22 时起涨，3 日 0 时涨至 39.47m 后回落，4 日 12 时再次起涨，6 日 21 时 57 分出现洪峰水位 41.02m，洪峰流量为 12300m³/s（6 日 13 时）。五强溪水库调度过程及桃源站水位过程线见图 4.3-15 和图 4.3-16。

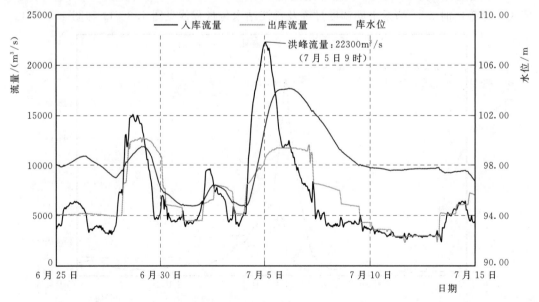

图 4.3-15　沅江五强溪水库调度过程线

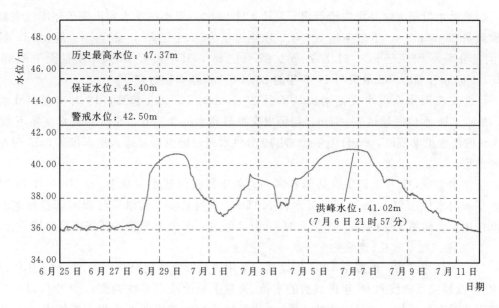

图 4.3-16　沅江桃源站水位过程线

4.3.4.2　暴雨洪水分析

1. 暴雨洪水特征

（1）湘江入汛早，出现桃花汛。3月下旬湘江干流中上游及部分支流出现超警戒水位的洪水，湘江入汛时间早，出现桃花汛。

受3月19—24日降雨影响，湘江干流归阳站、衡山站、支流潇水双牌站、支流洣水衡东站分别出现超警戒水位0.81m、0.67m、0.91m、0.14m的洪峰水位。湘江干流控制站湘潭站24日出现洪峰水位35.93m，洪峰流量为12900m³/s，洪峰流量列有实测资料以来同期第3位（1998年3月10日洪峰流量为17500m³/s，1992年3月27日洪峰流量为14700m³/s）。

（2）暴雨强度大，覆盖范围广。湖区益阳市的市区、安化，长沙市望城区；沅江怀化市的市区、溆浦等地均出现了高强度的特大暴雨。最大1h降雨量为沅江怀化市鹤城区凉亭坳乡站7月3日22—23时97.5mm，暴雨重现期约为100年；最大3h降雨量为沅江怀化市鹤城区凉亭坳乡站7月3日20—23时203.4mm，暴雨重现期约为300年；最大6h降雨量为沅江怀化市鹤城区凉亭坳乡站7月3日19时至4日1时243.2mm，暴雨重现期约为200年；最大1d降雨量为湖区益阳市赫山区泉交河镇水管站336.7mm（3日8时至4日8时）。

过程累积降雨量50mm以上笼罩面积为13.4万km²，占洞庭湖水系流域面积约60%；降雨量100mm以上笼罩面积为9.1万km²，基本包括了湘中以北所有区域；降雨量200mm以上笼罩面积为3.7万km²，主要包括沅江流域支流溆水、资水中下游及南洞庭湖区；降雨量300mm以上笼罩面积为0.7万km²，主要为资水流域柘溪库区、柘桃、桃益区间，以及南洞庭湖区。

（3）降雨历时长，雨区相对稳定。此次强降雨过程自7月1日至4日，时长4d。暴雨过程及暴雨区大都稳定少动，暴雨中心在同一区域徘徊，重复性强，主雨带持续稳定在湘中以北地区，暴雨中心一直位于资水、沅江中下游、湘江下游及湖区。

（4）洪水量级大，外洪内涝严重。7月4日14时，资水柘溪水库出现了建库以来最大入库流量20400m³/s，重现期超100年，次洪总量为30.1亿m³，最大1d、最大3d、最大7d洪量分别为12.7亿m³、21.8亿m³、27.2亿m³，其中最大1d入库洪量大于1996年的10.1亿m³，最大3d洪量与1996年的24.4亿m³基本接近。

沅江支流酉水石堤水文站水位从6月20日2时75.48m起涨，13时出现洪峰水位87.42m，11h水位涨幅达11.94m，超历史实测最高水位3.58m。位于石堤水文站下游10多km的酉水里耶镇段，20日上午11时40分洪水漫过防洪堤，进入里耶城区，15时左右出现溃堤。

受洪水影响，7月上旬华容县华容河一直处于接近保证水位状态。7月10日11时左右，华容河水位达35.15m，超保证水位0.15m，华容县新华蓄洪垸红旗闸管身新老土接合部位因重大险情发生内溃。12日8时15分，经过45h全力抢险，新华垸溃口堵口合龙。

2. 主要控制站水位-流量关系分析

（1）湘江湘潭站。湘潭站1956年设站，采用设站以来资料分析，20世纪80年代以前的水位-流量关系曲线和80年代以后的水位-流量关系曲线有系统偏离，80年代以后，同水位下流量有所增加，这是因为始于80年代的河道挖沙造成断面面积不断扩大，至1994年常遇洪水的过水断面面积比80年代初扩大近7%，河床高程平均下降约0.80m。2000年以后也是延续这种趋势，由于河道下切，同流量情况下水位降低。湘江湘潭站水位-流量关系见图4.3-17。

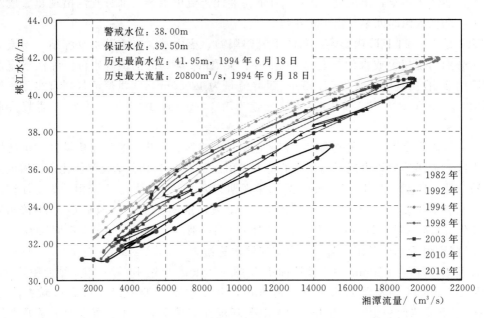

图4.3-17 湘江湘潭站水位-流量关系

（2）资水桃江站。桃江站1941年设站，采用20世纪60年代以来的资料分析，1990年以前水位-流量关系变化无明显趋势性，1990年以后水位-流量关系有明显的左偏趋势，说明进入90年代以来，同水位下流量减小。导致桃江站90年代水位-流量关系出现较大偏离的主要原因是河道淘金业发展迅速，严重影响了河道的行洪能力。2003年桃江江段开展了河道综合整治工作，河道行洪能力提高，同流量下水位抬高的趋势减缓。资水桃江站水位-流量关系见图 4.3-18。

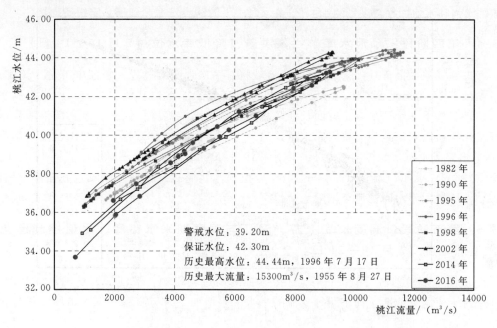

图 4.3-18 资水桃江站水位-流量关系

（3）沅江桃源站。桃源站 1948 年设站，20 世纪 90 年代中期以前，水位-流量关系变化无明显趋势性，90 年代中期以后，由于上游干流修建了五强溪水电站，改变了天然河道的流态，过流能力降低，水位-流量关系出现系统偏左。近几年水位-流量关系基本稳定。沅江桃源站水位-流量关系见图 4.3-19。

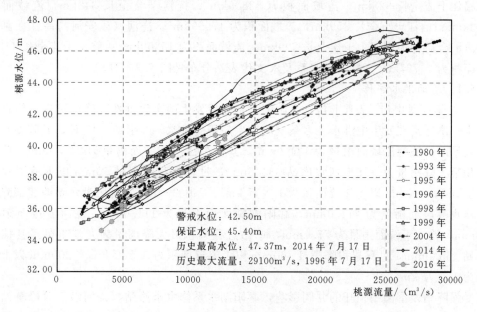

图 4.3-19 沅江桃源站水位-流量关系

（4）澧水石门站。石门站 1980 年设站，设站至今水位-流量关系基本稳定，无明显变化趋势。澧水石门站水位-流量关系见图 4.3-20。

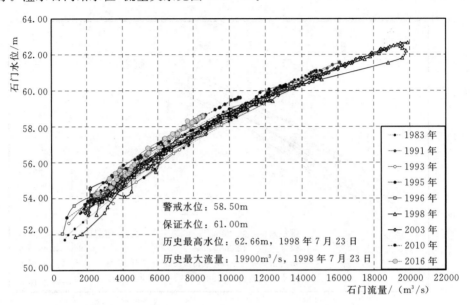

图 4.3-20　澧水石门站水位-流量关系

4.3.5　鄱阳湖水系

鄱阳湖水系是以鄱阳湖为汇集中心的辐聚水系，由赣江、抚河、信江、饶河、修水和环湖直接入湖河流及鄱阳湖共同组成。各河来水汇聚鄱阳湖后，经调蓄于江西省湖口注入长江。流域面积为 16.22 万 km^2，约占长江流域面积的 9%。

赣江干流全长 823km，流域面积为 82809km^2；抚河干流全长 348km，流域面积为 16493km^2；信江干流全长 359km，流域面积为 17599km^2；饶河（乐安河与昌江在鄱阳县姚公渡汇合后称为饶河）干流全长 299km，流域面积为 15300km^2；修水干流全长 419km，流域面积为 14797km^2。鄱阳湖水系及水文代表站分布见图 4.3-21。

4.3.5.1　暴雨洪水过程

2016 年 6 月中旬、7 月上旬，鄱阳湖水系先后发生两次致洪性强降雨过程，修水发生大洪水；饶河昌江发生中洪水，多条支流发生超历史洪水。6 月 18—19 日，鄱阳湖水系北部降大暴雨，饶河流域面雨量为 134.0mm，其中昌江中下游面雨量为 244.0mm，单站过程累积最大降雨量为信江梅塘水库站 384.5mm，过程累积降雨量 50mm 以上笼罩面积为 2.9 万 km^2，100mm 以上笼罩面积为 1.6 万 km^2。7 月 2—4 日，鄱阳湖水系西北部降强降雨，修水流域面雨量为 214.0mm，鄱阳湖湖区面雨量为 111.0mm，饶河流域面雨量为 78.0mm，赣江下游面雨量为 77.0mm，单站过程累积最大降雨量为九江市彭泽县棉船镇棉船站 465.0mm，过程累积降雨量 100mm 以上笼罩面积为 3.5 万 km^2，200mm 以上笼罩面积为 1.7 万 km^2。

受强降雨及鄱阳湖顶托的共同影响，鄱阳湖水系修水永修站、饶河昌江渡峰坑站发生有实测资料以来的第 2 位洪水。7 月 2 日 11 时至 8 日 10 时，鄱阳湖发生长江洪水倒灌，

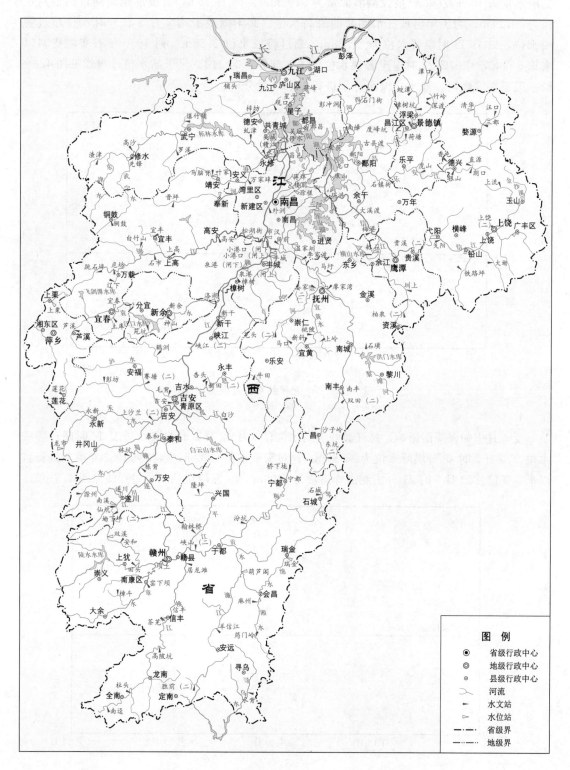

图 4.3-21 鄱阳湖水系及水文代表站分布示意图

倒灌水量为 16.1 亿 m³，最大倒灌流量为 9100m³/s（3 日 16 时）。倒灌期间湖口站最高水位为 21.21m，为历年出现江水倒灌的最高水位。鄱阳湖星子站 7 月 3 日 0 时水位超过警戒水位，11 日 11 时洪峰水位为 21.38m，超过警戒水位 2.38m，列 1950 年有实测资料以来第 6 位，8 月 5 日 21 时退至警戒水位以下，超警历时 34d。星子站水位过程线见图 4.3-22。以下选取饶河、修水、潦河分别进行洪水过程分析。

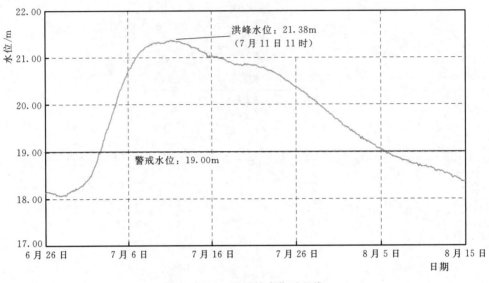

图 4.3-22　星子站水位过程线

1. 饶河

受 6 月中旬强降雨影响，昌江渡峰坑站水位自 6 月 19 日 9 时起涨，19 日 14 时超过警戒水位，20 日 5 时 48 分洪峰水位为 33.89m，超过警戒水位 5.39m，水位列 1952 年有实测资料以来第 2 位，20 日 6 时 21 分实测洪峰流量为 7400m³/s。渡峰坑站水位过程线见图 4.3-23。

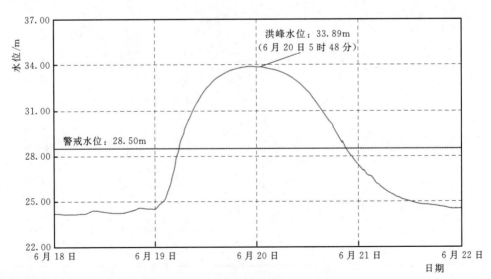

图 4.3-23　饶河昌江渡峰坑站水位过程线

—— 172 ——

2. 修水

受 7 月上旬强降雨影响，修水柘林水库入库流量自 7 月 2 日 14 时起涨，4 日 3 时最大入库流量为 7000m³/s，4 日 3 时最大出库流量为 3160m³/s，削峰率为 55％，5 日 18 时出现最高库水位 65.61m，超过汛限水位 0.61m，过程拦蓄洪量 5.85 亿 m³，柘林水库洪水过程线见图 4.3-24。

修水控制站永修站水位自 6 月 30 日起涨，7 月 3 日 11 时 45 分超过警戒水位，5 日 12 时 40 分洪峰水位为 23.18m，超过警戒水位 3.18m，相应实测流量为 5080m³/s，水位列 1947 年有实测资料以来第 2 位，8 月 1 日 13 时 50 分退至警戒水位以下，超警历时 30d。修水永修站水位过程线见图 4.3-25。

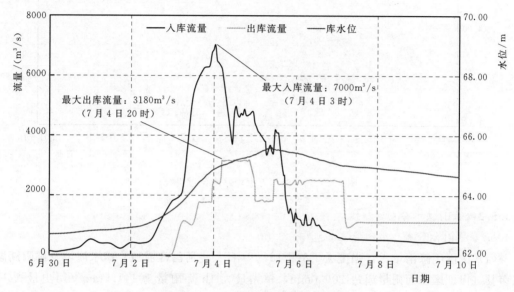

图 4.3-24　柘林水库调度过程线

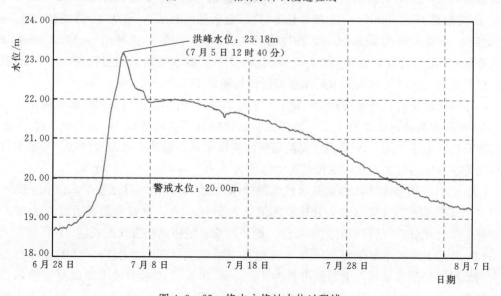

图 4.3-25　修水永修站水位过程线

修水支流潦河发生短时超警过程，万家埠站7月5日9时洪峰水位为27.99m，超过警戒水位0.99m，相应流量为3740m³/s。潦河万家埠站水位过程线见图4.3-26。

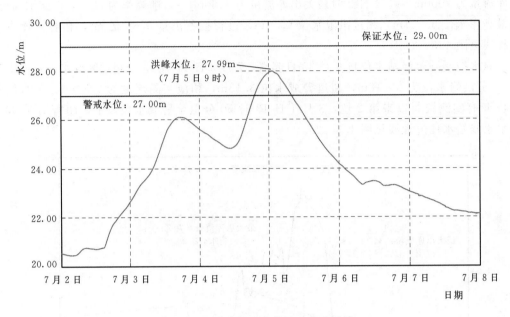

图4.3-26 潦河万家埠站水位过程线

4.3.5.2 暴雨洪水分析

1. 暴雨洪水特征

（1）主雨区降雨量大，强度大。6月18—19日，饶河昌江流域、修水流域及鄱阳湖湖区多县（市、区）面雨量超过200.0mm，单站最大1h降雨量为111.5mm（历史最大1h降雨量为126.1mm，1987年8月16日，鄱阳县蒋山站），最大3h降雨量216.5mm（历史最大3h降雨量为218mm，2011年6月10日，修水县蕉洞站），最大6h降雨量301.0mm（历史最大6h降雨量为358.0mm，2012年7月17日，南城县古城站）；19日8—14时，昌江流域6h面降雨量高达124.0mm。7月2—5日，修水流域面雨量超过200.0mm；单站过程累积最大降雨量为九江市彭泽县棉船镇棉船站465.0mm。

（2）洪峰水位高，高水位持续时间长。6月20日，昌江樟树坑站洪峰水位为41.52m，列1952年有实测资料以来第2位；昌江控制站渡峰坑站洪峰水位为33.89m，列1952年有实测资料以来第2位。19日昌江支流东河深渡水文站、建溪水蛟潭水位站、马家水竹岭水位站等站发生超历史洪水，水位超历史幅度为0.35～1.16m。

7月5日13时修水干流控制站永修站洪峰水位为23.18m，超过警戒水位3.18m，列1947年有实测资料以来第2位，相应实测流量为5600m³/s。永修站超警历时长达30d（7月3日至8月1日），超警历时列第2位。此外，修水虬津站超警历时长达24d。

（3）赣江上游发生早汛。2016年3月赣江上游发生早汛，3月19—24日，赣江上游降大到暴雨，局部大暴雨，上游面雨量为166mm，单站过程累积最大降雨量为赣州市会昌县赖腰站327mm，过程累积降雨量100mm以上笼罩面积为4.2万km²，赣江上中游多站发生超警洪水，赣江万安水库22日最大入库流量为13500m³/s，列1990年水库运行以来第3位，洪水重现期为10年。

2. 历史洪水对比

2016年7月11日，鄱阳湖星子站洪峰水位为21.38m，列1950年有实测资料以来第6位。6月20日昌江控制站渡峰坑站洪峰水位为33.89m，最大流量为7400m³/s，水位列1952年有实测资料以来第2位，流量列1952年有实测资料以来第4位。7月5日修水虬津站洪峰水位为24.29m，相应流量为3870m³/s，水位列1982年有实测资料以来第5位，流量列1983年有实测资料以来第2位。7月5日修水控制站永修站洪峰水位为23.18m，超过警戒水位3.18m，列1947年有实测资料以来第2位，相应实测流量为5600m³/s。7月5日修水支流万家埠站洪峰水位为27.99m，超过警戒水位0.99m，相应流量为3740m³/s，流量列1953年有实测资料以来第10位。鄱阳湖"五河"控制站洪峰与历史前4位对比见表4.3-6。

表4.3-6　　　　鄱阳湖"五河"控制站洪峰特征值与历史前4位对比

河名	站名	年最高水位/m	发生日期	资料系列年份	年最大流量/(m³/s)	发生日期	资料系列年份
赣江	外洲	25.60	1982年6月20日	1950—2016	21500	2010年6月22日	1950—2016
		25.42	1994年6月19日		20900	1962年6月20日	
		25.13	1968年6月28日		20400	1982年6月20日	
		25.07	1998年6月26日		20100	1968年6月28日	
		22.34	2016年7月20日		12000	2016年3月25日	
昌江	渡峰坑	34.27	1998年6月26日	1950—2016	8600	1998年6月26日	1952—2016
		33.89	2016年6月20日		7920	1955年6月22日	
		33.85	1955年6月22日		7600	1999年6月30日	
		33.18	1996年7月1日		7400	2016年6月20日	
		33.18	1999年6月30日		7370	1996年7月1日	
修水	虬津	25.29	1993年7月5日	1982—2016	4070	1993年7月5日	1982—2016
		24.92	1995年6月26日		3870	2016年7月5日	
		24.91	1983年7月10日		3860	1995年6月26日	
		24.71	1998年8月1日		3790	1983年7月10日	
		24.29	2016年7月5日		3420	1998年8月1日	
	永修	23.48	1998年7月31日	1950—2016	—	—	—
		23.18	2016年7月5日				
		22.90	1983年7月10日				
		22.81	1955年6月23日				

河名	站名	年最高水位/m	发生日期	资料系列年份	年最大流量/(m³/s)	发生日期	资料系列年份
潦河	万家埠	29.68	2005年9月4日	1952—2016	5600	1977年6月15日	1953—2016
		29.63	1977年6月16日		5550	2005年9月4日	
		29.07	1983年7月7日		4700	1955年6月22日	
		29.04	1975年8月16日		4260	1993年7月4日	
		27.99	2016年7月5日		3830	2016年7月5日	
鄱阳湖	星子	22.52	1998年8月2日	1950—2016	—	—	—
		22.01	1999年7月21日				
		21.93	1995年7月4日				
		21.85	1954年7月30日				
		21.38	2016年7月11日				

3. 洪水频率分析

(1) 饶河昌江渡峰坑站。饶河昌江渡峰坑江段历史洪水调查资料有 1884 年、1916 年和 1942 年等，相应年最大洪峰流量分别为 13000m³/s、11000m³/s、10000m³/s。2016 年洪水洪峰流量为 7400m³/s，根据渡峰坑站年实测流量 1952—2016 年共 65 年资料分析计算，重现期接近 20 年。

(2) 修水永修站。修水永修站实测洪峰水位为 23.18m，仅次于 1998 年洪水，根据永修站年实测水位 1947—2016 年共 70 年资料分析计算，重现期超过 20 年。

(3) 潦河万家埠站。潦河万家埠站调查洪水以 1915 年最大，推算洪峰流量为 6690m³/s。2016 年洪水洪峰流量为 3740m³/s，根据万家埠站年实测流量 1953—2016 年共 64 年资料分析计算，重现期接近 10 年。

4. 主要控制站水位-流量关系分析

(1) 赣江外洲站。外洲水文站为赣江控制站，测验江段不够顺直，上游左岸陈家村建一大型丁坝，下游右岸距站房 1000m 左右有两座大型丁坝，枯水水面流向呈 S 形，河床由细砂、粗砂组成，断面冲淤变化较大，主流摆动频繁，河床逐年下切，特别是 2002 年以后，断面变化显著。主要原因为河床采砂严重及 1998 年后赣江出现数次大洪水所致，河床总体呈下切趋势。总体来说，外洲站 1980—2000 年同水位级断面面积变化不大，断面比较稳定。2000 年以后，同水位级断面面积逐年增大。外洲站 2016 年水位在 24.00m 时流量为 24500m³/s，为 1998 年同级水位对应流量 7100m³/s 的 3.5 倍，赣江外洲站水位-流量关系见图 4.3-27。

(2) 抚河李家渡站。李家渡水文站为抚河控制站，测验江段尚顺直，下游 1300m 处有一中心小岛，河床由粗砂、细砂组成，断面上游右岸有一沙洲。2010 年基本水尺断面迁移。李家渡站断面基本稳定，在中泓处有冲淤变化，属于局部冲刷，断面最低点逐年下降，河床缓慢下切，各年水位-流量关系线线形基本平行并呈右移的趋势。水位在 27.00m

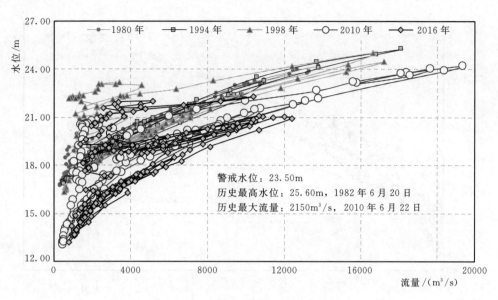

图 4.3 - 27 赣江外洲站水位-流量关系

以下时,各年水位-流量关系线线形差异较大,水位在 27.00m 以上时线形基本平行并呈逐渐右移的趋势。高水时,1998 年以前水位-流量关系虽有变化,但总体变化不大,抚河李家渡站水位-流量关系见图 4.3 - 28。

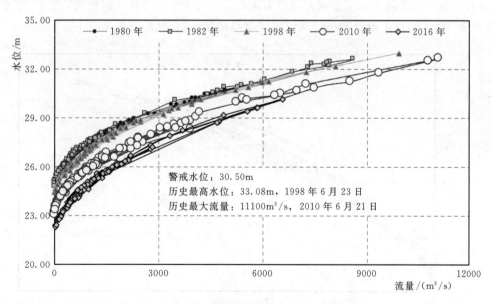

图 4.3 - 28 抚河李家渡站水位-流量关系

(3)信江梅港站。梅港水文站为信江控制站,测验江段较顺直,上、下游有弯道,河床稳定,右岸为泥沙,左岸为岩石,河床由岩石、细砂、淤泥组成。2010 年前断面较稳定,无明显冲淤变化,经历 2010 年洪水之后,断面变化较大,水位-流量关系线变化相对明显,各级水位相应流量增大,信江梅港站水位-流量关系见图 4.3 - 29。

(4)饶河昌江渡峰坑站、乐安河虎山站。渡峰坑水文站为饶河支流昌江控制站,测验

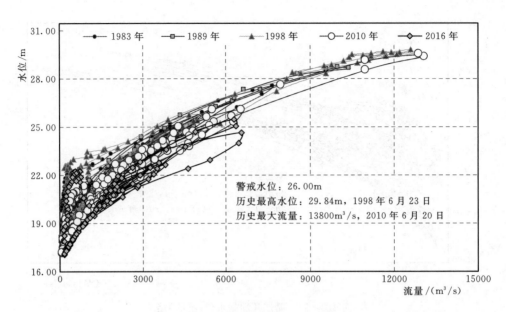

图 4.3 - 29　信江梅港站水位-流量关系

江段顺直，左岸为山脚陡岸，河床为岩石组成；右岸为卵石和瓷渣浅滩。历年断面稳定，无明显冲淤变化。渡峰坑站水位-流量关系在 26.00m 以下时较为散乱，26.00m 以上时水位-流量关系主要受洪水涨落影响，呈绳套曲线。与 1998 年实测点据相比，2016 年水位-流量关系 32.00m 以上流量偏小，饶河昌江渡峰坑站水位-流量关系见图 4.3 - 30。

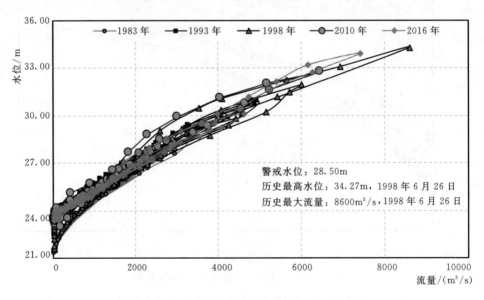

图 4.3 - 30　饶河昌江渡峰坑站水位-流量关系

虎山水文站为饶河支流乐安河控制站，测验江段顺直长约 300m，左岸上游有一沙洲，且逐年增高并向下延伸，河床右岸为岩石，左岸为卵石，断面基本稳定。2003 年前断面淤积较大，河床抬高。2003 年以后河床稳定，断面基本无变化，总体来说，从 20 世纪 80

— **178** —

年代开始，相同水位级下，各级水位相应流量呈减少趋势，乐安河虎山站水位-流量关系见图4.3-31。

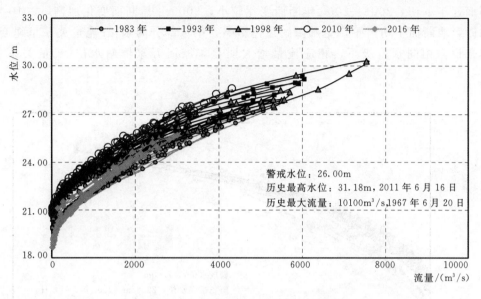

图4.3-31　乐安河虎山站水位-流量关系

（5）修水虬津站、潦河万家埠站。虬津水文站为修水干流重要站，测验江段顺直长约500m，略呈上小下大喇叭形，上游约190m处左岸有一小支流汇入，下游600m处有一向右转的弯道。河床由细砂、粗砂及卵石砂组成，易受冲淤。断面逐年冲刷，河床下降，2003年后断面变化较2003年以前剧烈。水位-流量关系中高水部分略呈绳套状，总体变化不大，修水虬津站水位-流量关系见图4.3-32。

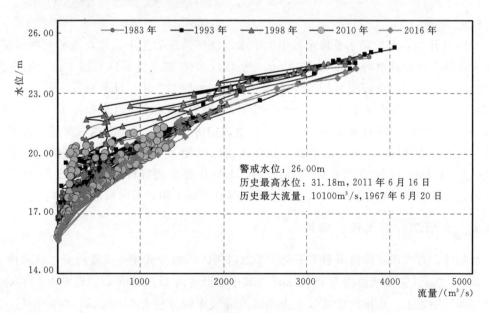

图4.3-32　修水虬津站水位-流量关系

万家埠水文站为修水支流潦河控制站，距河口 33km，测验江段大致顺直，上、下游均有弯道，河床由砾石、细砂组成，断面有冲淤现象，两岸均有圩堤。2003 年前断面逐年下切，2003—2005 年断面变化较小，2005 年后断面变化加剧，2010 年后受采砂影响断面下切严重，受鄱阳湖顶托影响，中水部分的水位-流量关系呈绳套状。总体来说，相同水位级下，相应流量增大明显，潦河万家埠站水位-流量关系见图 4.3-33。

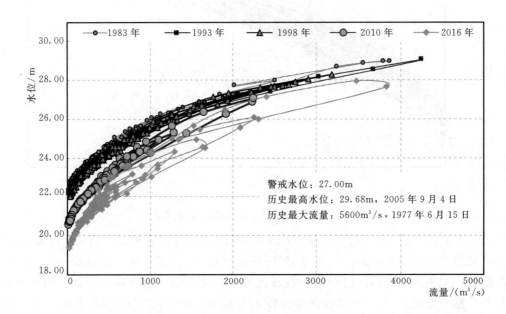

图 4.3-33　潦河万家埠站水位-流量关系

4.3.5.3　小结

2016 年汛期，鄱阳湖水系修水发生大洪水、饶河昌江发生中洪水，流域全线超警戒。修水永修站 7 月 5 日洪峰水位为 23.18m，列 1947 年有实测资料以来第 2 位（第 1 位为 23.48m，1998 年），重现期为 25 年，超警历时长达 30d（7 月 3 日至 8 月 1 日）；昌江渡峰坑站 6 月 20 日洪峰水位为 33.89m，列 1952 年有实测资料以来第 2 位（第 1 位为 34.27m，1998 年），洪峰流量为 7400m³/s，重现期为 15 年；昌江支流深渡站、建溪水蛟潭站、东河竹岭站均发生超历史洪水。鄱阳湖湖区出现 2000 年以来最高水位，星子站洪峰水位为 21.38m，超过警戒水位 2.38m，列 1950 年有实测资料以来第 6 位。与 1998 年的鄱阳湖流域性大洪水相比，洪水量级和范围都有一定差距，为区域性大洪水。

4.3.6　水阳江、青弋江、漳河

水阳江、青弋江、漳河水系下游位于平原河网区，地势低洼，汊道众多，故统称"三江"流域。"三江"流域面积为 18819km²（其中安徽境内 17754km²，江苏境内 1065km²），青弋江西河镇以上、水阳江宣城以上为山区，流域面积分别为 5796km²、3410km²。下游"三江"水网区流域面积 9613km²，见图 4.3-34。

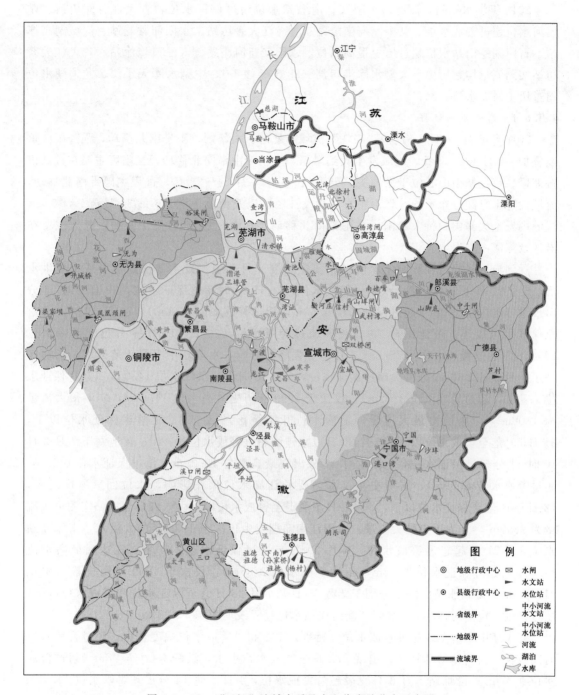

图 4.3-34　"三江"流域水系及水文代表站分布示意图

　　"三江"流域有 3 处入江出口，分别是漳河澛港（已建闸）、青弋江大砻坊、水阳江当涂，其中当涂站为"三江"流域主要入江控制站，常年径流量占"三江"总径流量的 8 成左右。流域内正在兴建青弋江分洪道工程和水阳江下游防洪治理工程，对原有河流水系有较大影响和改变。

2016 年洪水期间，漳河、水阳江、南漪湖水位超过保证水位，青弋江、郎川河、姑溪河水位超过警戒水位。其中漳河南陵站、青弋江大砻坊站、水阳江雁翅站、固城湖高淳站、石臼湖蛇山站水位超过历史最高水位，水阳江新河庄站、入江口当涂站、青弋江大砻坊站实测流量均超历史。大型水库港口湾（2001 年竣工），中型水库天子门、龙须湖水位超过历史最高水位。

4.3.6.1 暴雨洪水过程

2016 年 6 月 18 日入梅后，"三江"流域降暴雨、大暴雨，雨带南北摆动，强降雨区重复叠加。6 月 18—23 日，流域发生大到暴雨，主雨带由南向北移动，暴雨区主要在宣城市宣郎广一带，暴雨中心位于塘埂头、天子门一带；6 月 24—28 日，过程主雨带南北移动，流域内降水空间分布不均，暴雨中心在青弋江泾县以及南陵上游；6 月 30 日至 7 月 5 日，流域内发生大暴雨到特大暴雨，主雨带南北移动，其中 6 月 30 日至 7 月初，降雨主要在沿江及漳河一带发生。

受到流域暴雨过程影响，水阳江新河庄站继 6 月上中旬发生 3 次超过警戒水位洪水后，6 月 20 日下午水位第 4 次超过警戒水位，28 日 20 时超过保证水位，29 日 9 时 56 分出现洪峰水位 13.00m（超过保证水位 0.50m，超过警戒水位 2.00m），30 日 19 时 6 分落至保证水位以下；黄池站自 20 日夜间超过警戒水位，29 日 11 时 10 分出现洪峰水位 12.05m（超过警戒水位 0.75m）。7 月初受强降雨影响，水阳江中下段止落回涨，新河庄站于 7 月 2 日 1 时 36 分再次超过保证水位，5 日 23 时出现洪峰水位 14.02m（超过保证水位 1.52m，超过警戒水位 3.02m），仅次于 1999 年历史最高水位 14.64m，实测最大流量为 1800m³/s，为历史最大流量，随后水位开始缓落，18 日 11 时落至保证水位以下，31 日 6 时落至警戒水位以下，6 月 20 日以来连续超过警戒水位达 42d；黄池站于 7 月 3 日 10 时 11 分超过保证水位，6 日 1 时 11 分出现最高水位 13.39m（超过保证水位 0.76m，超过警戒水位 3.09m），居历史第 2 位，受长江高水位顶托影响，水位回落速度缓慢，12 日 14 时落至保证水位以下，8 月 9 日凌晨退至警戒水位以下。入江口当涂站实测最大流量为 2850m³/s，为历史最大流量。水阳江南漪湖发生仅次于 1999 年的大洪水，南姥嘴站水位 6 月 21 日起超过警戒水位，6 月 29 日起超过保证水位，7 月 6 日达到最高水位 14.52m（超过保证水位 1.52m，超过警戒水位 2.68m），仅次于 1999 年历史最高水位（14.97m）。随后水位缓降，分别于 7 月 19 日及 7 月 28 日退至保证水位和警戒水位以下，超过警戒水位历时达 38d。水阳江新河庄站水位过程线见图 4.3-35。

青弋江中下游全线超过警戒水位，特别是下游超过警戒水位幅度较大，超过警戒水位时间较长。西河镇站 7 月 3 日出现 27h 超过警戒水位洪水，洪峰水位 15.98m（超过警戒水位 0.98m）；湾址站 7 月 3 日凌晨超过警戒水位，4 日 5 时 14 分出现洪峰水位 14.01m（超过警戒水位 1.41m），受水库泄洪影响，退水时间较长，于 12 日下午退至警戒水位以下；大砻坊站 7 月 1 日夜间超过警戒水位，5 日 15 时 42 分出现最高水位 12.95m（超过历史最高水位 0.21m，超过警戒水位 1.75m），超过 1999 年历史最高水位，受长江顶托影响回落缓慢，于 7 月 27 日晚退至警戒水位以下。入江口大砻坊站实测最大流量为 1210m³/s，为历史最大流量。青弋江西河镇站水位过程线见图 4.3-36。

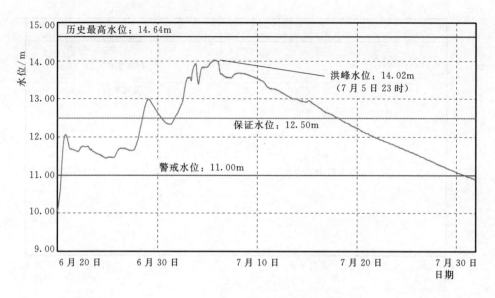

图 4.3-35 水阳江新河庄站水位过程线

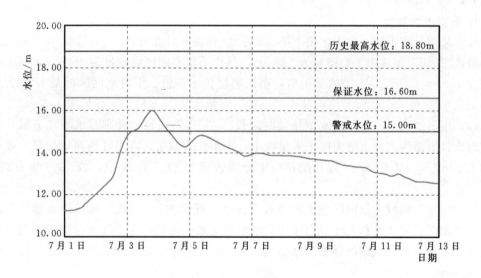

图 4.3-36 青弋江西河镇站水位过程线

漳河继 6 月底发生超过保证水位洪水后，7 月初再次超过保证水位。南陵站于 7 月 2 日下午超过警戒水位，3 日 9 时 30 分出现洪峰水位 17.22m（超过历史最高水位 0.01m，超过保证水位 1.10m，超过警戒水位 1.40m），4 日白天退至警戒水位以下；三埠管站 7 月 2 日超过警戒水位，最高水位为 13.70m（超过保证水位 0.70m，超过警戒水位 1.70m），受下游水系顶托影响，退水时间较长，7 月 21 日完全退出警戒水位。漳河南陵站水位过程线见图 4.3-37。

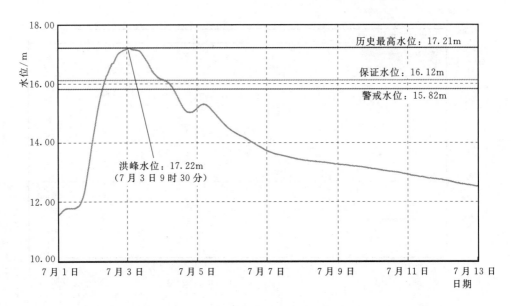

图 4.3 - 37　漳河南陵站水位过程线

4.3.6.2　暴雨洪水分析

1. 暴雨洪水特征

（1）暴雨分布不均，主雨区偏下游。6月30日至7月5日，"三江"流域主暴雨区位于下游，"三江"流域面平均雨量为277mm，其中下游水网区面雨量为387mm，而上游区域仅为182mm，下游是上游的2.1倍，雨区明显位于下游。下游水网区域最大1d、最大3d、最大7d、最大15d面平均雨量比"三江"雨量大33%～61%。详见图4.3-38。

（2）中下游洪水突出，高水位持续时间长。"三江"流域（特别是水阳江流域）此次洪水组成以下游为主，上游山区来水量较小，水阳江宣城站、青弋江西河镇站最大流量分别为1500m³/s、3100m³/s，在历史排位中分别居第46位、第27位，较1999年分别小7成、5成。

受"三江"流域主暴雨区偏下游及长江洪水顶托影响，"三江"流域洪水越往下游越严重，水阳江新河庄站和入江口当涂站均出现历史最大流量；青弋江下游湾址站超过警戒水位1.41m，入江口大砻坊站最高水位为12.95m（超过历史最高水位0.21m，超过警戒水位1.75m）。

同时，"三江"流域中下游高水位持续时间长，水阳江新河庄站连续超过警戒水位达42d，下游水阳站超过警戒水位达48d。青弋江更是明显，愈往下游超过警戒水位幅度越大，超过警戒水位时间越长。中游西河镇站超过警戒水位27h，下游湾址站超过警戒水位10d，入江口大砻坊站超过警戒水位27d。

2. 历史洪水对比

1954年以来"三江"流域最大洪水为1999年洪水。下面从雨水情两方面将2016年洪水和1999年洪水进行对比分析。

（1）雨量对比。"三江"流域最大1d、最大3d、最大7d、最大15d、最大30d流域面

184

平均雨量与 1999 年比较，2016 年最大 1d、最大 3d 雨量与 1999 年接近，最大 7d、最大 15d 雨量小于 1999 年，可以评价 2016 年流域总体降雨小于 1999 年。但是下游水网区 2016 年各时段最大雨量比较均大于 1999 年。详见图 4.3-38。

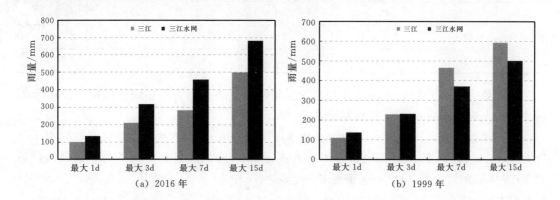

图 4.3-38　1999 年及 2016 年"三江"流域与其下游水网区特征时段雨量对比

（2）洪水对比。"三江"流域 2009 年受台风影响也发生较大洪水，2016 年与 1999 年、2009 年洪水相比（见图 4.3-39 和表 4.3-7），1999 年、2016 年总体较为相似，梅雨期均历时长、降水多，且长江水位高，多处堤圩溃破、漫破，超警历时长，新河庄站最高水位出现在 7 月，主要是受梅雨期连续强降水影响，而 2009 年主要是短时强降水，堤圩未发生险情，最高水位受台风雨影响出现在 8 月。

2016 年新河庄站水位退水明显较 1999 年快，一方面是由于水阳江下游工程治理的顺利实施，拓宽了河道，有利于洪水的宣泄；另一方面也是由于 2016 年新河庄上游来水量较 1999 年小。

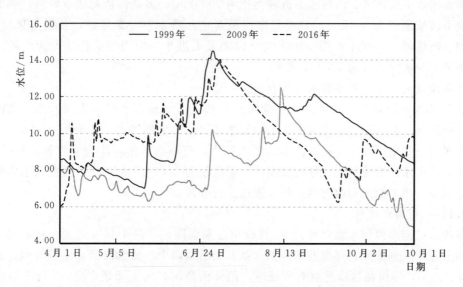

图 4.3-39　1999 年、2009 年及 2016 年新河庄 4—10 月水位过程对比

年份	最 高 水 位		最 大 流 量		长江芜湖站相应水位/m
	数值/m	出现日期	数值/（m³/s）	出现日期	
2016	14.02	7 月 5 日	1800	7 月 4 日	12.15
1999	14.64	7 月 1 日	1550	6 月 28 日	11.42
2009	12.96	8 月 11 日	1710	8 月 11 日	9.28

　　根据新河庄站 1971—2016 年年最大流量排频分析成果，查算相应重现期。2016 年新河庄站最大流量 1800m³/s，重现期超过 20 年。

　　从当涂站来看，2016 年最大 1d、最大 3d、最大 7d、最大 15d 洪量分别为 2.44 亿 m³、7.21 亿 m³、16.30 亿 m³、31.64 亿 m³，均大于 1998 年洪水和 1999 年洪水。各时段洪量比 1998 年偏多约 1 倍，比 1999 年偏多约 2 成。

4.3.6.3　小结

　　2016 年"三江"流域中水阳江、漳河水系发生了 1999 年以来最大洪水，特别是"三江"水网区，主要控制站的水位、流量、水量均大于 1999 年洪水。水阳江控制站新河庄站、入江口当涂站，青弋江入江口大砻坊站均实测到历史最大流量，流域内共有 11 个主要站点最高水位居历史第 1 位或第 2 位。由于同时遭遇长江干流洪水顶托影响，流域中下游各条河道支汊均长时间处于高水位，多处圩垸溃破，中下游地区受灾较重。

4.3.7　巢湖流域

　　巢湖流域面积为 13486km²。其中巢湖闸以上流域面积为 9153km²，环巢湖主要有杭埠河、派河、南淝河、白石天河、兆河、炯炀河、柘皋河等诸多中小河流呈向心状注入巢湖；巢湖闸以下裕溪河、西河水系流域面积为 3929km²，多条河流构成水网区；另有牛屯河分洪道流域面积为 404km²。目前巢湖流域对长江排水有 3 条通道，分别是凤凰颈闸、裕溪闸、新桥闸。（1954 年为新中国成立以来最大洪水，但当年受长江无为大堤溃决影响，本节在分析中不考虑 1954 年洪水。）

　　巢湖流域河流水系及主要水文代表站分布见图 4.3－40。

　　2016 年巢湖流域发生特大洪水，湖区水位接近历史最高水位，支流西河、兆河、永安河、裕溪河、牛屯河、杭埠河、丰乐河发生超保证水位的洪水，其中西河、永安河、兆河、裕溪河、牛屯河发生超历史洪水。洪水期间，流域内各闸站均全力向长江抢排洪水，同时为分蓄洪水，启用了东大圩行蓄洪区，蓄洪量为 2.61 亿 m³。本节主要以忠庙站和缺口站分别作为巢湖湖区和西河洪水的代表站进行分析。

4.3.7.1　暴雨洪水过程

　　巢湖流域南部西河水系自 6 月 30 日夜里迎来强降雨，降雨强度很大，发展迅速，暴雨范围迅速扩大到流域北部巢湖闸以上水系，随后暴雨中心持续滞留在流域境内。自 7 月 3 日晚上开始，降雨强度较之前有所减弱，但降雨范围扩大至流域全境。7 月 5 日白天流域降雨减弱明显，部分地区降雨渐止，至 7 月 6 日本轮强降雨基本结束。

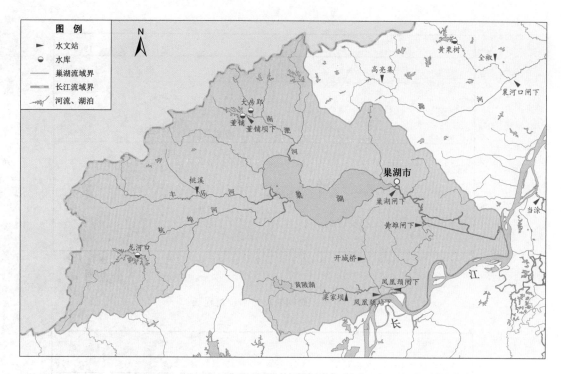

图 4.3 - 40　巢湖流域河流水系及主要水文代表站分布示意图

1. 西河洪水

受 6 月 27—28 日强降雨影响，西河控制站缺口站水位于 28 日快速涨至警戒水位
10.50m，当日晚间出现第一次洪峰水位 11.38m，随后水位回落。退水过程中，受 6 月 30
日夜间强降雨影响，缺口站水位于 7 月 1 日 2 时 30 分开始回涨，18 时 6 分超过保证水位
（11.90m），7 月 1 日 23 时 18 分缺口站水位涨至 12.51m，23 时 20 分东大圩行蓄洪区开闸
蓄洪，西河水位止涨回落至 12.41m。受后续降雨影响，西河水位再度上涨，2 日 20 时缺
口站出现洪峰水位 12.65m（超过保证水位 0.75m，超过警戒水位 2.15m），列 1954 年以
来第 1 位（历史最高水位为 12.49m，1999 年和 2003 年），实测最大流量为 467m³/s。此
后西河缺口站水位长时间维持高水位运行，直至 7 月 6 日开始逐步缓落，7 月 22 日 1 时，
缺口站退至保证水位，超过保证水位时间长达 487h，8 月 10 日下午，退至警戒水位，超
过警戒水位历时 44d。西河缺口站水位过程线见图 4.3 - 41。

2. 巢湖湖区洪水

6 月 30 日至 7 月 6 日，巢湖流域受超强暴雨影响，巢湖水位于 6 月 30 日快速上涨，7
月 1 日 14 时 54 分巢湖湖区代表站忠庙站达警戒水位 10.50m，4 日 7 时 6 分达保证水位
12.00m，9 日 4 时 6 分达最高水位 12.77m（超过保证水位 0.77m，超过警戒水位
2.27m），蓄水总量达 54.09 亿 m³，涨水历时 200h，涨幅为 2.68m，列 1962 年以来有实
测资料第 2 位（历史最高水位为 12.80m，1991 年 7 月）。7 月 24 日 22 时 54 分落至保证水
位，超过保证水位历时 21d，8 月 16 日 16 时 48 分退至警戒水位，超过警戒水位历时达
47d。巢湖湖区忠庙站水位过程线见图 4.3 - 42。

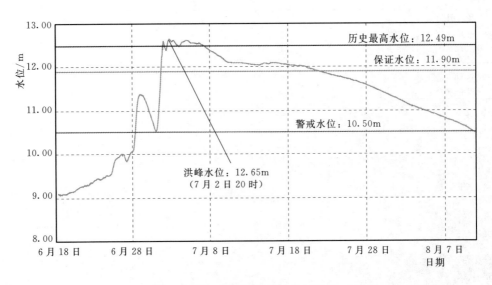

图 4.3-41　西河缺口站水位过程线

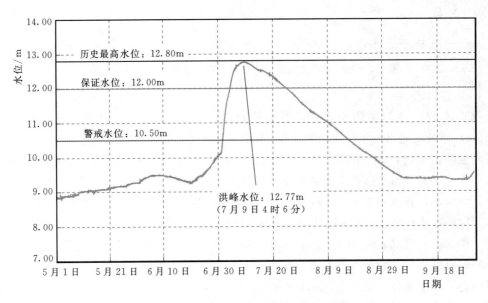

图 4.3-42　巢湖湖区忠庙站水位过程线

4.3.7.2　暴雨洪水分析

1. 暴雨洪水特征

（1）降雨南强北弱，强度大。本次降雨主要集中在流域南部，沿长江干流附近，特别是西河、兆河、杭埠河、裕溪河流域，最大 7d 累积面雨量为 317mm，流域北部为 100～300mm，流域南部达 300～600mm，南强北弱特征明显。

暴雨强度大，流域最大 1d 面雨量为 148mm，超过 1991 年，仅次于 1969 年，位居历史第 2 位；最大 7d 面雨量为 317mm，与历史大洪水 1991 年最大 7d 面雨量 336.9mm 相当。

（2）河湖水位高，高水位持续时间长。湖区忠庙站最高水位列历史第 2 位，西河、永安河、兆河、裕溪河、牛屯河控制站水位均超历史最高水位。环湖及西河水系各条河流在洪水过程前期流量较大，巢湖及西河水网区水位迅速上涨后受湖水顶托影响，各条河流后期流量急剧减少，大部分河流高水位期间出现低流量甚至负流量，如西河缺口站甚至在12.00m以上高水位出现0流量。洪水退水缓慢，整个流域高水位持续时间长，湖区水位超警历时长达47d，除丰乐河与南淝河以外，流域其他河流超警历时均在30d以上。

巢湖处于特殊的半封闭环境，本次洪水过程长江、内河、湖区水位并涨，长江干流水位高，洪水排泄不畅，以巢湖最大入江通道裕溪闸为例，自6月18日入梅至8月16日忠庙站退至警戒水位，60d排水总量为23.22亿m³，仅相当于长江水位较低的1991年同期排水总量44.19亿m³的一半左右。

2. 历史洪水对比

1954年以来巢湖流域最大洪水为1991年洪水，下面从雨水情两方面将2016年和1991年洪水进行对比分析。

(1) 雨量对比。本次洪水过程，巢湖流域最大1d面雨量为148mm，超过1991年，列历史第2位；最大7d面雨量为317mm，接近1991年（336.9mm）。与1991年相比，2016年降雨空间分布不均，南强北弱，降雨强度大，但持续时间比1991年短。

(2) 洪水对比。2016年西河缺口站最高水位为12.65m，列1954年有实测资料以来第1位，见表4.3-8，超保证水位历时长达22d，超过1991年的20d和1999年的6d；巢湖忠庙站最高水位为12.77m，列历史第2位，超保证水位历时22d，与1991年的23d相当。

经过反推计算，2016年最大1d、最大3d、最大7d、最大15d入湖水量分别为6.51亿m³、13.70亿m³、20.80亿m³、27.12亿m³，较1991年分别偏多1成、偏少2成、偏少2成、偏少4成，见表4.3-9。

表4.3-8　　　　　　　　　缺口站、忠庙站历史最高水位统计

排序	缺 口 站			忠 庙 站		
	年份	最高水位/m	出现日期	年份	最高水位/m	出现日期
1	1954	14.38	8月25日	1991	12.80	7月13日
2	2016	12.65	7月2日	2016	12.77	7月9日
3	2003	12.49	7月11日	1983	12.15	7月25日
4	1999	12.49	6月30日	1996	11.91	7月26日
5	1991	12.25	7月11日	1969	11.79	7月24日

表4.3-9　　　　　　　　　2016年巢湖入湖水量推算与1991年比较　　　　　　　单位：亿m³

年份	最大1d	最大3d	最大7d	最大15d
2016	6.51	13.70	20.80	27.12
1991	6.14	16.77	27.05	47.69

3. 洪水频率分析

丰乐河桃溪站为巢湖入湖河流唯一水文站，7月7日21时6分洪峰水位为17.80m，超过历史最高水位0.13m，洪峰流量为1080m³/s，重现期接近50年。

巢湖湖区忠庙站 7 月 7 日 4 时 6 分洪峰水位为 12.77m，超过保证水位 0.77m，列有资料以来第 2 位，洪水重现期为 50 年

4.3.7.3 小结

2016 年巢湖流域发生了仅次于 1991 年的大洪水。裕溪河、西河水系受主降雨区位于流域南部影响，所有控制站水位均列 1954 年以来历史第 1 位。巢湖闸以上水系，巢湖湖区代表站忠庙站最高水位仅低于 1991 年最高水位 0.03m，入湖支流丰乐河水位位列历史第 1 位。由于本次 2016 年洪水同时遭遇长江干流洪水，流域排洪能力减弱，造成流域内水网区水位、湖水位及入湖河流下游水位均长时间处于高水位，使得流域内受灾较重。

4.3.8 皖西南诸河及沿江湖泊群

长江流域安徽省境内，特别是在安庆和池州两市区域内，分布着多条独立并行、地理相似的河湖水系，本节将之统称为皖西南诸河及沿江湖泊群。

在长江 2016 年洪水发生的第二、第三阶段，上述河湖大多发生较大洪水，部分河流和湖泊超过历史最高水位，高水位持续时间普遍较长。本节选取洪水较为突出的华阳河湖泊群、尧渡河、秋浦河进行介绍和分析。各河湖水系的基本情况见表 4.3 - 10。水系及水文代表站分布见图 4.3 - 43。

表 4.3 - 10　　　　　　　　皖西南诸河及沿江湖泊群基本信息

序号	河湖名	控制站点及 2016 年洪水排位	流域面积/km²
1	华阳河湖泊群 二郎河	下仓埠站：5 田详嘴站：2 宿松站：1	5511（安徽 2958）
2	皖河 武昌湖	石牌站：3 武昌渡站：2	6442
3	破罡湖	破罡闸：—	346
4	菜子湖	车富岭站：1 枞阳闸：1	3686
5	白荡湖	高庙山站：1	775
6	横埠河水系	双河口闸：— 梳妆台闸：—	708
7	尧渡河	东至站：1	756
8	黄湓河 升金湖	雁塔站：1 黄湓闸：1	1548
9	秋浦河	高坦站：4 殷家汇站：1	3019
10	九华河	九华山站：—	533
11	大通河 青通河	丁桥站：— 青阳站：—	1233

注　破罡闸、双河口闸、梳妆台闸无历史资料，九华山站、丁桥站为新建站，青阳站受水利工程影响较大。

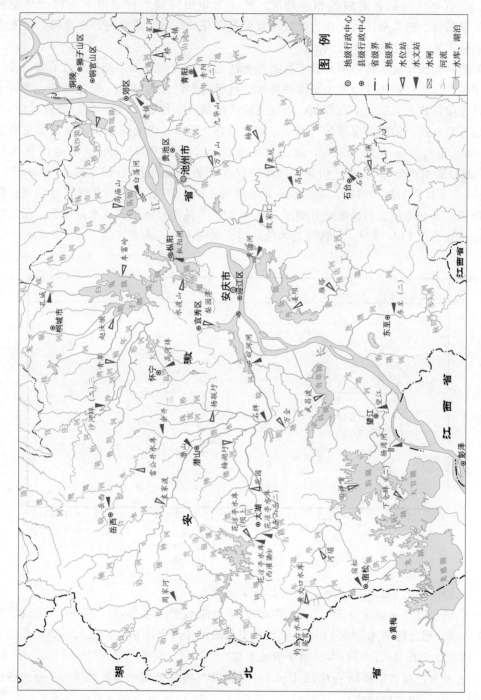

图 4.3－43 皖西南诸河及沿江湖泊湖群水系及水文代表站分布示意图

4.3.8.1 华阳河湖泊群

华阳河流域地跨湖北、安徽两省，流域面积为 5511km²，其中安徽省 2958km²，分为龙感湖、大官湖、黄湖和泊湖等相连湖区，统称为华阳河湖泊群（以下简称"华阳湖区"），于华阳闸、杨湾闸注入长江。流域内重要支流有二郎河、凉亭河、古角河，均发源于大别山脉南麓，自北向南注入湖泊。

华阳湖区受长江高水位影响，自 4 月起即无法通过杨湾闸、华阳闸向长江自排，至 8 月上、中旬才具备自排条件，其中杨湾闸外水位高于内水位长达 127d。受此影响，湖区水位从 4 月起始终快速上涨，下仓埠站、田详嘴站两控制站 6 月 20 日起均超过警戒水位，7 月中旬以后至 8 月上旬两站水位居高不下，均维持在 17.00m 以上高水位，最高水位分别为 17.09m（超过保证水位 0.12m，超过警戒水位 2.09m）和 17.19m（超过保证水位 0.22m，超过警戒水位 2.19m），田详嘴站水位仅次于历史最高水位（17.34m，1999 年 9 月）。至 8 月 6 日华阳闸开闸后，湖区水位开始缓落，8 月 15 日杨湾闸开闸以后，水位回落幅度加快。下仓埠站、田详嘴站分别于 9 月 11 日、9 月 7 日落至警戒水位以下，超过警戒水位历时分别达 84d、80d。田详嘴站水位过程线见图 4.3-44。

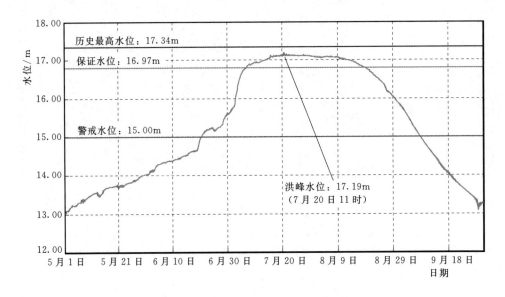

图 4.3-44　田详嘴站水位过程线

支流二郎河发生 3 次特大洪水，宿松县城受淹严重。

第一次洪水过程：宿松站于 6 月 19 日 6 时 42 分超过警戒水位，10 时 18 分出现洪峰水位 20.13m（超过警戒水位 2.13m），仅比历史最高水位（保证水位）低 0.01m，相应流量为 900m³/s，6 月 20 日 5 时 48 分落至警戒水位。

第二次洪水过程：宿松站 6 月 28 日 9 时 24 分再次超过警戒水位，15 时 12 分出现洪峰水位 18.86m（超过警戒水位 0.86m），6 月 29 日 0 时 30 分落至警戒水位以下。

第三次洪水过程：宿松站 7 月 2 日下午起超过警戒水位，随后快速上涨，3 日 2 时 48 分出现洪峰水位 20.63m（超过保证水位 0.49m，超过警戒水位 2.63m），列历史第 1，最大实测流量为 956m³/s，流量列历史第 2 位，7 月 5 日下午退至警戒水位以下，该次洪水过程中宿松站各时段洪量均列历史第 1 位。

4.3.8.2　秋浦河

秋浦河发源于祁门山脉的大洪岭，流域面积为 3019km²，其中山区占 80%。河道全长 145km，河床质为岩砾和淤沙。

受 7 月初强降雨及长江高水位顶托影响，秋浦河发生全流域大洪水。上游石台站（水位站）于 7 月 2 日下午开始水位迅猛上涨，3 日 16 时 6 分出现洪峰水位 51.95m，涨幅达 5.76m。流域控制站高坦站于 7 月 2 日晚间起涨，3 日上午超过警戒水位，下午超过保证水位，晚上 20 时 24 分出现洪峰水位 27.09m（超过保证水位 0.59m，超过警戒水位 3.59m），洪峰流量为 3100m³/s，水位居历史第 4 位，流量居历史第 3 位，随后水位逐渐回落，3 日夜间落至保证水位以下，4 日上午落至警戒水位以下。下游殷家汇站（水位站）7 月 2 日下午超过警戒水位，3 日下午超过保证水位，4 日 0 时 48 分出现洪峰水位 18.71m（超过保证水位 0.61m，超过警戒水位 3.21m），超过历史最高水位 0.32m，随后水位缓落，4 日中午落至保证水位以下，受后续降雨及长江高水位顶托影响，退水过程缓慢，至 23 日晚落至警戒水位以下，超过警戒水位时间长达 22d。殷家汇站洪水过程线见图 4.3-45。

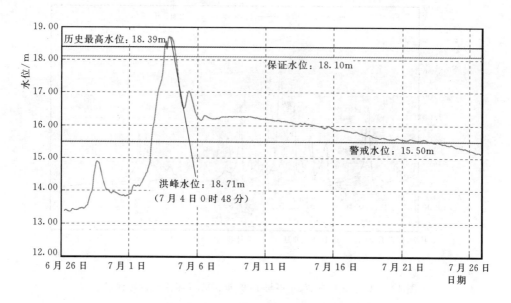

图 4.3-45　殷家汇站水位过程线

由于秋浦河只有高坦站为基本水文站，本次洪水频率计算采用高坦水文站流量成果。根据分析，2016 年高坦站洪水重现期接近 30 年。

秋浦河受河道采砂影响，测验江段河床逐年下降，同水位级流量增大，水位-流量关系线明显右移，见图 4.3-46。

高坦站 2016 年与 1998 年、1999 年水位过程线对比见图 4.3-47，可见，因受河床逐年下切影响，接近 20 年时间，水位明显偏低 2m 左右。

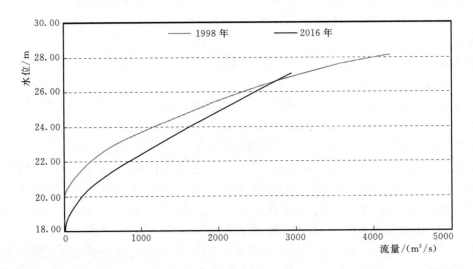

图 4.3 - 46　高坦站 1998 年、2016 年水位-流量关系线

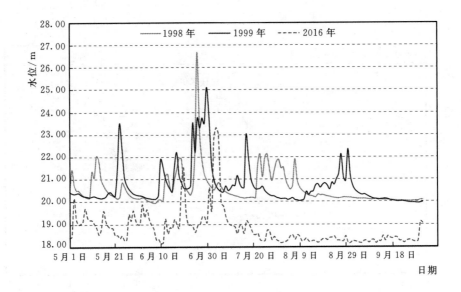

图 4.3 - 47　高坦站 2016 年与 1998 年、1999 年水位过程线对比

4.3.8.3　小结

皖西南沿江湖泊受区域暴雨、排水困难等影响，造成大范围内多个湖泊水位长时间居高不下，超过警戒水位时间均在 30d 以上，最长为华阳河湖泊群，超过警戒水位时间长达 84d。菜子湖、白荡湖、枫沙湖、升金湖最高水位均列历史第 1 位，武昌湖和华阳湖区列第 2 位。一级支流中，黄湓河、尧渡河最高水位和洪量均列历史第 1 位，秋浦河下游水位列历史第 1 位。自花凉亭大型水库建成后，皖河洪水得到有效控制，然而 2016 年皖河洪水出现 1983 年以来首次超过警戒水位，最高水位列历史第 3 位。二级支流中，二郎河水

— 194 —

位和洪量均列历史第 1 位，青通河、大沙河超过警戒水位，洪量位居历史前列。该区域水情综合评价，2016 年洪水位居历史第 2 位，仅次于 1954 年洪水。

4.3.9 秦淮河

秦淮河流域位于长江下游南岸，河长 51.9km（其中干流西北村至三汊河口长 34km），流域面积为 2728km²，其中山丘区面积为 1800km²，占 68%，其余为低洼圩区和河湖水面。秦淮河上游有溧水河、句容河两源，汇合处设有前埠村水文站，上游源短流急，调蓄能力小，洪水上涨快，洪峰次数多，下游江宁区设有东山水位站，通过秦淮新闸和武定门闸控制入长江，秦淮新闸是泄洪的主要出路。秦淮河流域水系及主要水文站、水闸分布见图 4.3-48。

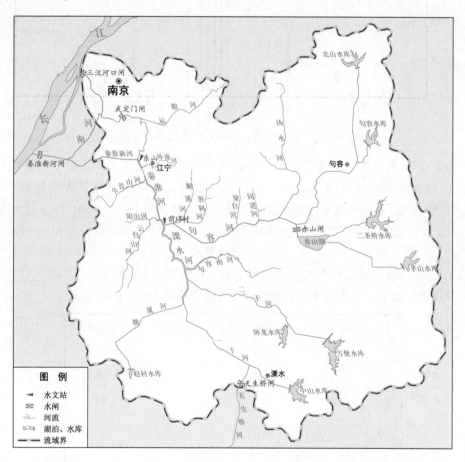

图 4.3-48　秦淮河流域水系及主要水文站、水闸分布示意图

4.3.9.1 暴雨洪水过程

6 月 20 日至 7 月 15 日，秦淮河流域共出现 5 次降雨过程，分别为：6 月 20—22 日、6 月 24 日、6 月 26—28 日、6 月 30 日至 7 月 6 日、7 月 13—15 日。其中，6 月 30 日至 7 月 6 日为最强降雨过程，过程累积面雨量为 400.6mm，为主要的致洪暴雨，单站最大累积降雨量为夏家边站 547.0mm，单站最大日降雨量为秦淮新河闸站 195.0mm（7 月 6

日）。秦淮河流域 2016 年 6—7 月逐日面降雨量见图 4.3-49。

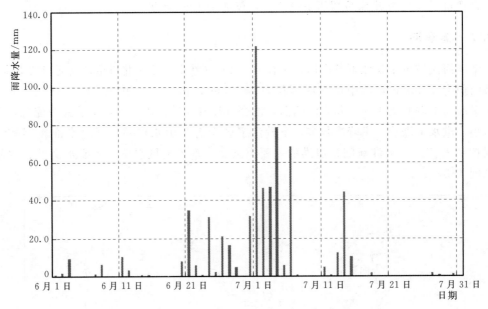

图 4.3-49　秦淮河流域 2016 年 6—7 月逐日面降雨量

受强降雨影响，7 月 1 日秦淮河水位开始暴涨，流量急速加大，上游干流前埠村水文站 2 日 10 时实测洪峰流量为 1200m³/s，超过历史最大流量（历史最大流量 1100m³/s，2015 年 6 月 28 日）；控制站东山站水位自 7 月 1 日 5 时开始上涨，17 时 45 分达到警戒水位 8.50m，5 日 5 时 50 分出现第一次洪峰水位 11.41m，超过历史最高水位 0.24m（历史最高水位为 11.17m，2015 年 6 月 27 日），超过警戒水位 2.91m，7 日 6 时 20 分出现第二次洪峰水位 11.44m，超过历史最高水位 0.27m，超过警戒水位 2.94m，8 月 1 日 17 时 20 分退至警戒水位以下。本次洪水过程持续 44d，超警历时 38d，见图 4.3-50。

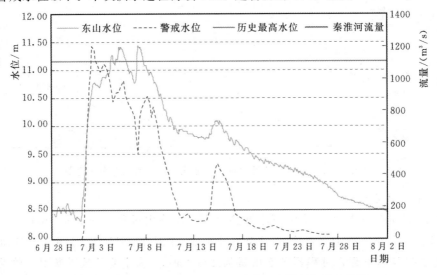

图 4.3-50　2016 年 6—8 月东山水位及秦淮河流量过程线

4.3.9.2 暴雨洪水分析

1. 暴雨洪水特征

(1) 时段累积雨量大。流域时段累积雨量大，出现超历史时段降雨量。最大 1d 面雨量为 121.8mm（7 月 1 日），列历史第 12 位；最大 3d 面雨量为 215.7mm（7 月 1—3 日），列历史第 6 位；最大 7d 面雨量为 400.6mm（6 月 30 至 7 月 6 日），列历史第 1 位，导致秦淮河发生超历史特大洪水。最大 15d 面雨量为 482.0mm（6 月 22 日至 7 月 6 日），略大于 2015 年的 470.6mm，小于 1991 年的 555.0mm。

(2) 洪峰水位高，高水位持续时间长。受流域强降雨和下游长江洪水顶托影响，东山站 4d 以内，洪峰水位两次超过历史最高水位，其中第二次洪峰水位为 11.44m，超过历史最高水位 0.27m，超过警戒水位 2.94m。同时，东山站水位超过历史最高水位 11.17m 累计历时 47h，超警历时 38d，高水位持续时间之长历史少见。

2. 与历史洪水对比

选取洪峰水位排位靠前的 2015 年和 1991 年为典型年，分别与 2016 年的雨量、洪水进行对比。

(1) 雨量对比。2016 年秦淮河流域最大 1d、最大 3d 降雨量小于 1991 年和 2015 年；最大 7d 降雨量为 400.6mm，大于典型年，列历史第 1 位；最大 15d 降雨量为 482.0mm，大于 2015 年，小于 1991 年。详见表 4.3-11。

表 4.3-11　　　　　　　　　2016 年秦淮河流域时段降雨量与典型年比较

年份	时段最大降雨量/mm			
	1d	3d	7d	15d
2016	121.8（7 月 1 日）	215.7（7 月 1—3 日）	400.6（6 月 30 至 7 月 6 日）	482.0（6 月 22 日至 7 月 6 日）
2015	142.6（6 月 16 日）	263.2（6 月 26—28 日）	315.6（6 月 24—30 日）	470.6（6 月 15—29 日）
1991	127.7（6 月 13 日）	274.7（6 月 11—13 日）	339.8（6 月 7—13 日）	555.0（6 月 28 日至 7 月 12 日）

(2) 洪水对比。2016 年秦淮河洪水过程属于 1 次双峰洪水过程，而 1991 年和 2015 年均为 3 次单峰洪水过程。2016 年秦淮河上游前埠村站最大流量为 1200m³/s，超过 1991 年的 982m³/s 和 2015 年的 1100m³/s；控制站东山站洪峰水位为 11.44m，高于 1991 年的 10.74m 和 2015 年的 11.17m，2016 年与 1991 年、2015 年水位过程线对比见图 4.3-51。

下游武定门闸和秦淮新河闸合成最大日平均泄洪流量为 1342m³/s，大于 1991 年的 1280m³/s，小于 2015 年的 1456m³/s，见表 4.3-12。统计秦淮河 2016 年最大 3d 洪量 3.41 亿 m³ 和最大 7d 洪量 7.58 亿 m³，均超过 1991 年和 2015 年。

表 4.3-12　　　　　　　　控制站 2016 年与 1991 年、2015 年洪水特征值比较

年份	前埠村（秦）		东　　山		下　游　两　闸	
	洪峰流量/（m³/s）	出现日期	最高水位/m	出现日期	日平均流量/（m³/s）	出现日期
2016	1200	7 月 2 日	11.44	7 月 7 日	1342	7 月 5 日
2015	1100	6 月 28 日	11.17	6 月 28 日	1456	6 月 28 日
1991	982	7 月 4 日	10.74	7 月 11 日	1280	6 月 14 日

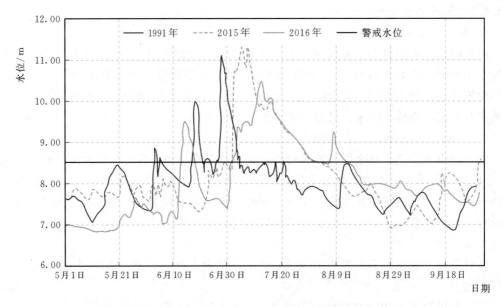

图 4.3-51　东山站 2016 年与 1991 年、2015 年水位过程线对比

3. 洪水重现期分析

　　根据 1950—2016 年东山站历年最高水位频率分析结果和《南京城市防洪规划报告（2013—2030 年）》成果，2016 年东山站最高水位为 11.44m，洪水重现期超过 50 年。

4.3.9.3　小结

　　2016 年秦淮河发生超历史特大洪水。受流域强降雨影响，东山站 4d 以内洪峰水位两次超过历史最高水位，其中第二次洪峰水位为 11.44m，超过历史最高水位 0.27m，超过警戒水位 2.94m。同时，东山站水位超过历史最高水位（11.17m）累计历时 47h，超警历时 38d。根据洪水重现期分析，秦淮河东山站 2016 年最高水位重现期超过 50 年，属特大洪水。

4.4　洪水特点及高水位成因

　　2016 年长江洪水中下游干流各时段洪量总体均不到 10 年一遇，但监利以下水位持续偏高，出现洪量偏小而水位偏高的现象。其洪水特点及高水成因分析归纳如下。

　　（1）中下游干流洪量不大、水位偏高，高水位持续时间长。7 月 1 日和 3 日，长江第 1 号洪水和第 2 号洪水先后在长江上游和中下游形成。干流监利以下江段全线超警，各主要站洪峰水位居有历史记录以来的第 3～7 位。其中，莲花塘站 7 日 23 时出现洪峰水位 34.29m，接近保证水位（34.40m），其余各主要控制站洪峰水位超警幅度为 0.51～1.79m，大通以下江段洪峰水位超过 1999 年，为 1998 年以来最高；中下游干流主要控制站超警时间为 8～29d，其中黄石以下江段水位超警时间均在 20d 以上，九江、南京站水位超警戒水位近 1 个月，超警范围、超警持续时间均列 1998 年以来首位。

　　（2）多支流发生洪水，洪峰量级大。3—7 月，长江流域 155 条河流 245 站发生超警戒水位及以上的洪水，其中 24 条河流 29 站发生超保证水位的洪水，31 条河流 35 站发生超历史记录的洪水，清江、资水、鄂东北诸河、修水、饶河、巢湖水系、水阳江及下游平原地区先后发生特大洪水，暴雨洪水遭遇恶劣。其中，清江水布垭水库入库洪峰流量为 13100m³/s，资水柘溪水库入库流量为 20400m³/s，鄂东北的府澴河卧龙潭站洪峰流量为 9300m³/s，上述支流洪水重现期达 100 年以上，巢湖、水阳江等水系亦发生超历史记录的大洪水。鄂东北的滠水长轩岭站、倒水李家集站、举水柳子港站、府澴河卧龙潭站以及澴水孝感站发生 1～3 次超警戒水位和超历史记录的洪水，7 月 2 日 2 时，鄂东北诸支流合成流量为 25000m³/s，超历史记录。湖北梁子湖 7 月 7 日 22 时出现自 1958 年有水文观测记录以来的最高水位 21.44m，7 月 12 日 1 时再创历史新高，达到 21.49m。

（3）暴雨洪水遭遇恶劣，中下游洪水并发。梅雨期长江中下游干流附近雨量较历史同期偏多 1 倍以上，位居 1951 年以来第 3 位，发生的 6 次暴雨过程的中心雨区均位于长江中下游干流附近，降雨集中且雨带稳定，暴雨间歇时间大多在 1d 左右。受其影响，鄂东北诸河、汉北河、青弋江、水阳江等区间支流暴发多次大洪水或特大洪水，暴雨与洪水连续遭遇，河道水位节节攀升。

6 月底至 7 月上旬，受连续强降雨影响，中游鄂东北诸河（滠水长轩岭、倒水李家集、举水柳子港站）与下游主要支流（青弋江、水阳江、滁河、巢湖、滁河、秦淮河等水系）几乎同时暴发超保证水位或超历史记录的洪水，中游及下游地区支流洪水集中并发，导致中游洪水与下游洪水严重遭遇，中下游干流主要控制站水位同步快速上涨并维持在较高值。下游干流南京站率先超过警戒水位，下游江段水位偏高，下游洪水还来不及宣泄，又与区间洪水恶劣遭遇，导致长江中下游的江槽洪水壅塞，来水反复叠加，洪水宣泄不畅，形成中下游水位居高不下、超警戒水位时间持续近 1 个月的现象。南京站 5 日率先出现 9.96m 的洪峰水位，位居历史最高水位第 4 位。

（4）区间来水异常突出。2016 年长江流域梅雨期的暴雨呈现出暴雨强度大、过程多且雨带长时间稳定于长江中下游干流附近的显著特征。受之影响，长江中下游干流附近的区间来水峰高量大，异常突出。

从螺山、汉口、大通及洞庭湖、鄱阳湖总入流最大 7～60d 的洪量组成及对比来看，区间来水的占比明显偏大，且越往下游越严重，统计时段越短越突出。区间来水占比排位明显上升，如大通总入流（实测）洪量组成中，汉口—大通区间面积占比为 4.7%，2016 年最大 7d 洪量占比高达 30%，较面积占比大 6 倍多；典型年最大 7d 洪量占比最高为 1996 年的 5.7%，2016 年较典型年偏大 5 倍多；期间鄂东北诸支流最大合成流量高达 25000m³/s，超历史记录。

（5）下游顶托严重，洪水宣泄不畅。受连续强降雨影响，长江中游鄂东北诸河的滠水长轩岭、倒水李家集、举水柳子港站发生超历史记录洪水，7 月 2 日，鄂东北诸支流合成流量超历史记录。受其顶托影响，汉口站水位最大 24h 涨幅为 1.39m，创历史记录。汉口站出现洪峰水位时，螺山与汉口站水位落差为 4.94m，较 1996 年偏小 0.57m，水面比降偏小，流速趋缓，水位-流量关系明显左偏。

长江下游主要支流（青弋江、水阳江、滁河、巢湖水系等）自 6 月底起逐步上涨，各支流主要控制站水位相继超警，并在 7 月上旬出现洪峰，其中部分站点发生超保证水位或超历史记录的洪水。上述支流来水量级较大、历时长、洪水发生时间集中，受其顶托及干流来水双重影响，长江下游干流南京、大通站分别于 7 月 2 日、3 日超过警戒水位，在长江中下游干流南京以上江段及"两湖"出口控制站超警起始时间中分别列第 1 位和第 2

位。九江站出现洪峰水位时，汉口与九江站水位落差为 6.47m，较 1996 年（落差 6.81m）偏小 0.34m；大通站出现洪峰水位时，汉口与大通站水位落差为 12.58m，较 1996 年（落差 13.11m）偏小 0.53m，水面比降均偏小，河道宣泄不畅，水位被迫抬升。

（6）人类活动影响明显。随着经济社会快速发展，人类活动对流域的产汇流特性带来显著影响。近年来，我国的城市化快速推进，城市化进程一般伴随着下垫面的急剧变化，导致地表地形起伏性、热力动力传导性、水力渗透性等性质的变化，对降水、蒸散发和径流等一系列水文气象要素产生复杂影响。此外，湖泊、洲滩民垸等分蓄能力的减弱，沿江排涝能力（特别是城市）逐步提高，雨洪渍水快速排入长江，一定程度上对干流水位和防洪形势带来影响。

第5章 水库拦蓄分析

水库是重要的防洪工程措施，利用水库拦洪、削峰、错峰，对洪水进行有效调蓄控制，对减免洪水灾害，起着十分重要的作用。本章主要根据纳入2016年联合调度范围的或发挥明显防洪作用的主要水库运行资料，对水库的蓄量变化、拦蓄过程、防洪作用进行分析。

5.1 水库群基本情况

长江流域干流及主要支流上均建有控制性水库，其中，纳入2016年联合调度范围的或发挥明显防洪作用的主要水库共37座，总防洪库容约550亿 m³；纳入《2016年度长江上游水库群联合调度方案》调度范围的水库有21座，防洪库容合计约360亿 m³，占总防洪库容的2/3。主要水库概况及分布见表5.1-1和图5.1-1。

表5.1-1　　　　　　　　　　　长江流域主要水库特征值

水系	水库名称	特征水位/m					库容/亿 m³	
		死水位	汛限水位	正常水位	设计水位	校核水位	总库容	防洪库容
金沙江中游	梨园	1605	1605	1618	1618	1623.21	8.05	1.73
	阿海	1492	1493.3	1504	1504	1507.48	8.85	2.15
	金安桥	1398	1410	1418	1418	1421.07	9.13	1.58
	龙开口	1290	1289	1298	1298	1301.3	5.58	1.26
	鲁地拉	1216	1212	1223	1223	1225.88	17.18	5.64
	观音岩	1122	1122.3/1128.8	1134	1134	1137.37	22.5	5.42/2.53
	小计						71.29	17.78/14.89
	占比/%						3.91	3.23
雅砻江	锦屏一级	1800	1859	1880	1880.54	1882.6	77.65	16
	二滩	1155	1190	1200	1200	1203.5	58	9
	小计						135.65	25
	占比/%						7.44	4.54
金沙江下游	溪洛渡	540	560	600	600.63	608.9	126.7	46.51
	向家坝	370	370	380	380	381.86	51.63	9.03
	小计						178.33	55.54
	占比/%						9.78	10.08

水系	水库名称	特征水位/m					库容/亿 m³	
		死水位	汛限水位	正常水位	设计水位	校核水位	总库容	防洪库容
岷江	紫坪铺	817	850	877	871.2	883.1	11.12	1.67
	瀑布沟	790	836.2/841	850	850.24	853.78	53.32	11/7.3
	小计						64.44	12.67/8.97
	占比/%						3.53	2.30
嘉陵江	碧口	685	697/695	704	704	708.8	2.17	0.83/1.03
	宝珠寺	558	583	588	588.3	591.8	25.5	2.8
	亭子口	438	447	458	461.3	463.07	40.67	14.4
	草街	202	200	203	217.56	220.81	22.18	1.99
	小计						90.52	20.22/22.52
	占比/%						4.96	3.67
乌江	构皮滩	590	626.24/628.12	630	632.89	638.36	64.54	4.0/2.0
	思林	431	435	440	445.15	449.45	15.93	1.84
	沙沱	353.5	357	365	366.73	369.65	9.21	2.09
	彭水	278	287	293	294.91	298.85	14.65	2.32
	小计						104.33	10.25/8.25
	占比/%						5.72	1.86
长江	三峡	145	145	175	175	180.4	450.7	221.5
	占比/%						24.72	40.22
清江	水布垭	350	391.8	400	402.25	404.01	45.8	5
	隔河岩	160	193.6	200	203.13	204.4	34.31	5
	高坝洲	78	—	80	78.3	82.76	4.89	—
	小计						85	10
	占比/%						4.66	1.82
洞庭湖	江垭	188	210.6	236	239.1	242.7	17.41	7.4
	皂市	112	125	140	143.5	144.56	14.4	7.83
	凤滩	170	198.5	205	209.56	211.44	17.3	2.77
	五强溪	90	98	108	111.14	114.53	43.5	13.6
	柘溪	144	162	169	171.19	172.71	38.8	10.6
	小计						131.41	42.2
	占比/%						7.21	7.66

水系	水库名称	特征水位/m					库容/亿 m³	
		死水位	汛限水位	正常水位	设计水位	校核水位	总库容	防洪库容
汉江	石泉	395	405	410	410.29	413.5	4.7	1.2
	安康	305	325	330	333.1	337.05	32.04	3.6
	潘口	330	347.6	355	357.14	360.82	23.53	4
	黄龙滩	226	—	247	252.1	253.9	12.28	
	丹江口	150	160/163.5	170	172.2	174.35	339.1	110
	小计						411.65	118.8
	占比/%						22.58	21.57
鄱阳湖	万安	85	88/96	100	100	100.7	17.27	11.48
	廖坊	61	61/62	65	67.97	68.44	3.64	1.14
	柘林	50	63.5	65	70.13	73.01	79.2	4.2
	小计						100.11	16.82
	占比/%						5.49	3.05
总计							1823.43	550.78

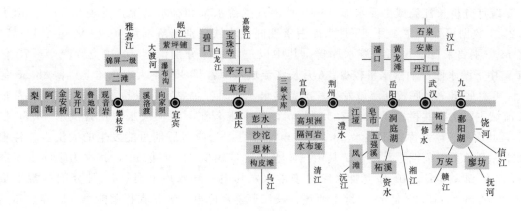

图 5.1-1 长江流域主要水库分布图

金沙江中游、雅砻江梯级水库分别预留防洪库容 17.78 亿 m³、25 亿 m³，防洪任务为配合三峡水库承担长江中下游防洪任务，必要时配合金沙江下游梯级水库减轻川渝江段防洪压力，观音岩水库还承担攀枝花市的防洪任务；金沙江下游梯级水库预留防洪库容 55.54 亿 m³，防洪任务为承担川渝江段防洪和配合三峡水库承担长江中下游防洪任务。

岷江紫坪铺水库预留防洪库容 1.67 亿 m³，承担水库下游防洪任务并提高金马江段的防洪能力，必要时，适度分担川渝江段防洪任务和配合三峡水库分担长江中下游地区防洪任务；瀑布沟水库预留防洪库容 11 亿~7.27 亿 m³，承担其下游成昆铁路、沿河城镇和重要河心洲的防洪任务，承担川渝江段防洪和配合三峡水库承担长江中下游防洪任务。

嘉陵江水库群预留防洪库容 20.22 亿 m³，承担本流域重要城镇防洪任务，配合三峡水库承担长江中下游防洪任务。乌江中下游梯级水库预留防洪库容 10.25 亿 m³，承担本流域重要城镇防洪任务，并配合三峡水库承担长江中下游防洪任务。

三峡水库预留防洪库容 221.5 亿 m³，防洪任务是对长江上游洪水进行调控，使荆江江段防洪标准达到 100 年一遇，遇 100～1000 年一遇洪水，包括 1870 年型大洪水时，控制枝城站流量不大于 80000m³/s，配合蓄滞洪区的运用，保证荆江江段行洪安全，避免两岸干堤漫溃发生毁灭性灾害，根据城陵矶附近地区防洪要求，考虑长江上游来水情况和水文气象预报，适度调控洪水，减少城陵矶附近地区分蓄洪量。

长江中下游主要水库防洪库容约 190 亿 m³，其中清江梯级水库预留防洪库容 10 亿 m³，承担本流域下游重要城乡的防洪任务，配合三峡水库承担长江中下游防洪任务；洞庭湖水系主要水库预留防洪库容 42.2 亿 m³，承担水库下游沿江城镇的防洪任务，并减轻下游尾闾地区和湖区防洪压力；汉江上游水库群预留防洪库容 118.8 亿 m³，承担水库下游沿江城镇的防洪任务，与汉江中下游堤防、蓄滞洪区、民垸等联合运用，满足汉江中下游防洪要求，必要时分担长江中下游防洪压力；鄱阳湖水系主要水库预留防洪库容 16.82 亿 m³，承担水库下游沿江城镇及湖区的防洪任务，配合减轻长江干流防洪压力[40-45]。

5.2 水库群蓄量变化

统计分析长江流域主要水库 4—10 月逐月拦蓄水量和补水情况，见表 5.2-1。由表 5.2-1 数据可知，在 4 月、5 月水库消落期间，流域分别消落水量 60.79 亿 m³、141.70 亿 m³，主要来自于长江上游水库群，其中以三峡水库分别消落 53.49 亿 m³、76.79 亿 m³，中下游水库群消落水量较少；6 月长江流域水库蓄量变化不大，总体上拦蓄 38.58 亿 m³；6 月底至 7 月底长江流域发生三次大洪水，期间各主要水库以拦蓄洪水为主，7 月长江流域主要水库共拦蓄洪水 162.35 亿 m³，其中雅砻江下游梯级水库拦蓄洪水 46.66 亿 m³，其次为三峡水库拦蓄洪水 28.28 亿 m³；8 月，为应对后期可能发生的大洪水，各主要水库开始下泄前期拦蓄洪水，其中三峡水库蓄量减少 31.06 亿 m³，其次为岷江水库群 11.43 亿 m³；9 月、10 月主要水库逐步蓄水，其中三峡水库 9 月、10 月分别拦蓄水量 95.09 亿 m³、115.23 亿 m³。综上所述，长江上游水库群不管是在拦蓄能力（库容）和实际拦蓄水量上都占据主导地位。

表 5.2-1　　　　2016 年汛期长江流域主要水库拦蓄水量和补水情况统计　　　　单位：亿 m³

水系	水库	4 月	5 月	6 月	7 月	8 月	9 月	10 月	4—10 月
金沙江中游	梨园	0.64	−0.34	−1.01	0.88	0.52	0.06	−0.13	0.62
	阿海	1.8	−0.71	−1.06	1.12	0.7	0.03	0.12	2.00
	金安桥	0.3	−0.07	−0.54	0.52	0.51	0.07	−0.06	0.73
	龙开口	0.11	0.22	−0.78	0.58	0.26	−0.02	0.03	0.4
	鲁地拉	2.81	−2.32	−1.78	2.07	1.24	0.92	−0.33	2.61
	观音岩	−0.08	2.8	−2.32	1.21	−3.22	4.06	1.12	3.57

— 204 —

水系	水库	4 月	5 月	6 月	7 月	8 月	9 月	10 月	4—10 月
金沙江中游	小计	5.58	−0.42	−7.49	6.38	0.01	5.12	0.75	9.93
雅砻江	锦屏一级	3.16	−10.76	2.01	30.81	−7.18	17.03	0.76	35.83
	二滩	−9.95	8.06	1.27	15.85	4.68	−0.2	0.29	20
	小计	−6.79	−2.7	3.28	46.66	−2.5	16.83	1.05	55.83
金沙江下游	溪洛渡	−19.89	−6.89	8.95	13.9	−8.17	35.41	−4.37	18.94
	向家坝	0.26	−2.06	−4.05	0.6	−0.86	6.39	−4.64	−4.36
	小计	−19.63	−8.95	4.9	14.5	−9.03	41.8	−9.01	14.58
岷江	紫坪铺	−0.39	−0.2	−0.44	1.99	−2.6	5.02	1.67	5.05
	瀑布沟	3.58	−4.67	0.12	18.8	−8.83	20.31	0.86	30.17
	小计	3.19	−4.87	−0.32	20.79	−11.43	25.33	2.53	35.22
嘉陵江	碧口	−0.69	−0.15	−0.09	−0.13	0.03	0.51	0.48	−0.04
	宝珠寺	−0.2	−1.2	−1.53	5.09	−3.52	4.04	5.97	8.65
	亭子口	−0.13	−1.88	−1.34	6.4	−3.38	−0.7	1.02	0.01
	草街	−0.29	−0.56	−0.23	0.98	−0.37	0.44	0.17	0.14
	小计	−1.31	−3.79	−3.19	12.34	−7.24	4.29	7.64	8.76
乌江	构皮滩	−1.55	−7.24	5.42	7.62	−7.75	−0.95	−1.51	−5.96
	思林	1.39	−0.51	−0.39	−0.06	0.63	1.25	−2.12	0.19
	沙沱	−2	0.27	−0.31	−0.12	1.11	1.08	−0.13	−0.10
	彭水	1.55	−2.65	1.67	−0.38	−0.17	2.14	0.24	2.40
	小计	−0.61	−10.13	6.39	7.06	−6.18	3.52	−3.52	−3.47
长江	三峡	−53.49	−76.79	−0.46	28.28	−31.06	95.09	115.23	76.8
清江	水布垭	2.26	−4.67	4.88	1.55	−3.91	−0.58	1.90	1.43
	隔河岩	−2.73	−0.43	1.13	1.86	−1.45	−0.04	−0.56	−2.22
	高坝洲	−0.19	−0.18	0.62	−0.14	−0.04	−0.53	0.54	0.08
	小计	−0.66	−5.27	6.64	3.26	−5.39	−1.16	1.88	−0.71
洞庭湖	江垭	2.41	−4.42	0.74	2.72	−0.89	−2.15	−0.25	−1.84
	皂市	1.43	−4.18	2.41	0.90	0.85	−1.17	−0.04	0.20
	凤滩	1.53	−3.93	3.05	−1.45	−0.28	0.39	2.84	2.15
	五强溪	−4.65	−6.1	−4.07	8.16	−0.07	−0.71	1.29	−6.15

水系	水库	4 月	5 月	6 月	7 月	8 月	9 月	10 月	4—10 月
洞庭湖	柘溪	11.57	−9.4	2.79	−1.99	7.18	0.46	−0.08	10.53
	小计	12.29	−28.03	4.92	8.33	6.79	−3.18	3.75	4.89
汉江	石泉	−0.14	−0.73	0.34	−0.23	0.14	0.66	0.28	0.32
	安康	−2.51	−0.24	−3.74	1.87	−1.38	1.01	9.17	4.18
	潘口	0.4	−2.32	−0.37	−1.57	−0.88	0.09	2.77	−1.88
	黄龙滩	−0.57	−0.96	0.38	0.04	−0.91	0.01	1.06	−0.95
	丹江口	1.2	5.9	15.57	9.44	3.15	−8.54	0.07	26.79
	小计	−1.62	1.65	12.18	9.55	0.12	−6.77	13.35	28.46
鄱阳湖	万安	−0.58	−0.28	5.62	0.32	−0.37	0.18	0.55	5.44
	廖坊	−0.07	−0.11	0.01	0.25	0.05	−0.15	0.22	0.20
	柘林	2.9	−2.01	6.1	4.63	−0.53	−0.71	−0.37	10.01
	小计	2.26	−2.40	11.73	5.20	−0.85	−0.68	0.40	15.65
合计		−60.79	−141.70	38.58	162.35	−66.76	180.20	134.05	245.94

注　各月蓄水量变化为下月 1 日 8 时至本月 1 日 8 时的蓄水量差值，正数为蓄量增加，负数为蓄量减少。

长江流域主要控制站 2016 年汛期水库拦蓄水量与径流总量统计见表 5.2−2。干流主要控制站寸滩、宜昌、汉口、大通以上水库 4—10 月拦蓄水量占相应站径流总量的比例分别为 4.88%、6.25%、4.14%、3.17%，总体比例不大；分月来看，消落期 4—5 月水库群消落水量占各站径流量的比例为 6.76%～24.21%，7 月洪水发生期间水库拦蓄水量占各站径流量的比例为 9.24%～19.06%，蓄水期 9—10 月水库拦蓄水量占各站径流的比例为 26.33%～66.73%（不含寸滩站 10 月拦蓄水量），水库调蓄作用显著。各支流中，4—10 月水库拦蓄水量占控制站径流总量的比例以汉江为最大，达 17.34%，其次为岷江的 6.13%，其余支流占比不超过 5%，但部分月份的占比较大，以汉江 10 月的占比 80.13% 为最大。

归纳起来，对长江流域主要水库宏观作用有如下认识：

（1）充分发挥了水库群的调蓄作用。长江流域主要水库在 7 月的拦蓄水量为 162 亿 m³，占总防洪库容的 29.4%；在蓄水期 9—10 月，长江流域主要水库共拦蓄水量 314 亿 m³，占总调节库容的 35.8%，占总防洪库容的 57.0%。

（2）对年内径流分配的影响较为显著，但对年径流总量影响不大。4—10 月水库群拦蓄水量占汉口、大通径流量的比例均不超过 5%，但部分月份的占比达 40% 以上。

（3）三峡水库占绝对主导地位。在 8—10 月，三峡水库拦蓄水量占水库群总拦蓄水量的比例均超过了 50%，其中 10 月占比为 89.04%；在 4—5 月，三峡水库消落水量占水库群总消落水量的比例超过了 60%；在 7 月，三峡水库拦蓄水量占水库群总拦蓄水量的 18.05%，排在首位。

表 5.2－2　　　长江流域主要控制站 2016 年汛期的水库拦蓄水量与径流总量

水系	控制站	项　目	4 月	5 月	6 月	7 月	8 月	9 月	10 月	4—10 月
金沙江	向家坝	水库拦蓄水量/亿 m³	−20.8	−12.1	0.69	67.5	−11.5	63.8	−7.21	80.3
		实测径流总量/亿 m³	63.5	66.2	139	239	206	190	173	1076
		拦蓄水量占径流总量的百分比/%	−32.82	−18.24	0.50	28.24	−5.60	33.60	−4.17	7.47
长江	寸滩	水库拦蓄水量/亿 m³	−19.6	−30.9	3.57	108	−36.4	96.9	−0.56	121
		实测径流总量/亿 m³	175	253	368	565	437	350	329	2477
		拦蓄水量占径流总量的百分比/%	−11.15	−12.22	0.97	19.06	−8.33	27.69	−0.17	4.88
	宜昌	水库拦蓄水量/亿 m³	−73.1	−108	3.11	136	−67.4	192	115	198
		实测径流总量/亿 m³	332	445	560	715	565	288	260	3164
		拦蓄水量占径流总量的百分比/%	−22.02	−24.21	0.56	19.02	−11.93	66.73	44.14	6.25
	汉口	水库拦蓄水量/亿 m³	−63.1	−139	26.9	157	−65.9	181	134	230
		实测径流总量/亿 m³	689	908	894	1323	978	420	346	5558
		拦蓄水量占径流总量的百分比/%	−9.14	−15.34	3.00	11.88	−6.74	43.07	38.68	4.14
	大通	水库拦蓄水量/亿 m³	−60.8	−142	38.6	162	−66.8	180	134	246
		实测径流总量/亿 m³	899	1262	1291	1757	1366	684	493	7752
		拦蓄水量占径流总量的百分比/%	−6.76	−11.23	2.99	9.24	−4.89	26.33	27.20	3.17
岷江	高场	水库拦蓄水量/亿 m³	3.19	−4.87	−0.32	20.8	−11.4	25.3	2.53	35.2
		实测径流总量/亿 m³	32.7	63.5	77.5	140	94.5	84.0	83.0	575
		拦蓄水量占径流总量的百分比/%	9.77	−7.67	−0.41	14.87	−12.09	30.16	3.05	6.13
嘉陵江	北碚	水库拦蓄水量/亿 m³	−1.31	−3.79	−3.19	12.3	−7.24	4.29	7.64	8.74
		实测径流总量/亿 m³	22.1	47.1	48.0	81.4	55.4	17.1	28.9	300
		拦蓄水量占径流总量的百分比/%	−5.92	−8.04	−6.65	15.16	−13.06	25.15	26.41	2.91
乌江	武隆	水库拦蓄水量/亿 m³	−0.61	−10.1	6.39	7.06	−6.18	3.52	−3.52	−3.47
		实测径流总量/亿 m³	66.4	78.5	102	95.9	50.6	18.6	23.7	436
		拦蓄水量占径流总量的百分比/%	−0.92	−12.91	6.26	7.36	−12.21	18.97	−14.88	−0.80
洞庭湖	"四水"合成	水库拦蓄水量/亿 m³	12.3	−28.0	4.92	8.33	6.79	−3.18	3.75	4.87
		实测径流总量/亿 m³	324	367	298	295	126	60.1	46.9	1517
		拦蓄水量占径流总量的百分比/%	3.79	−7.64	1.65	2.83	5.39	−5.29	8.00	0.32

水系	控制站	项　　　　目	4 月	5 月	6 月	7 月	8 月	9 月	10 月	4—10 月
汉江	兴隆	水库拦蓄水量/亿 m³	−1.62	1.65	12.2	9.55	0.12	−6.77	13.4	28.5
		实测径流总量/亿 m³	16.9	17.8	22.3	43.1	30.5	16.8	16.7	164
		拦蓄水量占径流总量的百分比/%	−9.59	9.25	54.58	22.15	0.39	−40.31	80.13	17.34
鄱阳湖	"五河"合成	水库拦蓄水量/亿 m³	2.26	−2.40	11.7	5.20	−0.85	−0.68	0.40	15.7
		实测径流总量/亿 m³	275	316	262	183	66.4	62.2	69.4	1234
		拦蓄水量占径流总量的百分比/%	0.82	−0.76	4.48	2.84	−1.28	−1.09	0.58	1.27

注　水库拦蓄水量根据表 5.2-1 中 35 座大型水库统计。

5.3　水库群拦蓄过程

2016 年 7 月，长江先后发生两场编号洪水，7 月 1 日 14 时三峡水库入库流量达到 50000m³/s，长江 2016 年第 1 号洪水在长江上游形成；7 月 3 日 3 时长江大通站水位达到警戒水位，长江 2016 年第 2 号洪水在长江中下游干流形成，7 月 6 日起干流监利以下江段及 "两湖" 地区全线超警，31 日 23 时才全线退出警戒，各站超警历时 12～29d。为控制城陵矶江段水位不超保，缩短长江中下游超警时间，减轻防洪压力，长江防总及流域内相关省（直辖市）防指多次发布调度令，科学调度长江流域水库群拦洪、错峰、削峰，有效降低了长江中下游水位。三峡水库汛期水位及入库、出库流量及具体调度运用过程见图 5.3-1。

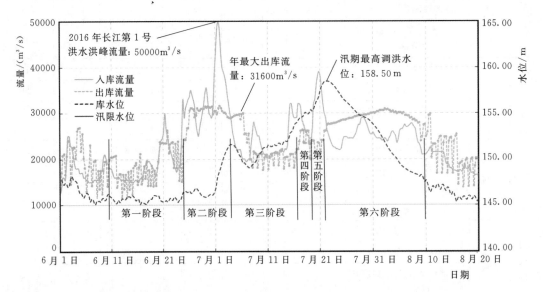

图 5.3-1　2016 年汛期三峡水库调度运用过程

5.3.1　第一阶段：控制水库群水位在汛限水位附近或以下运行（6月10—25日）

长江上游来水逐步增加，中下游部分支流发生较大洪水，中下游干流水位平稳波动。为应对未来可能发生的大洪水，长江上游主要水库（包括三峡水库）均维持在汛限水位附近或以下运行，其中三峡水库6月5日14时库水位消落至145.79m，提前5d完成消落计划，该阶段三峡水库共发生两次30000m³/s以上量级的入库洪水过程，长江防总共下达3次调度令调度洪水，总体控制三峡水库入、出库平衡。中下游洞庭湖水系沅江、鄱阳湖水系赣江发生较大洪水，沅江凤滩、五强溪和赣江万安水库均进行了调洪运用。其中，凤滩水库最大入、出库流量分别为13800m³/s、9000m³/s，库水位最高蓄至202.21m（汛限水位198.50m）；五强溪水库最大入、出库流量分别为12600m³/s、7590m³/s，库水位最高蓄至100.13m（汛限水位98.00m）；万安水库最大入、出库流量分别为8710m³/s、6000m³/s，库水位最高蓄至95.43m，接近汛限水位96.00m（6月16日至9月30日）。流域内其余主要水库均在汛限水位附近或以下运行，未拦蓄洪水，为应对后续大洪水做好了充分的准备。

5.3.2　第二阶段：拦蓄长江1号洪水（6月25日至7月3日）

受长江上游干支流及区间来水共同影响，三峡水库7月1日14时入库流量达到50000m³/s，长江2016年第1号洪水在长江上游形成。6月25日随着三峡水库入库流量的继续上涨，长江防总会商后下达第14号调度令，令三峡水库26日0时加大出库流量至31000m³/s，此后按日均31000m³/s控制。在此期间，金沙江溪洛渡、长江上游三峡水库最高分别蓄至565.42m（汛限水位560.00m）、151.57m（汛限水位145.00m），经三峡水库拦蓄后，最大出库流量为31600m³/s，削峰率为36.8%。中下游洞庭湖水系沅江发生较大洪水，凤滩水库最大入、出库流量分别为12900m³/s、10600m³/s，库水位最高蓄至202.74m；五强溪水库最大入、出库流量分别为15100m³/s、12800m³/s，库水位最高蓄至99.52m。流域内其余主要水库维持在汛限水位附近或以下运行。

5.3.3　第三阶段：全力拦蓄长江2号洪水，减轻长江中下游防洪压力（7月3—16日）

7月3日，由于长江中下游包括洞庭湖水系的沅江、资水发生集中强降雨过程，在中上游水库全力拦蓄洪水的情况下，长江中下游干流监利以下各站相继超警，长江2016年第2号洪水在长江中下游形成，7月6日7时后中下游干流监利以下江段全线超警，莲花塘水位涨至34.20m，逼近保证水位34.40m。为避免莲花塘水位超保证水位，同时缩短长江中下游超警时间，减轻防洪压力，长江防总7月6日、7日下达两道调度令，将三峡水库出库流量7月6日9时起按25000m³/s控制，7日10时30分起按20000m³/s控制，之后按日均20000m³/s维持至16日。在调度三峡水库为中下游拦洪削峰的同时，长江防总调度金沙江梯级水库配合三峡水库拦蓄上游洪水，减少三峡水库入库洪量，缓解三峡水库防洪压力。同时指导湖南省防指调度柘溪、五强溪水库全力拦洪、错峰、削峰。7月上旬柘溪水库、五强溪水库分别拦蓄洪量13亿m³、10亿m³，削峰率为69%和49%，极大减轻了资水、沅江下游乃至洞庭湖区的防洪压力。此外，鄱阳湖水系修水柘林水库拦蓄洪量7.44亿 m^3，削峰率为 55%，长江中游支流清江水布垭水库拦蓄洪量约 3 亿 m^3，长江中游支流陆水河陆水水库拦蓄洪量约 1.2 亿 m^3，对中下游防洪压力起到了一定缓解作用。

5.3.4 第四阶段：预泄水库群拦蓄洪量，降低库水位（7 月 16—18 日）

考虑到气象预报 7 月 18—20 日长江流域将有一次强降雨过程，长江中下游干流螺山、汉口站已于 15 日退出警戒水位，7 月 16 日 8 时三峡水库水位升至 153.86m。为控制水库群水位，迎接下一轮洪水，一方面长江防总通过调度上游锦屏一级、二滩、溪洛渡、瀑布沟等水库拦蓄洪水，减少三峡入库水量；另一方面考虑长江中下游干流螺山、汉口站已于15 日退出警戒水位，为控制三峡水库库水位上涨速度，调度三峡水库出库流量 16 日 14 时增至 22000 m^3/s，17 日起按日均 25000 m^3/s 控制，并控制洞庭湖区凤滩、五强溪、柘溪、皂市、江垭等大型水库预泄至汛限水位以下。

5.3.5 第五阶段：调度长江上游、清江与洞庭湖来水错峰，尽量控制莲花塘水位返涨幅度（7 月 18—21 日）

受长江中下游地区 7 月 18—20 日持续强降雨过程影响，清江、洞庭湖沅江和澧水、长江中游干流附近地区、鄂东北等支流的来水大幅增加。为与洞庭湖来水错峰，尽量控制莲花塘水位返涨幅度，兼顾上、下游，19 日起将三峡出库流量按日均 23000 m^3/s 控制；清江水布垭水库最大入库流量 13100 m^3/s，经水库调蓄后，最大出库流量为 5560 m^3/s，削峰 7540 m^3/s，削峰率约 58%，隔河岩水库、高坝洲水库最大入库流量分别为 9750 $m^3/$、7810 m^3/s，经调蓄后分别削峰 3120 m^3/s、710 m^3/s；五强溪、凤滩水库联合削减桃源站洪峰流量约 11000 m^3/s。

5.3.6 第六阶段：在中下游水位全面消退，防汛形势趋缓的情况下，逐步消落水库群前期拦蓄洪量（7 月 21 日至 8 月 10 日）

考虑到 7 月 21 日长江中下游降雨结束，主要支流来水迅速回落，气象预报 7 月下旬中下游基本无降雨过程，上游将是降雨的主战场。若三峡水库不加大泄量，库水位将涨至160.00m 以上，库区防洪风险逐步加大，为迎战上游可能发生的洪水，21 日 20 时加大三峡出库流量至 26000 m^3/s，22 日 8 时加大至满发流量 28000 m^3/s，22 日 7 时出现最高库水位 158.50m，28 日 2 时库水位退至 155.00m 以下，8 月 4 日 14 时退至 150.00m 以下，成功实现与中游来水错峰调度；清江与洞庭湖区主要水库水位也逐步回落至汛限水位以下。莲花塘站水位 22 日 15 时现峰转退，洪峰水位为 33.15m，28 日 21 时退至警戒水位以下。

5.4 水库防洪作用分析

5.4.1 支流水库对本流域的防洪作用

5.4.1.1 清江梯级水库

2016 年 7 月 19 日，受清江上游强降雨影响，上游老渡口水库 12 时下泄流量加大至

1160m³/s，14 时再度增加到 2520m³/s，上游其他水库（如野三河、洞坪、大龙潭等）亦纷纷开闸泄洪，防汛形势非常严峻。水布垭水库 19 日 18 时入库流量最大涨至 13100m³/s，19 日 18 时开闸泄洪，流量从 1000m³/s 逐步加大到 4520m³/s，20 日 12 时水布垭最大出库流量达到 5560m³/s，库水位 20 日 10 时 15 分最高涨至 397.17m（超汛限水位 5.37m），拦蓄洪量 5.8 亿 m³；隔河岩水库的入库洪水过程经水布垭调蓄与区间及招徕河来水叠加后，于 7 月 19 日 3 时起涨，19 日 16 时出现入库洪峰流量 9750m³/s，最大出库流量 6610m³/s（20 日 20 时），库水位 20 日 19 时 30 分最高涨至 198.89m（超汛限水位 5.29m），拦蓄洪量 3.6 亿 m³。具体拦蓄情况见表 5.4-1。

表 5.4-1　　　　　　　　　清江水布垭、隔河岩水库拦蓄情况

水库	最大入库流量/(m³/s)	最大出库流量/(m³/s)	削峰率/%	最高库水位/m	拦蓄洪量/亿 m³
水布垭	13100	5560	58.02	397.17	5.8
隔河岩	9750	6610	32.21	198.89	3.6
小计					9.4

在"7·19"洪水调度过程中，为错开洪水，避免洪峰的叠加，清江梯级水库利用为长江预留的 10 亿 m³ 防洪库容调节洪水。水布垭水库削减洪峰 7600m³/s（削峰率为 58.02%），推迟最大洪水出现时间 16h；隔河岩水库削减洪峰 3140m³/s（削峰率为 32.21%），推迟最大洪水出现时间 27h；高坝洲削减洪峰 710m³/s，推迟最大洪水出现时间 10h。若没有清江梯级水库的调节，隔河岩断面洪峰流量将与 1969 年相当。

5.4.1.2　洞庭湖水系主要水库

在 2016 年 7 月上旬发生的暴雨洪水过程中，柘溪水库遭遇历史最大入库洪峰流量 20400m³/s，最大出库流量为 6190m³/s，为桃江站错峰 8h，削减洪峰流量 14210m³/s，削峰率达 69.66%，拦蓄洪量 8.78 亿 m³，降低资水下游水位 3.00m 以上，避免了下游洪水漫堤的重大险情；五强溪水库入库洪峰流量达 22300m³/s，最大出库流量为 11700m³/s，削减下游桃源站洪峰流量 10600m³/s，削峰率达 47.53%；洞庭湖水系主要水库拦蓄情况见表 5.4-2。在此次洪水过程中，湖南省洞庭湖"四水"水系各水库合计拦蓄洪量约 26.10 亿 m³，由于长江干流三峡及湖南省柘溪、五强溪等水库的拦洪削峰，降低西洞庭湖、南洞庭湖洪峰水位 0.80～1.50m，降低洞庭湖城陵矶附近洪峰水位 0.60～0.80m。

表 5.4-2　　　　　　　　2016 年 7 月上旬洪水洞庭湖水系主要水库拦蓄情况

水库	最大入库流量/(m³/s)	最大出库流量/(m³/s)	削峰率/%	最高库水位/m	拦蓄洪量/亿 m³
柘溪	20400	6190	69.66	169.01	13.73
五强溪	22300	11700	47.53	104.14	10.71
凤滩	5120	4400	14.06	199.22	0.40
江垭	2050	764	62.73	214.01	0.74
皂市	1180	532	54.92	126.01	0.52
小计					26.10

7月中旬洪水过程中，凤滩、五强溪水库洪峰流量分别为7990m³/s、13900m³/s，两库联合削减桃源站洪峰流量约11000m³/s，降低桃源站洪峰水位约4.50m，降低常德站洪峰水位约4.00m，避免了沅江中下游发生超警戒水位洪水；江垭、皂市水库联合削减澧水下游石门站洪峰流量约8200m³/s，降低石门站洪峰水位约3.50m，降低津市站洪峰水位约3.00m，避免了澧水下游发生超保证水位洪水；柘溪水库通过减少发电为柘溪—桃江区间洪水错峰、削峰，避免了下游桃江、益阳水位超警。主要水库拦蓄情况见表5.4-3。

表5.4-3　　　　　　　2016年7月中旬洪水洞庭湖水系主要水库拦蓄情况

水库	最大入库流量/(m³/s)	最大出库流量/(m³/s)	削峰率/%	最高库水位/m	拦蓄洪量/亿m³
五强溪	13900	5580	59.86	104.91	10.81
凤滩	7990	5300	33.67	204.01	3.75
江垭	5600	420	92.50	226.51	3.87
皂市	3710	296	92.02	130.36	2.09
小计					20.52

5.4.1.3　修水柘林水库

6月30日开始，鄱阳湖水系修水流域普降大到暴雨和集中强降雨，至7月5日8时，流域平均降雨量达214mm。柘林水库4日3时出现最大入库流量7000m³/s，出库流量4日17时最大涨至3180m³/s，库水位2日14时自62.97m起调（汛限水位65.00m），5日18时涨至65.61m，拦蓄洪量7.68亿m³，削峰率为55%。水库下游虬津站5日8时出现洪峰水位24.29m（超过警戒水位3.79m），相应流量为3320m³/s。永修站12时40分出现洪峰水位23.18m，接近历史最高水位（1998年7月31日23.48m）。若柘林水库不拦蓄，虬津站洪峰水位将超历史（历史最高水位25.29m，1993年7月5日），并超堤顶高程（27.50m）；永修站洪峰水位将超历史最高水位，接近堤顶高程（26.50m）。

5.4.2　水库群调度对中下游干流水位影响

2016年汛前，根据长江中下游可能发生较大洪水的长期预报，流域水库群提前有序消落，三峡水库4月开始加快消落，6月5日14时库水位消落至145.79m，提前5d完成消落计划，为主动应对大洪水做好了充分的准备。在2016年6月30日至7月31日期间，7月23日之前长江莲花塘以上水库群体现为拦蓄作用（23日长江中下游干流及两湖控制站水位均已过峰转退），之后总体消落，其中6月30日8时至7月23日8时共拦蓄水量192.53亿m³。其中，金沙江水库群合计拦蓄约60亿m³，嘉陵江、岷江、乌江水库群合计拦蓄约35亿m³，三峡水库拦蓄约72亿m³，清江梯级水库拦蓄8亿m³，洞庭湖水系水库群合计拦蓄约17亿m³。通过还原计算分析，若长江上游水库不拦蓄，三峡水库按实际出库控泄，最高库水位将达169.00m左右。

根据水库的坝上水位、出库流量和水位-库容曲线开展洪水还原计算，还原计算的时段视各处的洪水过程特性和基础资料条件，选择3h、6h或1d。还原时间自主要水库开始消落起至基本完成泄洪任务（2016年4月1日至8月10日）。主要站还原过程与实况过程对比见图5.4-1。

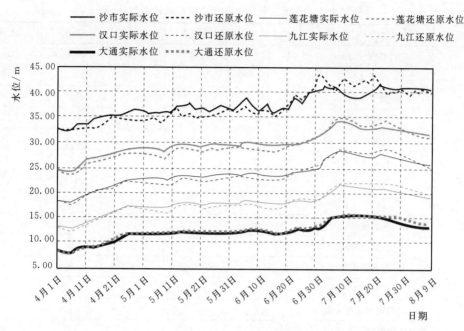

图 5.4 - 1　长江干流主要站水位过程还原与实况对比

1. 水库群汛前消落对中下游水位的抬高影响

4—5 月，水库群消落平均抬高中下游干流水位 1.20～0.50m，其中沙市站抬高约 1.20m，莲花塘站抬高约 0.80m，汉口站抬高约 0.70m，九江站抬高约 0.60m，大通站抬高约 0.50m。从各旬来看，5 月中旬影响最大，平均抬高沙市站水位近 1.80m，汉口站、大通站分别抬高 1.10m 左右、0.80m 左右，见表 5.4 - 4。进入 6 月中下旬，长江中下游干流还原水位逐步逼近或超过实况水位过程，说明水库群消落带来的抬高影响逐步消失，7 月大洪水期间水库群消落对中下游干流水位无影响。

表 5.4 - 4　　　　　　　长江上游水库群对中下游干流水位影响分析　　　　　　　水位：m

时间	4 月				5 月			
	上旬	中旬	下旬	月	上旬	中旬	下旬	月
莲花塘	0.54	0.62	1.19	0.78	0.78	1.24	0.61	0.87
汉口	0.47	0.54	1.05	0.69	0.71	1.14	0.55	0.80
九江	0.38	0.45	0.91	0.58	0.60	1.00	0.51	0.70
大通	0.32	0.37	0.7	0.46	0.47	0.76	0.38	0.54

2. 还原前后洪峰水位对比及排位

中下游干流莲花塘站、汉口站、大通站洪峰水位分别为 34.29m、28.37m、15.66m，列有水文记录以来的第 5～6 位。若水库群不拦蓄，洪峰水位分别为 34.99m、28.78m、15.90m，列有水文记录以来的第 3～4 位。详见表 5.4 - 5。莲花塘附近江段洪峰水位接近 1996 年，汉口及其以下江段较 1996 年偏高 0.10～0.35m。

表 5.4 - 5　　　　　　　　　　　长江中下游干流主要站洪峰水位实测与还原对比

类别	项　目	沙市	莲花塘	汉口	九江	大通
特征值	警戒水位/m	43.00	32.50	27.30	20.00	14.40
	保证水位/m	45.00	34.40	29.73	23.25	17.10
实测	最高水位/m	41.37	34.29	28.37	21.68	15.66
	最高超警戒水位/m	−1.63	1.79	1.07	1.68	1.26
	超警戒时间/d	0	26	18	29	26
	从高到低排位	65	5	5	7	6
还原	最高水位/m	43.10	34.99	28.78	21.91	15.90
	最高超警戒水位/m	0.10	2.49	1.48	1.91	1.50
	超警戒时间/d	2	29	26	29	27
	超保证时间/d	0	7	0	0	0
	从高到低排位	37	4	4	6	3
还原—实测	洪峰水位降低值/m	1.73	0.70	0.41	0.23	0.24
	超警时间缩短天数/d	2	3	8	0	1
资料序列长/年		73	27	150	111	79

3. 对中下游干流水位过程的影响

通过水库群拦蓄洪水，平均降低荆江河段水位 1.70～0.80m，降低洪峰水位 2.10～1.40m；平均降低洞庭湖湖区及莲花塘江段水位约 0.70m；平均降低汉口江段水位约 0.40m；平均降低九江以下江段水位约 0.20m。

若水库群不拦蓄，长江中下游干流枝城以下江段水位全线超过警戒水位，城陵矶江段水位超过保证水位，并形成两次洪水过程。第一次洪水过程中，沙市站将在 7 月 1 日短时超过警戒水位；莲花塘站将于 7 月 3 日突破警戒水位，7 月 5 日突破保证水位（34.40m），7 日洪峰水位将接近 35.00m，超过保证水位时间将达 7d 左右；汉口站将于 7 月 4 日突破警戒水位，7 月 8 日出现洪峰水位 28.78m，并一直维持在警戒水位以上。第二次洪水过程中，沙市站将在 7 月 19 日短时超过警戒水位；莲花塘站将于 7 月 16 日再次起涨，7 月 23 日水位将达到 34.40m 并维持 2d 后转退，7 月 31 日退至警戒水位以下，超警 29d（实况 26d）；汉口站将于 7 月 17 日再次起涨，7 月 21 日最高涨至 28.59m，29 日退至警戒水位以下，超警 26d（实况 18d）。

综上，通过还原对比分析长江上中游水库群运用前后中下游干流主要站水位过程可见：

（1）长江上游水库群汛前提前消落，对汛前 4—5 月中下游干流的水位有抬高作用，但进入 6 月中下旬抬高影响逐步消失，对大洪水期间中下游干流水位无影响，为大洪水期间的水库群联合防洪调度赢得主动。

（2）"2016·07"洪水期间，长江流域水库群进行联合防洪调度，对降低中下游干流洪峰水位、缩短高水持续时间发挥了显著作用，有效减轻了长江中下游干流的防洪压力。

第6章 溃垸排涝分析

垸垸，依靠圩堤维护的沿江、滨湖农业区。长江中游称垸，下游称圩，统称"圩垸"。1998 年长江大水后，中央提出"平垸行洪，退田还湖"的治江政策性措施。经过多年努力，长江中下游已平退圩垸 1460 处，河道行蓄洪能力得到显著提高，但"人水争地"问题依然突出，过多地利用蓄滞洪区，削弱了江湖对洪水的调蓄能力，加重了防洪压力。大洪水期间，为保护城市及长江干堤安全，中下游干流和各支流尾闾等地主动将某些洲滩圩垸扒口分洪；某些圩垸堤防因长时期受到高洪水位的浸泡和冲击，洪水满溢堤顶或发生管涌，造成堤坝溃决，给人民生命财产造成重大损失。

长江中下游易涝区总面积为 11.32 万 km²，多属于经济发达的中下游平原区，内有耕地面积约 6630 万亩，人口 8339 万人，分属湖北、湖南、江西、安徽、江苏、上海等省（直辖市）。易涝区地面高程普遍低于当地洪水位 4.00～10.00m，频繁而严重的洪涝灾害制约了社会经济发展，严重影响生态环境。在 2016 年 7 月持续强降雨及干流水位不断抬升的影响下，沿江部分城镇、湖泊出现不同程度的内涝，采用排涝泵站抽排滞水入江。

本章主要通过收集湖北、湖南、江西、安徽等省溃垸分洪、泵站排涝期间的测量资料，或之后的野外调查资料，进行整理分析，研究 2016 年洪水过程中溃垸排涝的情况，对评估部分典型个例对其附近江河水位的影响，为防洪调度分析研究积累资料，提供参考。

6.1 溃 垸 分 洪 分 析

6.1.1 溃垸分洪调查

2016 年洪水后，湖北、湖南、江西、安徽等省对洪水期间溃垸情况进行了调查，重点对各省千亩以上圩垸情况进行了统计。从汇总资料看，各省对溃垸调查的范围和内容不尽一致。湖北省和安徽省统计了各圩垸的进洪情况，包括漫溢、溃口、扒口、管涌等主动和被动分洪形式，而湖南省和江西省仅统计了溃垸情况。从统计内容来看，湖北省调查了各溃垸的进洪方式、溃决日期、耕地面积、人口和经济损失，以及个别典型溃垸的蓄水量；安徽省除统计各溃垸的破圩方式、溃决日期外，还统计了部分破圩处数和长度，其中合肥市溃垸情况统计较为详细全面，普查了各个圩垸的决口特征和水深，调查了决口洪量；湖南和江西省分别统计了各溃垸的淹没耕地面积和蓄洪量。

2016 年汛期，圩堤溃决原因主要有人工分洪、洪水漫堤、管涌渗漏等。人工分洪多发生于出现特大洪水的湖北省鄂东、鄂北沿江两岸的圩垸，以及为缓解其他堤防防汛压力而设的圩垸。洪水漫堤多发生于中下游出现特大洪水的支流和湖泊，如安徽省水阳江流域和巢湖流域、湖北省梁子湖和洪湖等地区，因长江水位高，湖内水难排，水位不断上升，以致超过圩堤。2016 年暴雨洪水中，巢湖流域还主动启用了庐江县东大圩蓄洪区。

根据湖北、湖南、江西、安徽 4 省不完全调查资料统计，2016 年湖北省和安徽省分别有 173 个和 129 个千亩以上圩垸进洪，分别有 12 个和 9 个万亩以上圩垸溃口，对应耕地面积分别小计为 24.09 万亩和 15.23 万亩，见表 6.1-1。

表 6.1-1　　　　　　　　2016 年长江中下游万亩以上溃口圩垸统计

序号	所在省份	圩垸名称	所在区域	所在河流	耕地面积/万亩	破圩形式	溃决日期
1	湖北	包湖垸	回龙镇	邬家灢	1.50	溃口	7 月 7 日
2	湖北	夏新河南垸	麻河镇	浏阳河	1.44	溃口	7 月 6 日
3	湖北	夏新河北院	麻河镇	沿湾河	1.72	溃口	7 月 6 日
4	湖北	汈北垸	马口镇	中干渠	1.12	溃口	7 月 4 日
5	湖北	新湖垸	马口镇	中干渠	2.70	溃口	7 月 5 日
6	湖北	三龙垸	马口镇	中干渠	2.80	溃口	7 月 5 日
7	湖北	瑞丰	脉旺镇	南支河	1.55	溃口	7 月 3 日
8	湖北	垌冢外垸	田二河	老灌湖	1.65	溃口	7 月 20 日
9	湖北	同乐垸	马口镇	中干渠	4.28	溃口	7 月 6 日
10	湖北	郑园民堤	新洲区	举水河	1.15	溃口	7 月 1 日
11	湖北	叶路州圩	黄州区	长江	3.00	管涌	7 月 7 日
12	湖北	南屏垸	三星垸	庙五河	1.18	溃口	7 月 3 日
13	安徽	姚埠圩	合肥市肥东县	南淝河	1.36	漫溢溃破	7 月 5 日
14	安徽	柏林圩	六安市舒城县	丰乐河	2.00	漫破	7 月 2 日
15	安徽	都胜圩	马鞍山含山县	裕溪河	1.03	漫破	7 月 6 日
16	安徽	双桥联圩	宣城市宣州区	水阳江	5.20	漫溢溃破	7 月 6 日
17	安徽	团结圩	宣城市郎溪县	南漪湖	1.25	漫破	7 月 6 日
18	安徽	东湖圩	池州市东至县	黄湓河	1.08	漫破	7 月 3 日
19	安徽	姜团圩	安庆市桐城市	菜子湖	1.01	南堤漫溢溃破	7 月 5 日
20	安徽	华农二场大圩	安庆市宿松县	华阳河流域	1.10	溃破	7 月 10 日
21	安徽	高河南圩	安庆市怀宁县	高河大河	1.20	漫破	7 月 4 日
22	湖南	新华垸	岳阳市华容县	华容河	3.40	溃破	7 月 10 日
23	江西	向阳联圩	鄱阳	昌江	1.03	穿洞溃决	6 月 20 日
	合计				43.75		

根据湖北省防汛抗旱办公室汇总数据，2016 年汛期湖北省共 366 个大小圩垸分洪。其中千亩以上溃口圩垸 173 个，耕地面积合计 100.77 万亩，包括万亩以上溃口圩垸 12 个，耕地面积合计 53.86 万亩，最大为通顺河流域张沉湖垸（5 万亩）；千亩以下 193 个，耕地面积合计仅 5.6 万亩。全部分洪圩垸中有 38 个为主动分洪，耕地面积合计 11.60 万亩；328 个为被动分洪（溃口、满溢、管涌或塌方等所致），耕地面积合计 89.17 万亩。全省万亩以上溃口圩垸 12 个（含管涌圩垸 1 个），耕地面积合计 24.09 万亩。

根据安徽省防汛抗旱办公室提供资料及部分圩口实地调查，2016 年汛期安徽省长江流域发生仅次于 1954 年的大洪水，共溃决漫破千亩以上圩口（不含东大圩蓄洪区）129

个，其中万亩以上圩口溃破 12 个，最大为水阳江流域宣城市双桥联圩（5.2 万亩）。破圩形式以洪水漫破为主，为保堤主动分洪较少。溃破圩口总计保护耕地面积为 47.43 万亩，涉及人口 27.74 万人，部分圩垸人口密集，损失较大。部分圩垸未统计保护面积，初步估算溃破圩口总计保护面积约为 590km²，淹没总分洪水量约为 22.13 亿 m³。经调查，巢湖流域较大圩堤决口主要分布于肥东、庐江、巢湖 3 县，破圩平均淹没水深约为 2.8m。2016 年合肥市巢湖流域总计淹没面积 66km²（庐江县东大圩为人工蓄洪，不计入淹没面积，约 60km²），占 1991 年淹没面积的 12％。

湖南省新华垸溃决，总面积为 6.59 万亩，耕地面积为 3.4 万亩，总分洪水量约为 1.88 亿 m³。江西省向阳联圩溃决，保护耕地面积为 1.03 万亩，总分洪水量约为 0.17 亿 m³。

各地溃垸时间多发生在 6 月下旬至 7 月中旬，主要集中在 7 月上旬，仅江西省向阳联圩溃垸时间较早，发生在 6 月 20 日。湖北省各溃决时间发生在 7 月 1—21 日之间，主要集中在 7 月上旬；湖南省新华垸溃垸发生在 7 月 10 日；安徽省发生在 6 月 28 至 7 月 25 日之间，主要集中在 7 月 1—7 日。

6.1.2 溃垸分洪典型案例

6.1.2.1 府澴河东风垸、幸福垸

东风垸位于湖北省孝感市府澴河右岸、沦河交汇处，蓄滞洪区总面积为 14.6km²，设计蓄滞洪水位为 29.00m，蓄洪水量为 0.83 亿 m³，耕地面积为 9412 亩。幸福垸位于府澴河左岸，蓄滞洪区总面积为 6km²，设计蓄滞洪水位为 29.00m，蓄洪水量为 0.43 亿 m³，耕地面积为 1.1245 万亩。

7 月 18 日以来，受府澴河流域内强降雨影响，府澴河水位急速上涨。7 月 20 日，府河解放山、澴河花园站最高流量分别达 4980m³/s、4370m³/s。21 日 0 时左右，澴河西堤孝感段部分堤段已发生漫溢险情，府澴河东风垸、幸福垸堤段依靠子堤挡水。7 月 21 日 1 时 50 分左右，府澴河东风垸段水位达 30.12m，东风垸堤大塘角至东山头堤段全线漫溢，3 处子堤垮塌，导致东风垸内大面积进水。

由于府澴河已经历两次洪水过程，堤防高水位运行，险情频发，防洪形势处于高危状态。鉴于此，为确保孝感市城区和府澴河大堤安全，7 月 21 日 2 时 50 分，防汛部门组织幸福垸主动破口分洪。由于东风垸已溃口，府澴河孝感站、卧龙潭站水位提前回落，于 21 日 3 时同时到达洪峰水位，洪峰比正常情况提前了 10h 左右。孝感站洪峰水位为 32.28m，超过历史最高水位 0.61m，比预报的 32.50m 低 0.22m；卧龙潭站洪峰水位为 31.19m，超过历史最高水位 0.93m，比预报的 31.70m 低 0.51m。府澴河幸福垸部分堤段发生漫溢。

据调查，东风垸堤溃口 6 处，溃口长度为 801m。东风垸溃口导致孝南开发区东山头工业园、东山头街道多处被淹，107 国道一度中断，筑起临时防线；幸福垸府河堤段共溃口 8 处，总长度为 698m。溃口洪水大部分进入野猪湖，小部分进入童家湖（白水湖）。受幸福垸溃口影响，野猪湖闸西约 1km 处湖堤出现 50m 溃口，洪水倒灌漫入童家湖，后导致野猪湖、王母湖、童家湖三湖连成一片，距临空区不远的天河机场也受到威胁。

东风垸、幸福垸溃口位置见图 6.1-1。

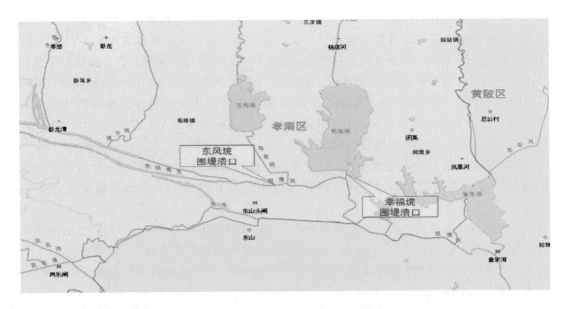

图 6.1-1　东风垸、幸福垸溃口位置示意图

6.1.2.2　梁子湖

梁子湖位于长江中游南岸湖北省鄂州，通过鄂州长港从樊口入长江，是湖北省第二大湖泊，蓄水容量位居全省第 1，是武汉城市圈的中心湖。梁子湖东西长 82km，南北长 32km，由 316 个湖汊组成，常年平均水位相应的湖面面积为 271km²，平均水深为 2.5m，蓄水量为 6.5 亿 m³，流域面积为 2085km²。2016 年，在梁子湖防汛的关键时刻，湖北省、鄂州市分别下达了破堤还湖指令。

7 月 7 日 8 时，梁子湖水位上升至 21.40m，超过保证水位 0.04m，为缓解位于鄂州市境内的广家洲大堤的防汛压力，鄂州市 10 时 30 分启动破垸分洪预案，对梁子湖内两处围垦区前海湖和汪家湖进行破垸分洪，还湖面积为 9600 亩，分蓄洪量为 2000 余万 m³，削减梁子湖水位约 0.10m，部分缓解了梁子湖所面临的巨大防汛压力。

牛山湖原为梁子湖的一部分，1978 年一条人工大堤将梁子湖群分割出一块，形成了牛山湖。鉴于梁子湖水位多日居高不下，为应对梁子湖区域严峻的防洪形势，湖北省政府决定对梁子湖流域的牛山湖实施破垸蓄洪，同时永久性退垸还湖。7 月 14 日 7 时，梁子湖与下游牛山湖之间的隔堤实现爆破。爆破后，梁子湖水位从 21.49m 降至 21.30m，下降 0.19m，调蓄梁子湖水 5078 万 m³，还湖面积为 58.5km²。梁子湖破垸分洪位置见图 6.1-2。

6.1.2.3　新华垸

华容河自湖北省石首市调弦口分泄长江洪水入东洞庭湖，跨湖北、湖南两省，全长 60.5km，由北向东南横贯钱粮湖垸，流经华容县后，分南、北两支，再于罐头尖汇合，经由六门闸流入东洞庭湖。华容河两岸垸内河渠纵横，以排灌水渠为主。左岸有两条小溪和华洪运河，垸内有中湖、龙开湖。右岸有白莲湖、塌西湖等 11 个湖泊。建有中型水库 1 座，总库容为 1185 万 m³。华容河进口（长江口）建有调弦口闸、出口进东洞庭湖前建有六门闸，长江和东洞庭湖高水时两闸均关闭，一般情况下近似哑河。河道河底高程为 24.80～30.80m（吴淞高程），河道宽为 80～100m，两岸地面高程为 27.80～35.10m。

— 218 —

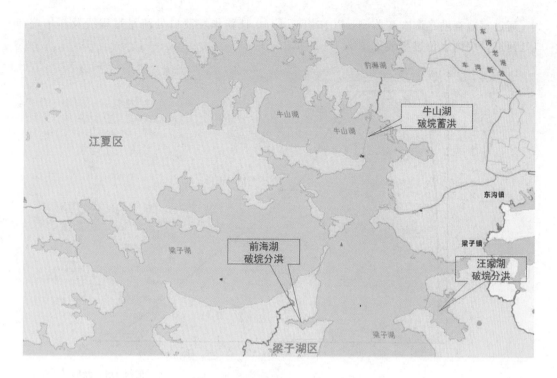

图 6.1-2 梁子湖破垸分洪位置示意图

新华垸处于湖南省华容县洞庭湖冲积平原，地势平坦开阔，堤内地面高程约为31.00m；堤外华容河底高程为24.80m，无滩。新华垸垸内总面积为6.59万亩，耕地面积为3.4万亩。新华垸有效蓄洪量为1.88亿 m³，防洪大堤长33.9km，堤顶面积为29.5万 m²。新华垸按3级堤防设计，设计洪水位为35.19～35.60m，堤顶超高1.0m。堤防为土堤，堤顶高程为36.19～36.60m，顶宽6m，堤内坡度为1∶3，堤外坡度为1∶2.5。堤外为华容河南汉，华容河上、下游两端受节制闸节制。

受长江和洞庭湖超警洪水影响，6月中下旬开始，溃口江段水位不断上涨，7月3日16时超过警戒水位33.50m，7月8日开始超过保证水位35.00m，7月10日上午11时左右，华容河水位达35.15m，超过保证水位0.15m，新华蓄洪垸红旗闸管身新老土接合部位发生内溃。溃口险情位于岳阳市华容县新华垸红旗闸附近，桩号为27+227处。溃口处实测最大流量为381m³/s，出现时间为7月10日18时34分，实测水面最大流速为2.6m/s。溃口江段入垸水量约为3500万 m³，垸内淹没最深处约为3m，平均淹没深度为1.6m，淹没面积约为3.2万亩，淹没农田约为2.8万亩。

根据实地调查，7月10日9时30分左右，发现治河镇南堤红旗闸管身新老土接合部位发生渗漏，随后迅速恶化，出水流量由1m³/s，半小时内迅速发展到10m³/s，紧接着堤身发生开裂，11时左右堤身下沉溃口，溃口宽约10余 m，21时溃口宽发展至近50m。

根据实测结果，溃垸开始水位为35.15m，超过警戒水位（33.50m）1.65m，超过保证水位（35.00m）0.15m。7月10日21时46分，测得河道水位为33.61m，内垸水位为32.90m，堤内、外水位高差相距0.71m。

— **219** —

通过实地查勘、调查和监测，2016 年 7 月 10 日新华垸溃口处流量过程线及新华垸溃口处河道、垸内水位过程线见图 6.1-3 和图 6.1-4。

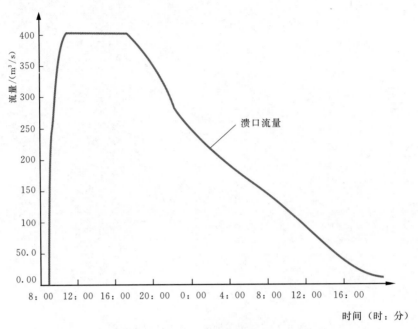

图 6.1-3　2016 年 7 月 10 日新华垸溃口处流量过程线

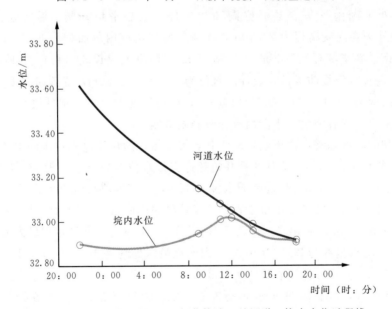

图 6.1-4　2016 年 7 月 10 日新华垸溃口处河道、垸内水位过程线

6.1.2.4　向阳联圩

向阳联圩位于江西省上饶市鄱阳县古县渡镇昌江下游，是上饶市 28 个主要圩堤之一，保护面积为 3.35km²，保护耕地为 1.03 万亩，保护人口为 0.77 万人，堤线长度为 13.0km，现状防洪标准为 5～6 年一遇。2016 年洪水期间向阳联圩发生溃口。

— 220 —

6月20日19时20分，古县渡镇向阳圩建阳村委会月亮湾桩号3+500～3+600处因外河水位（古县渡站水位：22.35m）急剧升高导致堤身穿洞隐患而发生穿洞溃坝，溃口处距下游古县渡水位站约16km。根据调查，圩堤溃口长度约100m，圩堤内平均淹没水深为2.5m，最大水深为6.0m，淹没面积为6.9km²，溃口分洪水量为0.17亿m³。发生溃口后，古县渡镇政府和受益行政村组织当地村民以及官兵约1200余人进行抢护，投入蛇皮袋10000余条，土方2000余m³，砂卵石400余m³。

从古县渡站实测水位过程的变化情况来看（图6.1-5），向阳联圩溃口对其影响比较显著。20日19时，该站水位为22.35m，到21日6时（圩堤内、外水位一致），其水位迅速下降到21.72m，11h水位下降了0.63m。溃垸开始水位下降较快，随后逐渐减慢。

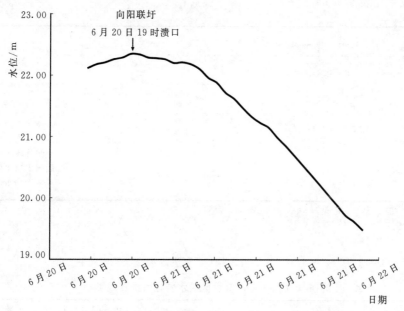

图6.1-5　向阳联圩溃口对古县渡站水位的影响

6.1.2.5　东大圩

巢湖东大圩蓄洪区位于安徽省兆河右岸，圩内总面积为60.25km²，地面平坦，高程约为7.50m，以缺口站水位为行洪控制站，蓄洪作用主要体现在西河上游。东大圩进洪闸位于白湖农场东大圩堤防10+000处，设计流量为230m³/s，设计水位兆河侧为11.71m，内圩为7.50m；校核水位兆河侧为12.50m，内圩为7.50m。结构为涵洞式，共6孔，单孔宽为5m，高为5m，闸底高程为5.00m。分蓄洪区基本情况见表6.1-2。为有效应对巢湖流域暴雨洪水，安徽省7月1日23时36分启用庐江县东大圩蓄洪区，东大圩开启进洪闸分蓄洪。进洪闸为汛前刚刚建成，历史上行洪均为人工爆破。

表6.1-2　　　　　　　　　　分蓄洪区基本情况

名称	所在地点	容积/亿m³	面积/km²	耕地面积/万亩	人口/万人	堤顶高程/m	防洪特征水位/m		
							警戒水位	行洪水位	行洪水位
东大圩	庐江县	2.5922	60.25	0.45	0.01	13.20	10.50	12.50	12.50

该蓄洪区无常设水文站点,分洪过程中安徽省水文局开展了应急测流及蓄洪调查。观测结果显示,东大圩蓄洪区进洪历时为208h,最高蓄水位为12.10m,最大蓄水量为2.61亿m³,实测最大进洪流量为256m³/s。蓄洪区水位经过快速、缓慢增长两阶段。自7月1日23时36分起,圩内水位起涨迅猛,外河水位有所降低。之后随着圩内水位增高、圩外水位降低,进洪流量减小,水位涨速不断减小,至7月2日15时外河水位为12.40m,圩内水位为8.98m。该阶段历时约15h,水位上涨1.48m,涨速为0.10m/h,为蓄洪区水位快速增长阶段。其后,随圩内水位继续上涨,至7月10日16时,圩内、外水位持平。此时,圩内、外水位同时达12.10m,蓄洪结束。该阶段进洪历时较长,约为193h,涨速为0.02m/h,为蓄洪区水位缓慢增长阶段。东大圩蓄洪区水位过程线成果见图6.1-6,洪水特征值推算成果见表6.1-3。

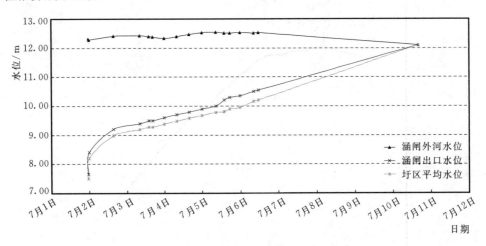

图 6.1-6　2016 年 7 月东大圩蓄洪区水位过程线成果

表 6.1-3　　　　　　　　2016 年 7 月东大圩蓄洪区洪水特征值推算成果

名称	进洪起止时间(月-日 时:分)	最大流量/(m³/s)	圩内最高水位/m	圩内底水位/m	蓄洪量/亿 m³
东大圩	7-1 23:36 至 7-10 16:00	256	12.10	7.50	2.61

从上述结果分析,蓄洪区启用效果显著。分洪蓄洪后,河道水位有所下降,按照水位变幅综合分析,东大圩行蓄洪区的启动,为西河缺口站成功削峰约 0.30m。

6.2　排　涝　分　析

长江中下游沿江较大湖泊除洞庭湖、鄱阳湖仍与长江相通外,均已建闸控制,较大圩垸也都建有涵闸,这些涵闸起着内排渍水、外拒江水倒灌的作用。通常,涵闸和泵站是结合在一起兴建的,既可以开闸自流,又可以开泵抽水。据不完全统计,目前长江中下游已建泵站 6820 座,设计总提排流量达 25060m³/s。根据《长江流域综合规划(2012—2030年)》,规划至 2030 年,长江中下游平原区泵站排涝流量将增至 30500m³/s。

长江入汛以后,由于江水位不断抬升,涵闸外江水位往往高于闸内水位,闸内渍水不能自流排入长江,必须依靠电机抽排。这样就使得湖泊、圩垸内的渍水由原来的洪水期过后自排入江，改在洪水期内提排入江，其结果是在汛期增加了江河额外洪量，提高了江河洪水位，特别是在高洪期，对防汛抢险不利。随着社会经济的发展，沿江排涝能力（特别是城市）明显增强，通过加大抽排流量，雨洪渍水快速排入长江，导致干流水位壅高、行洪不畅。因此，如何统筹安排排涝入江水量，减少对高洪水位的影响，逐渐成为近年来人们关注的新问题和新课题。

2016 年汛期，长江流域城市内涝渍水严重。7 月，受连续强降雨影响，长江中下游干流附近城镇出现了不同程度的内涝，渍水严重。其中武汉城区大部分地段出现内涝，重要交通道路受阻，进而造成拥堵；南昌市 40 多处路段因积水内涝出现严重拥堵，全市 100 多条公交线路停开或改道；南京市多个居民小区被淹，最高水深 1m 以上。

以武汉市为例，6 月 30 日 8 时至 7 月 7 日 8 时，武汉市累积面雨量为 537mm，其中 7 月 5 日 20 时至 6 日 20 时累积面雨量为 191.2mm，导致武汉市中心城区发生较为严重的内涝，以 6 日上午最为严重，6 日下午城区滞水明显减少，7 日上午渍水基本排入长江。根据《武汉市中心城区排水防涝专项规划（2012—2030）》中相关成果，中心城区集水面积为 2095km^2，规划抽排能力由 2012 年的 903m^3/s 提升至 2030 年的 2258m^3/s。依据降雨量和集水面积估算，5 日 20 时至 6 日 20 时，强降雨落在武汉市中心城区的水量约为 4 亿 m^3，若短时内以直排方式全部入长江，日均排水流量在 2000m^3/s 左右。

研究排涝入江水量对长江干流水位影响，首先要掌握机电抽排水量。以往有关部门在这方面做过一些工作，但大多是根据总装机容量估算最大入江流量。存在问题主要包括：有的装机容量按行政地区进行统计，不一定都对长江产生直接影响；有的电源短缺，机电设备陈旧老化，效率降低；有的排水渠系不畅，涝渍难排。上述问题导致分析成果难以反映实际情况，因此，本次采取对 2016 年有资料地区机电排涝站点实际开机运行记录及其流量过程的典型调查，并结合推估的方法，定量评估排涝对长江洪水的影响。

6.2.1　排涝能力概况

根据湖北、湖南、安徽、江西 4 省的泵站资料统计，2016 年湖北省、湖南省和安徽省泵站总装机容量分别为 53.92 万 kW、89.8 万 kW 和 54.88 万 kW，总抽排能力分别为 5630m^3/s、8100m^3/s 和 5880m^3/s，合计 3 省总抽排能力接近 20000m^3/s，江西未统计各泵站装机容量等数据，主要概况如下。

1. 湖北省

根据湖北省单机容量 800kW 以上的大型排涝泵站统计情况，全省大型排涝泵站共 81 座，总装机台数为 435 台，总装机容量为 53.92 万 kW，较 1998 年的总装机容量增加 16.5%。最大单机装机容量为荆州市公安县的闸口二泵站，4 台总装机容量为 1.2 万 kW。

泵站的地区分布范围为长江干流枝城—湖口江段沿江两岸（包括支流尾闾），以及汉江沙洋以下、东荆河、汉北河、府河。这些泵站排水量有的直接排入长江，有的汇入所在支流后注入长江。此外，还有黄山头等 6 个泵站位于洞庭湖区西部湖北境内松滋河、虎渡河，排涝水量进入洞庭湖，经过湖泊调蓄，最后汇入长江。

81 座泵站装机容量在江段上沿程分布不均匀，其中以螺山—汉口、汉口—黄石最为集中，两岸泵站密集，螺山—汉口河段之间汉江、东荆河的装机容量总计为 13.38 万 kW，汉口—黄石江段之间汉北河、府河等诸多泵站装机容量总计为 7.24 万 kW。枝城—石首江段泵站最少。

2. 湖南省

湖南省的排涝主要是排入洞庭湖，经湖泊调蓄后在城陵矶汇入长江。洞庭湖"四水"尾闾站、"三口"控制站以下湖区圩垸众多，圩垸内涝渍水在汛期也是依靠机电抽排入湖。据泵站资料统计，截至 2013 年，湖南省具有排水及工排结合任务的大小泵站总计 2813 个，总装机容量为 89.82 万 kW，其中装机流量为 $8m^3/s$ 以上的泵站有 198 个，总装机容量为 39.53 万 kW；装机容量为 2000kW 以上的排水泵站有 46 个，总装机容量为 20.51 万 kW。

3. 安徽省

根据安徽省排入长江的大型排涝泵站统计情况，全省共有防洪排涝泵站 932 个，机组 3771 台，总装机容量为 54.88 万 kW，单个泵站最大装机容量为 1.48 万 kW；其中装机流量为 $8m^3/s$ 以上的泵站有 219 个，机组 1808 台，总装机容量为 36.26 万 kW；装机容量为 2000kW 以上的排水泵站有 42 个，机组 763 台，总装机容量为 16.42 万 kW。

4. 江西省

在江西省大型排涝泵站统计中，主要统计了各灌溉、排水泵站的收益情况及灌溉、排涝现状，未统计各泵站装机容量等数据。结果显示，江西省共有大型排水泵站 10 个，合计受益面积为 $1332.1km^2$，设计排涝面积为 162.8 万亩（$1085.3km^2$），设计标准为 10～20 年一遇，实际标准为 3～10 年一遇；排灌结合泵站有 21 个，合计受益面积为 $4471.0km^2$，设计排涝面积为 255 万亩（$1700km^2$），设计标准为 10～20 年一遇，实际标准为 5～8 年一遇。

6.2.2 2016 年排涝统计

长江中下游沿江两岸机电排涝站点众多，地跨 5 省（直辖市），由于排涝资料疏于集中管理，故调查收集难尽人意。根据本次调查统计估算结果，在 2016 年汛期，湖北省与安徽省排涝总水量均超过 150 亿 m^3，分别为 150 亿 m^3 和 167 亿 m^3，江苏省秦淮河流域和滁河流域（南京地区）为 9.6 亿 m^3，3 省总排涝水量合计约为 327 亿 m^3。

由于本次调查分析仅收集到安徽省 2016 年防洪排涝泵站的实际排涝运行资料，据此进行排涝影响分析。

据统计，2016 年安徽省开机运行的泵站共有 898 个，机组 3643 台，总装机容量为 52.90 万 kW，占总泵站个数和装机容量的 96%。这些泵站开机运行时间合计达 154.78 万 h，总排水量约为 167 亿 m^3。其中直接排入长江的大型泵站有 186 个，总计开机时间 35.58 万 h，总排水量为 90.98 亿 m^3，占安徽省总排水量的 54.7%，超过一半。安徽省排涝泵站 2016 年排涝情况见表 6.2-1。其中，安徽省 2016 年总排水量超过 1 亿 m^3 的泵站有 22 个，共计总排水量为 77.28 亿 m^3，约占总排水量的一半。排水量最大的 3 个泵站分别为新河口机电排灌站、七里湖老机电排灌站和七里湖新机电排灌站，排水均入长江，排水量分别为 20.32 亿 m^3、15.22 亿 m^3 和 7.96 亿 m^3。

表 6.2-1　　　　　　　　　　　　　　　安徽省排涝泵站 2016 年排涝情况

序号	泵站名称	排入河流湖泊	装机台数	设计流量/（m³/s）	装机容量/kW	全年总开机时间/h	全年总排水量/万 m³
1	漳湖一站	长江	10	37.1	4500	17787	23756
2	安庆市宜秀区破罡湖新站	长江	4	24	2000	6587	15066
3	姜团圩大站	孔城河	2	2.4	310	2160	12440
4	大联圩排涝站	中山河	2	5	310	1704	11880
5	清河排灌站	人形河	2	5	360	1704	11880
6	新河口机电排灌站	长江	20	33.2	3100	17000	203184
7	北闸机电排灌站	长江	4	19.2	2000	1868	12911.62
8	龙家嘴机电排灌站	升金湖	4	11.92	1260	3500	15019.2
9	广惠一站机电排灌站	长江	4	7.2	740	6720	17418.24
10	新胜机电排灌站	升金湖	3	7.2	555	5400	13996.8
11	七里湖老机电排灌站	长江	28	41.1	4640	14400	152202.24
12	七里湖新机电排灌站	长江	6	38.4	4800	5760	79626.24
13	老虎岗机电排灌站（高排）	长江	7	21	1820	4200	31752
14	磷铵泵站	长江	7	20.3	1925	2500	12800
15	沙池排涝站	长江	8	16.8	1240	13416	10142
16	白荡湖闸站	长江	6	37.2	2700	6624	14785
17	芜铜路泵站	红星河	2	1.1	110	1260	11461.8
18	青霞路泵站	红星河	3	1.3	135	1000	11232
19	北埂站	长江	10	25	2800	2880	15552
20	安徽省凤凰颈排灌站	长江	6	240	14800	4896	70497
21	马塘站	青弋江	5	6.5	650	4972	11634
22	麻浦桥站	漳河	4	8	620	4703	13544

注　统计对象为 2016 年总排水量为 1 亿 m³ 以上的泵站。

6.2.3　典型排涝过程分析

根据排涝资料调查的情况，选用资料较完整的巢湖流域（安徽省合肥市境内）排涝泵站及凤凰颈排灌站，进行典型排涝过程分析。

6.2.3.1　基本情况

据调查统计，合肥市巢湖流域内（巢湖闸以上）共有排涝泵站 74 个，机组 362 台（套），装机容量为 6.26 万 kW，设计排涝能力为 679m³/s（临时泵站未统计）。凤凰颈排灌站为安徽省最大排灌站，机组 6 台（套），装机容量为 1.48 万 kW，设计排涝能力为 240m³/s。2016 年合肥市巢湖流域排涝泵站排涝时间主要集中在 6 月 20 日至 7 月 25 日，2016 年总排水量约为 1.12 亿 m³。

巢湖周边合肥市共有排涝泵站 21 个，机组 78 台（套），装机容量为 1.06 万 kW，设计排涝能力为 82m³/s。2016 年 6 月 30 日至 7 月 6 日均有排涝发生，排涝总量为 0.37 亿 m³，排涝高峰为 7 月 1 日，最大日平均排涝流量为 82m³/s，出现在 7 月 1—2 日。

巢湖流域内合肥市环巢湖各支流共有排涝泵站 30 个，机组 199 台（套），装机容量 2.2 万 kW，设计排涝能力为 224m³/s。2016 年 6 月 30 日至 7 月 6 日均有排涝发生，排涝总量为 1.02 亿 m³，排涝高峰为 7 月 1 日，最大日平均排涝流量为 224m³/s，出现在 7 月 1—2 日。

6.2.3.2 排涝特点

合肥市巢湖流域泵站密度高，装机容量大，排涝能力较强。2016 年暴雨洪水期间排涝特点如下。

（1）开机率高。资料表明，洪水期间，区域内的泵站基本均开机运行，流域内的合成排涝流量基本达到泵站设计总排涝能力。

（2）开机排涝时间长，排涝总量大。据调查统计，区域内的泵站均从 6 月 30 日至 7 月 1 日特大暴雨发生后即开机运行，抽排内涝积水；由于本次暴雨过程长，前期巢湖及环巢湖支流内水较高，因此排涝泵站排涝时间也比较长，部分站点持续至 7 月 20 日前后才全部抽完停机。至 7 月 6 日，仅仅 6d 左右，排涝总量达 1.39 亿 m³，其中环巢湖各主要支流排涝量为 1.02 亿 m³。

6.2.3.3 排涝影响分析

1. 排涝对巢湖入湖水量的影响

由于排涝高峰、各支流洪水及巢湖高水位基本同时出现，因此排涝对本次巢湖洪水有一定影响。环巢湖主要支流排涝泵站自上而下沿河分布，统计控制站以上区域内的排涝流量过程时，需考虑泵站所在位置至控制站的汇流历时，受资料所限，将控制站以上区域内排涝流量过程的计算方法简化为所有泵站单站排涝过程相加，以此过程作为控制站以上的区间排涝流量过程。

经统计分析，排涝对入巢湖的最大日影响水量为 2643 万 m³，7 月 1—6 日的每天排涝水量约占巢湖相应入湖水量的 4%~14%，排涝水量占比随入湖水量减小而逐渐增加，详见表 6.2 - 2。

表 6.2 - 2　　　　　2016 年 7 月 1—6 日区域排涝对巢湖入湖水量影响成果

日期	日入湖水量/×10⁶m³	日排涝水量/×10⁶m³	排涝水量占比/%
7 月 1 日	139.68	6.61	5
7 月 2 日	653.52	26.43	4
7 月 3 日	460.74	26.43	6
7 月 4 日	278.76	26.43	9
7 月 5 日	314.66	26.43	8
7 月 6 日	194.03	26.43	14

2. 凤凰颈排涝对西河水位的影响

2016 年凤凰颈排灌站最大排涝流量为 200m³/s，发生在 6 月 28 日至 7 月 10 日，开机排涝过程见图 6.2 - 1。6 月 2—13 日共排水 1.17 亿 m³，6 月 25 日至 8 月 13 日共排水 5.93 亿 m³，共计排涝 7.10 亿 m³。

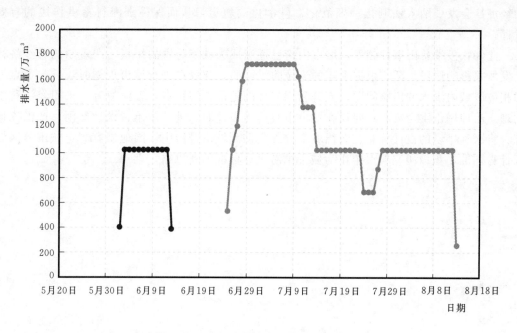

图 6.2 - 1　2016 年凤凰颈排灌站排涝过程

洪水期间，由于长江、巢湖及裕溪河水位均居高不下，兆河闸关闭，凤凰颈闸关闭，黄雒闸排水时断时续，西河流域基本依赖凤凰颈排灌站向长江抽排水量以降低流域水位，凤凰颈排灌站的排水对降低西河水位起到重要作用。以无为站为例，无为站 7 月 6 日 15 时 15 分出现最高水位 12.44m（超过保证水位 0.94m，超过警戒水位 1.94m），为历史第 2 高水位，仅次于江堤溃决的 1954 年。而凤凰颈站至无为站 6 月 18 日最高水位出现期间过水量约为 1.7 亿 m³，据此估算，若无排水，无为站水位将超历史最高水位 13.02m，无为县灾情将更加严重。

6.3　小　　结

根据上述分析，在长江流域 2016 年防洪实践中，洲滩圩垸的溃垸分洪及涵闸泵站的排涝在应对局地洪涝灾害中发挥了重要作用，但同时也暴露了长江流域防洪建设与管理的一些问题，例如，长江中下游的超额洪量对蓄洪民垸的保留和管理提出了更高要求；沿江涝区同时段集中排涝延长了长江干流高水位运行时间，进一步加剧了防汛紧张局面；排涝能力不足导致包括武汉、九江、南京等多个城市在内的沿江涝区内涝严重。

自 1998 年长江发生全流域性大洪水，国务院提出"平垸行洪，退田还湖"的治江政策性措施以来，经多年努力，长江中下游已实现平退圩垸约 1460 余处，在一定程度上提高了河道行蓄洪能力。但在 2016 年洪水期间，仍然有众多行蓄洪区的民垸阻碍行洪。为确保重点地区防洪安全，应继续长期坚持"平垸行洪，退田还湖"措施，尤其是充分发挥两岸干堤间的蓄洪民垸高水时的行蓄洪功能；应逐步加强洲滩管理，因地制宜确定"双退"和"单退"方式，并将保险机制纳入洲滩民垸的开发利用中，将洲滩民垸行蓄洪运用和经济社会发展纳入法制化、规范化、科学化的轨道，从而保障洲滩行蓄洪作用的有效发挥。

此外，极端暴雨事件频发，城市内涝已逐渐成为城市防洪的短板，严重制约着经济社会发展并影响居民生活。根据多年的流域防洪经验，建议在进行城市规划时，首先重点考虑相应区域内洪水的出路问题，充分利用当地的地形地貌特点，蓄泄兼筹，采用经济科学的理念治理城市洪涝灾害；建议在城市市政排涝设计时，进一步重视设计暴雨、产汇流计算，将水利排涝的设计理念、海绵城市构思贯彻到城市排涝中，因地制宜制定城市分区暴雨计算标准，积极研究典型年作为城市排涝设计标准的新思路。

第7章 水文监测预报预警

水文监测预报预警是一项十分重要的防洪非工程措施，通过及时掌握水情雨情信息，分析揭示和预测未来水文情势变化，充分发挥"耳目"和"参谋"作用，为防洪减灾提供技术支持。2016年长江洪水期间，各级水文部门加强监测、深入研判、准确预报，发布了大量预报预警信息，为夺取长江流域防汛工作的全面胜利提供了重要的技术支撑。

本章简要概述近年来水文监测预报预警建设成就，并对2016年服务实践工作进行技术总结。

7.1 概　　述

长江1998年大水之后，国家加大对水文监测预报预警的投入，长江流域水文监测站网迅猛增长，水文信息海量剧增，新仪器新设备、新模型新方法广泛应用，水文监测预报预警能力显著增强。目前，以满足防洪需求为目的的水雨情站网、信息传输、预报方案体系和预报调度一体化系统在长江流域已基本形成。

7.1.1 水文监测

近年来，流域内各级水文部门不断推进水文测验方式方法创新，提升监测技术手段和测报能力，更好地适应行业发展，满足社会需求[46-50]。

1. 流量测验技术

在防汛水文监测方面，雨量、水位等要素全面实现自动监测，流量在线监测，应急监测技术也得到显著提高。数十年来，各级水文部门高度重视新技术、新仪器开发应用，先后研发了水文缆道测验智能控制系统、水文测船测验智能控制系统，有效提升水文测验载体的智能化水平；研发了水文缆道偏角遥测技术和水文测船专用绞车和液压支臂装置，提高了自动化水平；提出了动船法的测验理论，结合ADCP的应用，实现了流量测验快速测验技术的换代升级；研究实时在线流量监测技术并率先在受工程影响和潮汐江段成功应用，全面提升了流量快速监测和在线测验的技术水平。

以ADCP测流为例，根据2016年汛期流域内主要水文站ADCP测验资料的分析成果，单次流量测验的平均时间，从以前的2～3h，缩短到40min左右。在高洪等特殊情况下，采用单测回测验方法，ADCP流量测验的平均时间控制在25min以内，随机误差可控制在2%之内。流量测验的平均时间，较以前缩短了约80%，极大地提高了工作效率，缩短了单次流量测验的时间，为防汛水文测报赢得了宝贵的时间。

2. 水位—流量关系单值化技术

水文巡测是优化水文测验资源配置，提高测验效率的有效途径，而水位-流量关系单值化是开展水文巡测工作的基础。自20世纪70年代开始，水文部门持续开展水文巡测技术研究，经过几十年的发展和完善，水位-流量关系综合落差指数法从仅适应顺直江段相对稳定的断面到如今基本适应顺逆不定、湖泊、感潮等各类江段（如长江中下游干流及"两湖"出口江段）水位-流量关系单值化处理，在保证相应流量推算精度的同时，大幅减少了流量测次，为水文巡测奠定了技术基础。应用实践表明，该技术对推动水文巡测的发展至关重要。

从 2016 年汛期报汛成果来看，采用水位-流量关系单值化技术，流量测次大幅减少，流量报汛相对误差基本控制在 5% 以内。如螺山站，实行单值化技术之前多年平均流量测次达130 次左右，2016 年仅为 51 次，减少了约 60% 的外业劳动强度，显著提高了生产效率。

3. 应急监测技术

水文应急监测主要用于应对与水有关的突发性自然灾害和水污染事件，通过收集水文基本资料和水文基本信息，为政府决策部门制定抢险减灾方案提供科学依据和技术支撑，水文应急监测具有事件处置紧迫、现场监测艰巨、监测任务复杂、监测方案非常规、服务决策及时等特点。在应对各类突发灾害事件的水文应急抢险监测实践中，流域内有关水文部门对水文应急监测的工作方案、监测内容与方法以及技术要求等进行了探索，并发展和完善了对堰塞湖、分洪、溃口、突发性水污染事件等水文应急监测技术体系和组织管理体系。并在 2008 年唐家山堰塞湖、2010 年舟曲泥石流等突发性事件中发挥了重要作用。

目前，长江流域多数单位都组建了水文应急监测队，配备了水文巡测车、桥测车、无人机和 ADCP、电波流速仪等设备。在 2016 年的防汛水文测报工作中，利用这些先进设备进行洪水应急监测，为各级防汛部门提供及时、可靠的水文信息。

7.1.2 信息报送与共享

20 世纪 90 年代以前，水文信息报送主要采取人工拍报方式，报汛时效性和质量都不高。2000 年以后，随着国家防汛抗旱指挥系统的建设，水情报汛技术发展得到质的飞跃，完成了从电传机、语音电话、X.25 再到卫星通信技术、计算机网络技术等跨越式的发展。流域内各省相继实现报汛自动化，水情报汛从信息采集、处理与集成、传输与接收等各个环节全面实现自动化，报汛时效性和频次大大提高。遇汛情紧张，测站可根据需求调整报汛频次，可加密为 5～10min。

2011 年，新的水情信息交换系统软件在长江流域推广应用，进一步提升水情信息传输技术水平。该系统依托计算机网络，以文件传输方式基本实现信息实时共享，大大提高了水雨情信息报送的可靠性与时效性。目前，长江流域各站水情报汛已基本达到 20min 内到达长江防总、30min 到达国家防总的目标，为各级防汛指挥部门提供了有力的信息支持。

除了报汛手段不断提升外，信息来源也不断扩展。在各级防汛部门的积极推动下，水库群信息共享工作获得全面推进，通过对信息进行整合和规范化处理，依托全国防汛水情网络，构建完成了以水库（梯级）调度中心为节点，与国家防总、相关省（直辖市）水文及防汛部门进行信息交换的模式。2016 年，长江上游各控制性大型水库实时信息、预报调度信息以及水库管理部门 1024 个遥测站水雨情信息实现实时共享，进一步扩充了现有水雨情信息收集范围及密度。

近几年，长江流域各部门报送国家防汛部门的信息量持续增长。据不完全统计，2016年长江委水文局及湖北、湖南、江西、安徽、江苏等省水文部门水雨情信息发送量约37081万条，30min到报时效合格率在90%以上，错报率小于0.01%。

7.1.3　业务系统建设

随着计算机及网络技术的发展，洪水预报、水库调度、视频会商等系统不断升级换代，逐步向自动化、现代化迈进，大大提高了预报服务的工作效率。

2003年，原水利部水文局组织全国高等院校、科研院所、生产单位，研发了中国洪水预报系统（英文简称NFFS），并成功推广应用于长江流域多个省（直辖市）洪水预报作业。该系统基于全国统一的实时水情数据库和客户/服务器环境基础上，以地理信息系统为平台，采用规范、标准、先进的软硬件环境及模块化、开放性结构，建立了常用的预报模型和方法库，通过人机界面快速地构造多种类的预报方案，具有可用图形和表格方式干预任何过程的实时交互预报系统，可快速完成流域、河系洪水预报工作。

流域相关各省（直辖市）近年来也着力开发中小河流预报预警系统。依托国家防汛抗旱指挥系统的建设，流域各级防汛部门相继建成视频会商系统，实现了国家、流域、省（直辖市）各级防汛部门的异地会商，全面提高了作业预报技术水平。2016年，湖北、湖南、江西、安徽、江苏等省充分发挥业务系统的作用，在防汛水情会商中取得了很好的技术支撑。

长江委水文局在继承多年预报系统开发经验的基础上，2008年开发了基于互联网的通用型水文预报平台（英文简称WISHFS），依托其预报资源库创建了长江流域洪水预报系统；2015年又依托国家防汛指挥系统二期工程项目自主研发了长江防洪预报调度系统，系统采用B/S结构、开放式的设计理念，结合了水文预报、洪水调度、防汛会商、综合决策等多个功能，为2016年长江洪水提供了有力的分析工具和决策支撑。

7.1.4　水文气象预报

以防洪实际需要为导向，紧跟国内外技术发展，水文部门开展了一系列科学研究和业务实践，逐步形成了"短中长期相结合、水文气象相结合、科研与生产相结合"的技术路线，不断提高预报精度、延长预见期、丰富预报产品类型，为流域防洪调度及水量实时调配提供了重要技术支撑。

1. 长期预报方法日益增多，技术手段显著提升

长期天气过程的演变牵涉到整个大气、海洋、大陆环境、冰雪等在内的庞大地学系统之中，影响气候因素诸多。20世纪，长期水文气象预报的主要方法有趋势预报与统计预报两类，其中趋势预报主要考虑大气环流、极冰、海温等少数物理因子。近年来，随着对海—气、地—气相互作用的研究有了深入发展并取得了一定的成果，纳入长期预报考虑的物理因子明显增多，统计预报方法也由之前的单一到目前的多种，同时随着数值模式的不断发展，气候模式产品逐渐增多，区域气候模式的引进，数值模式也新增为长期预报的一种重要参考方法。这些进步均对提高预报准确性起到了十分重要的作用。

2016年，长江委水文局新引进美国国家大气研究中心（NCAR）的区域气候模型

RegCM4，其理论框架主要是基于中尺度气象模式 MM4，并在此基础上进行不断改进，具备长期气候模拟能力，成为长期预报能力提升的重要技术支撑。目前，长江流域长期预报主要通过前期气候背景分析，结合各个物理统计方法及气候模式综合应用，采取会商研讨形式确定最终结论，对指导流域的防洪调度策略、水量分配方案的制定起到很好的技术支撑作用。

2. 数值天气预报技术广泛应用，短中期预报精度显著提高

长期以来，短中期降雨预报主要以应用高空气象要素的天气学预报方法为主。进入 21 世纪后，随着数值天气预报水平和能力的发展与进步，短中期天气形势预报准确率显著提高，流域各水文部门引入多种不同时空尺度的降雨数值预报产品，如日本气象厅的全球模式、欧洲中期天气预报中心（ECMWF）的全球模式、中国的 T639 全球模式、美国的 GFS 全球预报模式、美国的 WRF 数值模式等，并进行降尺度、解释应用等技术处理，逐步形成了以数值预报与天气学经验预报相结合的预报方法。

通过耦合短中期降雨预报成果，作为洪水预报模型的输入，获得更高预报精度、更长预见期的短中期洪水预报。近几年的预报实践表明，中期水文气象预报对明显的天气过程、较大涨水过程和洪水量级等方面提高预判，具有较好的支撑作用，已日渐成为指导防洪调度决策的"好帮手"。同时，为尽量延长预见期，部分水文部门尝试开展了延伸期降雨预报工作，将降雨预报的预见期延长至 20d 左右，进一步发展调度工作的前瞻性。

3. 洪水预报模型库更丰富，有效应对新挑战

长江流域洪水预报起步于 20 世纪 50 年代，在应用相关图、谢尔曼单位线、马斯京根等传统预报方法的基础上，根据长江流域特性，不断丰富和发展新形式、新方法，如分类马斯京根验算法、多变量相关图、湖泊调洪动态演算方法（大湖演算模型）等，有效解决了部分河湖复杂地区预报难题，显著提高了预报精度水平。1998 年大洪水后，尤其是进入 21 世纪以来，随着流域梯级水利工程的开发，流域下垫面条件发生了明显变化，部分原有的预报方法已不适应新形势下的预报需求，水文预报面临新的挑战。流域水文部门跟随国内外行业技术进步的步伐，不断引入新方法、新模型，例如，在三峡水库蓄水运行后建立水动力学模型解决河道型水库动库容影响预报的难题，在部分流域采用新安江模型、水箱模型，引进了 Urbs、Nam 等降雨径流模型并在多个流域成功应用，将分布式水文预报模型在嘉陵江、汉江、三峡区间等流域开展示范应用，有效地解决降雨时空分布不均、流域下垫面条件及产汇流机制差异较大的问题。采用多模型、多方法并行计算和交叉分析，成为应对新挑战、提高洪水预报精度的重要手段之一。

4. 洪水预报调度一体化技术逐步成熟，应用不断深化

目前，长江流域已建成各类水库 5 万余座，总库容近 3600 亿 m³，防洪库容 630 亿 m³，为更好地支撑管理部门实现水库群多目标综合调度、水库群联合调度、科学精准调度，经过多年的研究探索，逐步实现了多阻断条件下水库群洪水预报调度一体化技术的实践应用。

一方面，构建了以重要水库、防洪对象及干支流控制断面为节点的长江流域预报体系，预报方案实现了从岗托至大通全流域覆盖，预报江段从原来的 3600km 以上延长至约 4300km，基本实现预报与调度的如影随形。同时，构建调度规则库，分析研究长江流域

重要防洪区域的调度方案，根据洪水发生的量级、调度节点，将防洪调度方案研究成果归类，按调度控制方式（水位/流量），以调度节点为索引，将调度方案参数化、程序化，实现自动优化计算。最后构建预报调度一体化计算流程，针对水库节点设定了三种调度方式：一是按维持当前出库调度；二是按调度规则库中的调度规则调度；三是按出入库平衡控制。三种调度方式交互判断、灵活切换，并辅以人工交互调度和各类优化算法，实现通过预报指导调度方案的优化制定。2016 年针对城陵矶地区的补偿调度，水文部门运用预报调度一体化技术，编制包括三峡水库在内的上中游水库联合实时预报调度方案，取得了很好的调度效果。

5. 中小河流和山洪预报预警技术日渐成熟

长江流域中小河流众多，且大部分中小河流站网偏稀，缺乏必要的应急监测和预报手段，加上中小河流山洪泥石流灾害突发性强、危害性大，如 2010 年 8 月的甘肃舟曲泥石流事件。近年来，国家加大对中小河流和山洪监测预报预警能力的建设力度，通过中小河流山洪监测预警水雨情站网的建设，监测能力有了很大程度的提高。同时，大批专项研究成果，如：国家科技支撑计划"山洪灾害监测预警关键技术及集成研究与示范"研究，提出了一批中小河流山洪预警预报的实用方法和模型，并投入推广应用，取得显著的效果。

目前，中小河流山洪预警预报方法主要为两种：一种是基于水文模型的常规预报方法，另一种则是以动态临界雨量为基础的雨量预警方法。根据流域站网、资料及基本情况又进行如下分类：无资料或少资料地区，可用比拟法将临近水文特性相近的流域模型参数移用调整建立预报方案；对于有雨量和水位流量观测资料的流域，可用雨量水位（流量）相关关系法或直接建立降雨径流预报模型；对于流域面积较小、汇流时间较短的流域，可采用临界雨量预警方法，建立临界雨量预警模型，由实况或预报雨量启动预警；对于资料情况较好的流域，可直接采用成熟的产汇流模型或经验方法；对于无资料却有经验公式或有通用经验公式的流域，可采用经验公式建立预报模型，与比拟法一起对比应用。

7.2 2016 年水文监测预报服务

2016 年长江洪水期间，水文部门加强监视分析、强化全时值守、加密中长期研判、滚动洪水预报调度分析、提高信息服务质量，为各级防汛指挥部门提供了大量准确及时的水雨情信息和预报成果支撑。

据不完全统计，原水利部水文局、长江委水文局以及湖北、湖南、江西、安徽、江苏等水文部门合计发布预报约 1.15 万站次，完成各类水雨情分析材料 2656 份，参与各级防汛部门主持会商近 500 次，发送水雨情短信 48.6 万条，发布洪水预警 278 次，各级水文部门在防汛关键期的洪水预报优良率均在 90％以上。

洪水预报预警信息经网络、电视、电台、报刊等多种媒体及时发布，为沿江有关单位和社会公众避险救灾提供了有力的信息支撑。

7.2.1 应急监测

在 2016 年的防汛测报工作中，面对分洪、溃口，利用这些先进设备进行洪水应急监测，为各级防汛部门提供了及时、可靠的水文信息，效益显著。

1. 湖北举水超历史洪水

7月初，武汉举水洪水漫堤，超过1991年的历史最高水位，原有水尺已经无法读取数据，测站人员根据水势不断增加监测的水尺；缆道已经无法使用，而流量数据必须要记载，测站人员绕道凤凰镇去上游举水河大桥改用雷达枪施测流量；凤凰镇郑园村陶家河湾举水河西圩垸发生溃口，溃口达70余m，两支应急支援技术队伍冒着大雨在两个测站协助进行抢测洪峰。7月2日1时10分抢测到举水柳子港创历史新高的洪峰流量。

2. 湖北梁子湖退垸还湖

7月初，梁子湖汛情异常严峻。7月11日，根据湖北省防汛抗旱办公室命令，湖北省水文局水文应急机动监测队分赴牛山湖段各重点闸口、堤岸等，水文应急通信队伍迅速响应，有效应对，积极开展应急监测，将现场视频画面实时传送回湖北省防汛抗旱指挥中心，14日7时，对牛山湖破垸分洪"第一爆"圆满成功。水文应急监测通信队伍决战72h，为湖北省防指提供决策支持，起到不可替代的作用。

3. 湖北汉北河龙骨湖分洪

2016年梅雨期，湖北天门市主要河流汉北河发生了3场超历史实测最高记录的洪水，东河、西河、柳河等中小河流，沉湖、华湖、张家大湖等湖泊水位超历史实测最高记录，2座中型水库、2座小（1）型水库、30座小（2）型水库全部溢洪，龙骨湖分蓄洪区启用。天门水文分局根据《湖北省天门市水文水资源勘测局2016年水文测报应急预案》，先后启动了水文测报应急响应Ⅲ级、Ⅱ级、Ⅰ级响应，在汉北河、皂市河、龙骨湖分洪口、东河、沉湖、华严湖等地开展应急测流120余次，共提交应急监测报告23期，及时向天门市防指提供水文数据，同时及时向相应城市防办发布预警，通报分洪区水文数据，为流域上下游科学决策、协调调度提供了重要的保证。

4. 湖南酉水河里耶古镇防洪堤漫溃

6月19日，湖南湘西龙山、湖北来凤、重庆酉阳一带降暴雨到大暴雨，部分地区降特大暴雨。受强降水影响，酉水干流山石堤水文站水位从20日2时的250.05m起涨，到当日13时，出现了261.99m的洪峰水位，9h水位变化幅度为11.94m，超历史实测最高水位3.58m。20日11时40分，洪水漫过防洪堤，进入位于石堤水文站下游10多千米、酉水河畔的里耶古镇。20日16时，湘西水文局接到湖南省水文局的命令后，立即派遣应急监测队赶赴里耶古镇开展应急监测工作。同时，湖南省水文局、怀化水文局的应急监测人员也奔赴里耶镇，支援湘西水文局的应急监测工作。应急监测人员架设临时水尺，运用遥测船装载ADCP测验流量，启用无人机等设备航测堤内、外洪水演进淹没情况，为迎战复式洪水及堵口复堤提供了重要信息。

5. 湖南新华垸红旗闸溃口

受长江和洞庭湖超警洪水影响，7月1日起，地处洞庭湖腹地的华容县华容河一直处于接近保证水位状态。7月10日11时左右，华容河水位达35.15m，超过保证水位0.15m，新华蓄洪垸红旗闸管身新老土接合部位因重大险情发生内溃。红旗闸大堤堤身断裂，出现一处宽约10多米的溃口，导致新华垸内2万多群众受灾。险情发生后，湖南省、岳阳市水文局立即启动了水文应急监测预案。第一时间赶赴华容县新华垸内溃口现场，利用无人机、橡皮冲锋舟、ADCP 流速仪、全站仪、手持电波流速仪等仪器设备开展圩内实时流速、流量、水深监测，溃口实时水位、流量监测等各项水文应急监测，为溃口成功合龙和圩内及时排渍提供了重要参考依据。12 日 8 时 15 分，经过 45h 的全力抢险，新华圩溃口堵口合龙。25 日，新华圩抢排渍水告捷，万余名群众返回家园。

6. 江西鄱阳湖水系昌江洪水

6 月 18—19 日，昌江流域普降暴雨，过程降雨量为 164mm，根据水雨情预测，昌江干流将全线超警，支流将发生特大洪水。景德镇市水文局从 19 日 11 时启动防汛测报Ⅲ级应急响应，要求景德镇市水文局应急抢测小组、自动化与水情小组、后勤服务小组全部成员于当日 13 时 30 分到岗到位，各相关部门按照职责分工和预案规定，积极做好入汛以来最强暴雨洪水的各项测报服务工作。

此次应急监测，江村站采用缆道流速仪法测流 7 次，九龙站采用缆道流速仪法测流 2 次，新厂站采用缆道流速仪法测流 10 次，潭口站采用缆道流速仪法测流 2 次。由于水文防汛测报应急响应启动及时，水文预测预报准确，为地方防汛抢险提供了科学决策依据，据景德镇市民政部门统计数据，景德镇市在抗击 2016 年 "6·20" 暴雨洪水过程中共转移人口 11.91 万人，全市抗洪抢险救灾没有发生一起人员伤亡事故，防汛工作成果显著。

7. 江西鄱阳湖 "2016·07" 大洪水

受强降雨和长江水位剧涨的共同影响，鄱阳湖星子站水位自 6 月 29 日 18.17m 起涨，7 月 2—4 日鄱阳湖区各站先后全面超过警戒水位，7 月 3 日长江倒灌鄱阳湖最大流量达 9100m³/s。7 月 2 日，鄱阳湖水文局连夜召开会议，立即启动应急监测预案，应急监测组风雨无阻，每日 5 时准时到达湖区星子监测断面，面对 7~8km 的水面宽，监测人员克服风大浪高和湖水流速慢、技术难度大等困难，充分运用船载 ADCP 等先进技术开展流量测验，8 时前将监测成果上报，经过 29d 艰苦监测，为准确掌握入出湖水量变化、提高鄱阳湖水位预报精度提供了有效支撑，为沿湖各市（县）防汛减灾发挥巨大社会效益。

8. 安徽巢湖环湖支流测流

2016 年巢湖流域发生特大洪水，入湖流量和水量成为洪水分析和防汛调度的关键数据，由于环巢湖支流仅丰乐河有基本水文站可以测流，其他河流均没有实测流量，因此入湖水量只能进行推算求得。2016 年合肥市水文局先后组织 5 个应急测验小组采用无人机、ADCP、电波流速仪等新设备，每天对南淝河、十五里河、派河、杭埠河、白石天河、兆河、柘皋河等入湖主要河流实测流量。历史上首次通过实测基本掌握了入湖流量，并与推算流量相互印证，提高了预报调度的可靠性。同时利用无人机航拍，结合虚拟现实技术（VR）全景影像制作，通过网站和新媒体，向社会全方位展示了洪水淹没场景和水文工作者风雨中测流工作，备受媒体和网民关注。

7.2.2 水文预报预警

1. 中长期预报

2016 年汛前，流域内各级水文气象部门认真开展中长期预测分析，广泛深入会商研判，提前发布长期预测分析成果，为迎战 2016 年长江暴雨洪水奠定了基础。

水利部水文局、长江委水文局等部门 3 月底即发布长江流域长期预报，预计：主汛期

（6—8月）长江流域降雨明显偏多，长江中游大部地区偏多2成以上，部分地区偏多5成，需特别警惕长江中下游梅雨期间出现的降雨异常偏多现象，见图7.2-1。实践证明，2016年长期预报对长江流域汛期及主汛期旱涝总趋势定性预测正确，特别是强调长江中下游梅雨期降雨异常偏多的趋势研判与实际吻合较好。

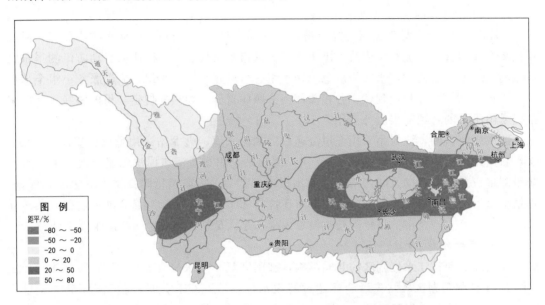

图7.2-1　2016年6—8月长江流域降雨预报分布示意图

　　各地方水文部门也对2016年汛情趋势进行了滚动分析。例如：江西省从2015年年底即开始对2016年汛情趋势进行了滚动预测，分析认为，2016年赣南、赣北降雨偏多明显，早汛的可能性大，鄱阳湖出现大洪水的可能性大。从2016年实况来看，其长期预测分析结果与实况基本相符。湖北省水文局2016年年初根据实时数据和历史资料分析，作出了湖北省内长江流域可能出现严重洪涝灾害，甚至出现类似1998洪水的预测。

　　多年来，长江流域水文部门积极探索开展中期水文气象预报，预报准确性不断提高。长江委水文局2016年开展延伸期水文气象预报试验并发布预报近百期，对持续性大暴雨过程作出了较准确的预报，为汛期防汛会商及调度决策起到了较好的参考作用。例如：针对2016年6月下旬及7月上旬的洪水过程，6月19日提前一周对降雨过程进行了研判，预报6月27日至7月9日长江流域有4次明显的降雨过程，见图7.2-2。由于预见期较长，降雨的强度及时空分布具有较大的不确定性，因此对此轮降雨过程进行了后续的跟踪滚动预报。6月24—26日共发布了3期中期预报对此轮降雨过程进行了进一步确认，预计：26—28日三峡及长江中下游干流附近有大雨、局地暴雨或大暴雨的降雨过程，6月30日至7月1日长江流域自西向东有一次大雨、局地暴雨或大暴雨的降雨过程，且过程的主雨区在长江中游干流附近，据此预报三峡水库入库洪水量级并提前4d预计中下游干流全线超警。7月1日三峡最大入库流量为50000m³/s，7月4日前后长江中下游干流全线超警，长预见期、高精度的短中期水文气象预报为三峡水库及长江中下游防洪调度提供了关键技术支撑。

长江流域延伸期降雨试验预报

雨量单位/mm

第16期	2016年6月19日												
预报区	第8天 6月27日	第9天 6月28日	第10天 6月29日	第11天 6月30日	第12天 7月1日	第13天 7月2日	第14天 7月3日	第15天 7月4日	第16天 7月5日	第17天 7月6日	第18天 7月7日	第19天 7月8日	第20天 7月9日
金沙江流域	2	3	5	6	7	5	5	7	5	6	4	5	6
金沙江中下游	5	10	10	10	10	5	10	10	8	8	5	6	10
岷沱江流域	2	5	15	7	15	10	25	20	15	7	5	15	10
嘉陵江流域	2	3	5	4	10	6	15	10	5	3	2	5	5
屏寸区间	2	3	20	10	20	6	15	5	15	9	6	10	25
乌江流域	15	5	15	10	20	5	7	5	10	10	6	10	25
三峡、清江	20	1	25	2	6	6	20	20	15	10	3	8	10
长江中游干流区间	30	5	30	15	12	15	16	15	10	10	5	8	15
汉江上游	1	1	3	1	5	5	17	10	10	0	0	4	5
汉江中下游	5	1	3	0	3	10	20	15	15	0	2	5	10
洞庭湖水系	20	6	15	10	15	5	4	4	4	10	6	5	10
鄱阳湖水系	10	8	10	10	5	5	3	3	3	4	6	5	7
长江下游干流区间	30	8	15	20	15	25	15	15	3	5	5	5	10
武汉地区	25	2	30	20	18	15	10	15	10	10	1	5	20
简要分析	预计：未来8~20d，长江流域有4次明显的降雨过程；27日，长江中游干流附近有中到大雨，局部暴雨；29~30日，长江干流附近有中到大雨，局部暴雨；7月1~2日，3~6日，长江流域干流附近自西向东有2次快速移动的中到大雨的降雨过程，8~9日，长江流域干流附近有1次中到大雨的降雨过程。												

图 7.2-2 2016年6月19日延伸期预报成果

2. 短期洪水预报

流域内各级水文部门按照分工开展辖区内短期洪水预报制作发布，为防汛调度决策发挥关键作用。

长江委水文局 2016 年汛期发布长江干流主要控制站水位、流量 1～5d 过程预报 99 期，总体上讲，长江中下游干流各主要站预见期 72h 内水位、流量预报精度高，其中莲花塘—大通各站水位预报平均误差均在 0.20m 以内，合格率在 90％ 以上；关键性预报较准确，其中，长江 2016 年第 2 号洪水中，长江委水文局提前 4d 准确预报出长江中下游干流监利以下江段将全线超警，并提前 2d 发布洪水黄色预警，趋势预测与实况完全吻合；7 月 5 日预计长江中下游干流监利以下各站 7 月 8 日前后将出现洪峰、城陵矶江段接近保证水位；在退水预报中，提前约 10d 准确预计出莲花塘及其他各站的退警时间。表 7.2－1 为长江 2016 年第 2 号洪水洪峰水位预报与实际水位对比结果，其中，莲花塘、湖口最高水位预报误差仅 0.01m、－0.03m，预见期长度分别达到了 63h 和 120h。

表 7.2－1　　　　长江 2016 年第 2 号洪水洪峰水位预报与实际水位对比

预报对象	预报依据时间	洪峰水位值/m	出现时间	预报水位值/m	误差/m	预见期长度/h
监利	7 月 5 日 8 时	36.26	7 月 6 日 20 时	36.30	0.04	30
七里山	7 月 5 日 8 时	34.47	7 月 8 日 3 时	34.40	－0.07	67
莲花塘	7 月 5 日 8 时	34.29	7 月 7 日 23 时	34.30	0.01	63
螺山	7 月 6 日 8 时	33.37	7 月 7 日 20 时	33.35	－0.02	36
汉口	7 月 6 日 8 时	28.37	7 月 7 日 4 时	28.20	－0.17	20
黄石港	7 月 6 日 8 时	25.01	7 月 7 日 6 时	24.95	－0.06	22
码头镇	7 月 6 日 8 时	22.50	7 月 9 日 15 时	22.56	0.06	79
九江	7 月 6 日 8 时	21.68	7 月 9 日 22 时	21.72	0.04	86
湖口	7 月 6 日 8 时	21.33	7 月 11 日 13 时	21.30	－0.03	125
安庆	7 月 6 日 8 时	17.71	7 月 9 日 9 时	17.72	0.01	73
大通	7 月 6 日 8 时	15.66	7 月 8 日 23 时	15.80	0.14	63

湖北省水文局 7 月 12 日根据梁子湖梁子镇站已超历史最高水位的水情实况，以及气象部门关于未来一周还有 100～200mm 的面雨量的预报，预测梁子湖的水位将仍上涨 0.40～0.80m，超过保证水位和历史最高水位，严重威胁梁子湖湖堤安全，为梁子湖的牛山湖破垸分洪提供了数据支撑。湖北省于 7 月 14 日上午 6 时启动梁子湖的牛山湖破垸分洪，最终将梁子湖水位控制在 21.50m 以内，有效保护了湖区周边人民财产和生命安全。此外，在 7 月 19 日汉北河天门站预报中，准确预测了将出现超历史洪水（超历史最高水位近 1m），据此湖北省防指果断决定分洪，有效避免了堤漫城淹的洪水灾害。

安徽省水文局在西河、巢湖及水阳江防洪关键期的准确预报，发挥了良好的社会效益。其中，6 月 30 日起西河流域再次普降暴雨，迅速形成第二次洪水过程，水位上涨迅猛，根据安徽省水文局准确的逐时滚动预报，安徽省防指命令东大圩蓄洪区提前做好蓄洪准备，并于 7 月 1 日 23 时 20 分开闸蓄洪，开闸蓄洪后，7 月 2 日缺口站出现最高水位

12.65m（预报水位为12.60m）。精准的西河预报为蓄洪准备赢得了12h以上的时间，为削减西河洪峰、减轻西河两岸重要圩堤防守压力起到了重要作用。此外，巢湖洪水期间，安徽省水文局共发布14次忠庙站（巢湖湖面水位代表站）预报，提前41h预警巢湖水位超过保证水位；7月4日20时，在主降雨刚刚结束即预报忠庙水位将达12.80m，超过保证水位0.80m，与历史最高水位持平，忠庙站7月9日4时6分出现实测最高水位12.77m，预见期达104h，误差仅为0.03m。超前、准确的巢湖水位预报，为合肥市的滨湖新区、巢湖市区及沿湖乡镇及时加固堤防、有序组织人员转移提供了决策依据。

江西省水文局在修水、昌江及鄱阳湖区关键预报中也取得了良好的效益。其中，7月5日6时，江西省水文局根据实时水雨情研判分析永修站洪峰水位将达到23.60m，突破历史最大值，并及时分析上游大段、东津、柘林水库群预报及潦河来水情况，上报江西省防总，8时江西省防总联合调度水库群拦洪错峰，降低了永修水位0.40m，最大限度减轻了下游永修县的防洪压力，确保堤防安全。

3. 中小河流山洪预警预报

2016年汛期，长江流域部分省（直辖市）依靠新建成的山洪灾害和中小河流预警系统及时发布灾害预警，取得了良好效果。

湖南省2016年发布多次暴雨山洪预警，如古丈县"7·17"暴雨山洪，由于预警及时，转移果断，无一人伤亡；在澧县"5·06"及临澧县"8·10"暴雨山洪中，利用山洪灾害预警平台及时发布预警短信，提前转移群众避险，有效保障了人民生命安全。湖北省通过山洪预警平台共发布预警9742次，成功发送预警短信53.5万条，为避开山洪危害而转移的人数达25万人。

江西省水文局和江西省气象台经充分协商，由江西省气象台负责提供未来24h精细化降水预报格点产品，江西省水文局根据山洪灾害调查重点防治区及相应预警水位或雨量等成果，并运用相关方法或水文模型制作未来24h中小河流洪水、山洪灾害气象预警产品，由双方在各自网站对外发布。自2016年6月14日起，发布了江西省中小河流洪水及山洪灾害气象预警，全年共发布了10期。

安徽省在2016年汛前及时完成了山洪致灾雨量综合分析，建立了致灾雨量阈值体系。在6月18—19日皖南山区强暴雨期间，融合山洪灾害调查评价成果，发布短历时强降水预警，与焦点区域防汛指挥部门点对点对接，共发送各类预警短信93400多条，为山洪防御预案实施、及时避险提供技术支撑。

7.2.3 水情预警发布

按照国家防总要求，长江流域各有关省（直辖市）均制定了辖区内洪水预警预报发布相关管理办法。2016年长江流域干支流多站发生超警戒水位以上洪水，达到预警发布标准，通过原水利部水文局开发的洪水预警发布平台进行了预警发布，预警范围、预警次数较2015年翻番，预警工作成效日益显著。

2016年，长江委水文局共发布6次洪水黄色预警，其中第2期在7月2日8时发布，提前2d黄色预警长江中下游干流将全线超警，为长江中下游干流沿线公众避险救灾提供了有力的决策支撑；此外还发布2期洪水编号信息，便于洪水定性与宣传。

重庆提前 8h 发布长江支流綦江洪水预警，为沿江 1.2 万余名群众及时转移争取了宝贵时间。

湖北省共发布洪水预警 73 次，其中红色预警 4 次、橙色预警 16 次、黄色预警 28 次、蓝色预警 25 次，其中天门、孝感等地首次发布洪水红色预警，及时为汉北河、府澴河防汛调度、群众转移提供决策依据。

湖南省省、市两级水文部门共发布洪水预警 89 次，其中红色预警 2 次、橙色预警 6 次、黄色预警 73 次、蓝色预警 8 次，尤其在湘江一级支流射埠站出现超历史洪水期间，湘潭市水文局滚动预报分析，依次升级发布洪水黄色、橙色和红色预警，当地政府根据洪水预警信息作出应急响应转移 50209 人，减少财产损失 2960 万元，预报效益估算为 296 万元。

安徽省共发布洪水预警 11 次，其中，红色预警 4 次、橙色预警 2 次、黄色预警 4 次、蓝色预警 1 次。

江西省共发布洪水预警 79 次（江西省水文局 23 次），其中红色预警 3 次、橙色预警 12 次、黄色预警 17 次、蓝色预警 47 次；发布枯水黄色预警 1 次（赣江樟树站）。

江苏省共发布洪水预警 20 次，其中橙色预警 3 次、黄色预警 10 次、蓝色预警 7 次。

2016 年汛期，长江流域各级水文部门准确及时的预警信息发布，为沿岸各级防汛部门抗洪抢险、居民群众有效避险提供了科学支撑，大大减轻洪水灾害损失，防洪及社会效益十分显著。

第 8 章 结 论

2016 年 6—7 月，长江流域降雨集中、强度大，暴雨洪水遭遇恶劣，长江发生中下游型区域性大洪水。干流监利以下江段全线超过警戒水位，莲花塘最高水位接近保证水位，城陵矶以下江段和洞庭湖、鄱阳湖湖区主要站水位列有实测记录以来的第 3～7 位，大通以下江段主要站洪峰水位和大通站最大 7d 洪量均超过 1999 年；部分支流发生超历史特大洪水，清江、资水、鄂东鄂北诸支流、梁子湖、巢湖水系和秦淮河等发生特大洪水，修水、昌江等发生大洪水。2016 年长江洪水区域性特征显著，洪水影响范围广、洪涝灾害重。从区域上看，湖北境内的清江、鄂东、鄂北等地区以及湖南境内的洞庭湖水系资水，洪水量级大于 1998 年；江西境内鄱阳湖水系修水、饶河，洪水量级大于 1999 年，仅次于 1998 年；安徽境内的"三江"流域、巢湖流域等地区，洪水量级大于 1998 年和 1999 年。

8.1 主 要 认 识

通过对 2016 年暴雨洪水的形成原因、主要特征及水库调度影响等分析，形成以下主要认识。

（1）降雨时空分布异常不均。2016 年长江流域的降雨时空分布异常不均，时间上主要集中在入汛至出梅期间，空间上长江中下游干流附近地区异常偏多。

2014—2016 年，赤道中东太平洋发生了自 1951 年以来历时最长、强度最强、峰值最大的一次超强厄尔尼诺事件。2016 年长江流域降水量总体上仅偏多 1 成，长江上游基本正常，中下游偏多超 1 成，但时空分布异常不均。年内共发生 18 次暴雨过程，15 次发生在入汛至出梅期间，10 次过程雨区中心均位于长江中下游地区。主要出现两段明显的降雨集中期（分别为 4 月上中旬、6 月中旬至 7 月中旬），尤以长江中下游梅雨期为甚。梅雨期长江中下游干流附近大部地区雨量较历史同期偏多 1 倍以上，位居 1951 年以来第 3 位（仅次于 1954 年和 1996 年），其中长江下游干流偏多 2 倍以上；期间共发生 6 次暴雨过程，6 月 30 日至 7 月 6 日的暴雨过程年内最强，强降雨长时间维持在中下游干流附近，导致中下游干支流来水迅猛上涨，多条支流发生大洪水或特大洪水，干流监利以下江段全线超过警戒水位。

（2）洪水恶劣遭遇。2016 年洪水期间，中游洪水与下游洪水、干流洪水与支流洪水恶劣遭遇，导致中下游干流主要控制站水位接近同步快速上涨，水面比降减小、流速趋缓、水位—流量关系明显左偏，洪水宣泄不畅。

6 月底至 7 月上旬，受持续稳定的强降雨过程影响，长江中游鄂东北诸河（滠水长轩岭、倒水李家集、举水柳子港站）与下游主要支流（青弋江、水阳江、巢湖、滁河、秦淮河等水系）几乎同时暴发超过保证水位或超过历史实测记录的洪水，中游及下游地区支流洪水集中并发，并与长江干流洪水遭遇，不断推高干流水位，7 月 1 日长江中下游干流主要站水位日涨幅均在 0.40m 以上，汉口、大通两站受顶托及干流来水双重影响，最大 24h 涨幅分别达较为罕见的 1.39m、0.80m。7 月 2 日、3 日下游干流南京站、大通站水位先后超过警戒水位，洪水还未宣泄，又与中游洪水、区间洪水恶劣遭遇，导致长江中下游的江槽洪水壅塞，来水反复叠加，洪水宣泄不畅，形成中下游水位居高不下、超警戒水位时间持续近 1 个月的现象。5 日南京站率先出现位居历史最高水位第 4 位的洪峰水位。

（3）支流洪水范围广、量级大，较干流更为突出。2016 年洪水期间，长江干流监利以下江段全线超警，干流城陵矶以下江段和洞庭湖、鄱阳湖湖区主要站水位列有实测记录以来的第 3～7 位。但支流洪水与之相比，量级更为突出。

以湖北、安徽两省境内的支流、湖泊为例：湖北清江、鄂东北诸河及江汉湖群等流域有 8 条主要河流发生超过保证水位的洪水，其中 7 条河流发生超历史洪水，府澴河卧龙潭站超过历史最高水位高达 0.93m，鄂东北诸支流最大合成流量高达 25000m³/s，超过历史记录。五大湖泊中有 4 个发生超过保证水位的洪水，其中梁子湖超过历史最高水位 0.06m，长湖超过历史最高水位 0.15m。清江水布垭水库发生建库以来的最大洪水，隔河岩水库还原入库洪峰流量的重现期接近 100 年。

安徽境内巢湖流域、"三江"流域、皖西南诸河及沿江湖泊群等支流中，巢湖流域发生仅次于 1991 年的洪水，湖区水位列 1962 年有实测资料以来第 2 位。"三江"流域水阳江、漳河水系发生仅次于 1999 年的洪水，下游水网区水位、流量、洪量则大于 1999 年，水阳江控制站新河庄站、入江口当涂站，青弋江入江口大砻坊站实测流量均超历史。皖西南诸河及沿江湖泊群中，菜子湖等 4 湖水位列历史第 1 位，武昌湖和华阳河湖泊群列历史第 2 位，黄溢河、尧渡河最高水位和洪量均列历史第 1 位，秋浦河下游水位列历史第 1 位。

（4）水文气象预报预警技术保障有力。水文气象预报预警是一项十分重要的防洪非工程措施，2016 年，各级水文部门加强监视分析，强化全天候值守，滚动会商研判，及时发布了大量精准的水文气象预报预警信息，为夺取长江流域防汛工作的全面胜利提供了重要的技术支撑。

汛前，水文气象部门认真开展中长期预测分析，广泛深入会商研判，提前发布了长江中下游梅雨期降雨异常偏多的长期预测分析，为流域水库群提前有序消落，迎战 2016 年长江暴雨洪水奠定了良好基础。汛中，各级水文部门准确、及时发布山洪或洪水的预警信息，为流域内各级防汛部门抗洪抢险、居民群众有效避险提供了科学支撑。据不完全统计，2016 年长江暴雨洪水期间共发布洪水预报约 1.15 万站次，各类水雨情分析材料 2656 份，参与各级防汛部门会商近 500 次，发送水雨情短信 48.6 万条，发布洪水预警 278 次。长江 2016 年第 2 号洪水期间，提前 4d 准确预报长江中下游干流将迎来超警以上洪水，及时分析预测水库群不同调度组合下长江中下游干流主要站的洪峰值，为防汛指挥、工程调度提供了技术支持。

（5）水库群联合调度防洪效益显著。2016 年洪水期间，长江干支流主要水库实施联合防洪调度，不仅减少了清江、资水、修水等支流下游的洪涝灾害损失，而且有效减轻了长江中下游干流防洪压力，取得了显著的防洪效益。

根据统计分析，清江梯级水库通过削峰、错峰，避免了下游出现接近历史实测最大的洪水；资水柘溪水库、修水柘林水库通过拦洪削峰，降低其下游洪峰水位 3.00m 以上，避免了下游发生洪水漫堤的重大险情。长江流域水库群通过联合调度，平均降低洞庭湖湖区及莲花塘江段水位约 0.70m，汉口江段水位约 0.40m，九江以下江段水位约 0.20m，避免了荆江江段水位大范围超过警戒水位，确保了长江干流莲花塘站最高水位不超过保证水位，缩短了干流汉口站超警时间 8d 左右，对降低中下游干流洪峰水位、缩短高水位持续时间及超警江段里程发挥了显著作用。

8.2 启示与思考

在应对 2016 年长江暴雨洪水期间，水文部门加强监测与值守，严密监视汛情发展，准确、及时地发布洪水预报预警，有力发挥了水文技术支撑保障作用。同时，也感受到现有水文技术和服务能力与社会经济发展的新需求不相适应，人类活动对流域产汇流规律的影响给水文工作带来了新的挑战，从促进水文行业技术发展、提升服务社会能力的角度，亟须开展以下方面的工作。

（1）进一步加强水文气象预报的深度融合。随着社会经济的发展，水库群联合调度、水资源调配等对水文预报提出了新的更高的要求，水文预报仍存在预报不确定性大、有效预见期短等方面的不足。因此，亟须进一步加强水文气象预报的深度融合。一是要加强多元数据融合，加强气象站网、雨情站网传统监测手段与卫星、雷达等新技术获取的降雨观测数据的融合，细化面雨量计算分区，提升面雨量计算精度，减少水文模型输入的不确定性。二是要加强分布式水文模型的研究应用，以及数值天气预报模式产品与各类水文模型的耦合应用，降低下垫面条件与降雨分布等空间不均匀性带来的影响。此外，还要加强水文气象集合概率预报技术的研究，尝试开展概率预报试验，为预报成果提供更多的风险信息，并提升水文气象预报信息化、自动化的水平，通过丰富预报产品、延长预见期、提高预报精度，更好地发挥水文气象预报对水利工程科学调度、流域防灾减灾等方面的技术支撑作用。

（2）不断深化变化环境下流域产汇流规律研究。气候变化和人类活动对流域产汇流规律带来了显著的影响。一方面，在全球变暖的大背景下，近百年来中国的气候也在变暖，极端天气气候事件（如厄尔尼诺、干旱、暴雨洪涝等）出现的频率与强度增加，正深刻地改变着流域的降雨和蒸散发条件等；另一方面，随着城镇化建设不断推进，大面积城市硬化减弱了雨水的截留能力，区域内的产流能力加强、汇流速度加快；基础水利设施不断建设，大量的治涝排水工程投入运用，汛期提排涝（渍）水入江，进一步抬高了外江洪水位；中小河流治理提高了中小流域行洪防洪能力，加快了洪水汇流速度。与此同时，随着长江流域众多水利工程（特别是水库群）的建成及投运，长河系、多阻断复杂河网的形成对河道洪水传播特性、径流时空分布带来显著的影响，流域水文、水力学特性发生改变，自然径流逐步破碎化，库区洪水传播时间明显缩短，下游受水库蓄泄影响洪水传播时间、洪峰与洪量都发生了显著的变化。因此，流域的产汇流规律影响因素众多、变化复杂，需通过多学科综合、多方法结合，对不同的区域、不同的江段有针对性地进行基本规律的深化研究，不断提高水情人员的认识，探索更科学的模型方法，更好地服务社会经济发展。

（3）继续加强信息整合与共享。及时掌握准确的雨水情、工情等信息是做好预报调度工作的前提。一方面，随着中小河流水文监测系统、国家水资源监控能力建设等项目的实施，长江流域内建设了一大批雨水情观测站，信息量大、种类多；另一方面，受体制机制、安全性和保密性等多方面因素影响，部分水利工程的运行信息未与全国水利专网互相连通，导致信息无法及时共享。因此，建立一个统一的、共享的数据交换传输机制是非常有必要的。

首先，应采用先进的仪器设备加强信息源建设，如在中下游干流沿线重要的泵站、涵闸和主要蓄滞洪区等水利工程建设常规在线监测体系，提升分洪溃垸等方面应急监测能力；其次，要加强报汛网络的建设，在确保网络信息安全的前提下加强互联互通，避免重复建设，打破信息孤岛，形成快捷高效的共享渠道；第三，是要不断拓展信息共享的深度和范围，随着纳入水库群联合调度的范围不断扩大，除了参与信息共享的水库群增加外，信息共享深度也需要进一步拓展，各水库控制断面以上的水雨情预报信息，考虑防洪、电网等需求的预调度信息，水库下游的需求信息等均需纳入共享范畴，以便更好地掌握流域整体的防洪形势和需求；最后，还应加强海量异构信息的整合存储，采用大数据挖掘技术，及时获取有价值的信息。

（4）积极推进水文服务的常态化、产品的多元化。水文作为国民经济和社会发展的基础性公益事业，在经济发展和社会公众服务中发挥着重要作用。随着社会大众生产方式和生活方式的剧烈变革，服务社会这一水文工作的历史使命面临更高要求。一方面，持续推进预报服务常态化，主动履行公益服务职能，保障流域防洪安全、供水安全、能源安全、航运安全和生态安全，深入贯彻"社会水文"服务理念和宗旨，进一步提高服务意识、服务能力和服务水平；另一方面，积极发展多元化、定制化的社会服务产品，有效满足不同目标受众对相关水文信息多层次、多样化的需求，充分利用现有技术优势和宽阔平台延伸服务业务，使水文预报服务内容能够有效地嵌入到信息传播的"最后一公里"，建立健全预报产品与社会公众之间的互馈作用机制，为长江流域经济和社会发展提供更全面的技术支持服务。

参 考 文 献

[1] 胡庆芳，张建云，王银堂，等．城市化对降水影响的研究综述 [J] .水科学进展，2018，29 (1) .

[2] 王俊 .2016 年长江洪水特点与启示 [J] .人民长江，2017，48 (4)：54-57，65.

[3] 王俊 .长江水文改革与发展思考 [J] .中国水利，2017 (19)：7-10.

[4] 张洪刚，杨文发，陈华 .气候变化条件下长江水资源演变趋势与对策 [J] .人民长江，2014，
      45 (7)：1-6，38.

[5] 孙春鹏，周砺，李新红 .我国江河洪水季节性规律初步分析 [J] .中国防汛抗旱，2010，20 (5)：
      40-41，45.

[6] 张俊，陈桂亚，杨文发 .国内外干旱研究进展综述 [J] .人民长江，2011，42 (10)：65-69.

[7] 周新春，杨文发 .2010 年长江流域暴雨洪水初步分析 [J] .人民长江，2011，42 (6)：6-10.

[8] 李春龙，邱辉，邢雯慧，等 .汉江 "83•10" 致洪暴雨重预报研究 [J] .人民长江，2017，
      48 (19)：35-41.

[9] 陈瑜彬，杨文发，冯宝飞 .2008 年 10 月长江上游秋季异常洪水分析 [J] .人民长江，2011，
      42 (6)：15-17，48.

[10] 尹志杰，孙春鹏，王金星 .长江流域华西秋雨多发区 "11•9" 暴雨洪水分析 [J] .水文，2012，
      32 (5)：92-96.

[11] 王俊，程海云 .三峡水库蓄水期长江中下游水文情势变化及对策 [J] .中国水利，2010 (19)：
      15-17，14.

[12] 丁胜祥，王俊，沈燕舟，等 .长江上游大型水库运用对三峡水库汛末蓄水影响的初步分析 [J] .
      水文，2012，32 (1)：32-38.

[13] 段唯鑫，郭生练，王俊 .长江上游大型水库群对宜昌站水文情势影响分析 [J] .长江流域资源与
      环境，2016，25 (1)：120-130.

[14] 段唯鑫，闵要武，陈力，等 .长江上游梯级水库建成后的三峡水情预报 [J] .人民长江，2011，
      42 (4)：1-4.

[15] 陈力，闵要武，冯宝飞 .三峡水库蓄水期城陵矶与长沙站水位关系分析 [J] .人民长江，2011，
      42 (6)：69-71.

[16] 闵要武，段唯鑫，陈力 .三峡水库调洪运用对寸滩站水位流量关系影响 [J] .人民长江，2011，
      42 (3)：17-19.

[17] 邹冰玉，李玉荣，冯宝飞 .三峡水库运用对长江中下游干流水位影响分析——以 2010 年 7 月洪
      水为例 [J] .人民长江，2011，42 (6)：80-82，100.

[18] 程海云，陈力 .三峡水库泄水波与沙市站水位流量响应关系研究 [J] .人民长江，2017，
      48 (19)：29-34，41.

[19] 周新春，许银山，冯宝飞 .长江上游干流梯级水库群防洪库容互用性初探 [J] .水科学进展，
      2017，28 (3)：421-428.

[20] 翁文林，刘尧成，周新春 .长江上游水库群兴建对水沙情势的影响分析 [J] .长江科学院院报，
      2013，30 (5)：1-4.

[21] 王俊，李键庸，周新春，等 .2010 年长江暴雨洪水及三峡水库蓄泄影响分析 [J] .人民长江，
      2011，42 (6)：1-5.

[22] 王俊 .长江洪水监测预报预警体系建设与实践——以 2017 年长江 1 号洪水预报为例 [J] .中国
      水利，2017 (14)：8-10.

[23] 邹冰玉，陈瑜彬，秦昊 .长江水文预报服务平台设计与开发 [J] .中国水利，2017 (19)：13-14.

[24] 王俊 .长江水文监测体系的创新实践 [J] .人民长江，2015，46 (19)：26-29，34.

[25] 陈春华，程海云，肖志远．长江水文信息化建设实践与发展思考 [J]．人民长江，2015，46（3）：70-73.

[26] 艾萍，陈雅莉，程海云，等．水文信息资源统一组织平台的实现 [J]．水利信息化，2010（6）：1-4.

[27] 邹冰玉，高珺，李玉荣．通用型水文预报平台开发与应用 [J]．人民长江，2011，42（6）：101-105.

[28] 王俊．加强水情预报能力建设　提升长江水资源综合利用服务水平——长江水情预报技术发展现状及展望简述 [J]．人民长江，2011，42（6）：1，6.

[29] 高珺，邹冰玉，欧阳春，等．基于.NET 的组件技术在预报调度系统中的应用 [J]．人民长江，2011，42（6）：114-116.

[30] 孙春鹏，周砺，王金星．中央报汛站现状与发展研究 [J]．水文，2010，30（2）：80-83.

[31] 李磊，孙春鹏，尹志杰，等．全国水情预警公共服务系统设计与实现 [J]．水文，2015，35（3）：26-30.

[32] 刘志雨．2017 年防汛防台风水文监测预报预警工作实践与启示 [J]．中国防汛抗旱，2017，27（6）：70-73.

[33] 訾丽，杨文发，袁雅鸣，等．基于临界雨量的山洪灾害预警技术试验研究 [J]．人民长江，2015，46（11）：10-14.

[34] 邹冰玉．相应流量自动化实时报汛技术研究与应用 [J]．人民长江，2011，42（4）：54-57.

[35] 王容，尹志杰，赵兰兰．基于 Web Service 的水情信息交换系统设计与实现 [J]．水利信息化，2014（3）：14-20.

[36] 水利部长江水利委员会．长江流域水旱灾害 [M]．北京：中国水利水电出版社，2002.

[37] 河南省气象局，等．江河流域面雨量等级：GB/T 20486—2006 [S]．北京：中国标准出版社，2006.

[38] 水利部水文局，南京水利科学研究院．中国暴雨统计参数图集 [M]．北京：中国水利水电出版社，2006.

[39] 水利部水文局，水利部长江水利委员会水文局．1998 年长江暴雨洪水 [M]．北京：中国水利水电出版社，2002.

[40] 闵要武，王俊，陈力．三峡水库入库流量计算及调洪演算方法探讨 [J]．人民长江，2011，42（6）：49-52.

[41] 周新春，闵要武，冯宝飞，等．大型水库中小洪水实时预报调度技术在三峡水库中的应用 [J]．水文，2011，31（S1）：180-184.

[42] 李玉荣，许银山，闵要武，等．三峡水库实时调度水文气象预报应用风险及控制 [J]．人民长江，2015，46（23）：15-19，28.

[43] 许银山，李玉荣，闵要武．三峡水库水文气象预报不确定性及误差分布分析 [J]．人民长江，2015，46（21）：27-32，54.

[44] 闵要武，张俊，邹红梅．基于来水保证率的三峡水库蓄水调度图研究 [J]．水文，2011，31（3）：27-30.

[45] 张俊，闵要武，陈新国．三峡水库动库容特性分析 [J]．人民长江，2011，42（6）：90-93.

[46] 陈瑜彬，杨文发．基于水量平衡的月水资源量长期预测方案探讨 [J]．人民长江，2013，44（11）：9-13.

[47] 王俊．长江流域水资源综合管理决策支持系统研究 [J]．人民长江，2012，43（21）：6-10，20.

[48] 熊莹，王俊．长江水文测验体系创新实践与方向性问题探讨 [J]．华北水利水电大学学报（自然科学版），2017，38（2）：11-15.

[49] 王俊．长江水文技术进步与展望 [J]．人民长江，2010，41（4）：107-113.

[50] 杨文发．长江流域堰塞湖水文应急预报实践及对策 [J]．人民长江，2011，42（6）：61-64.

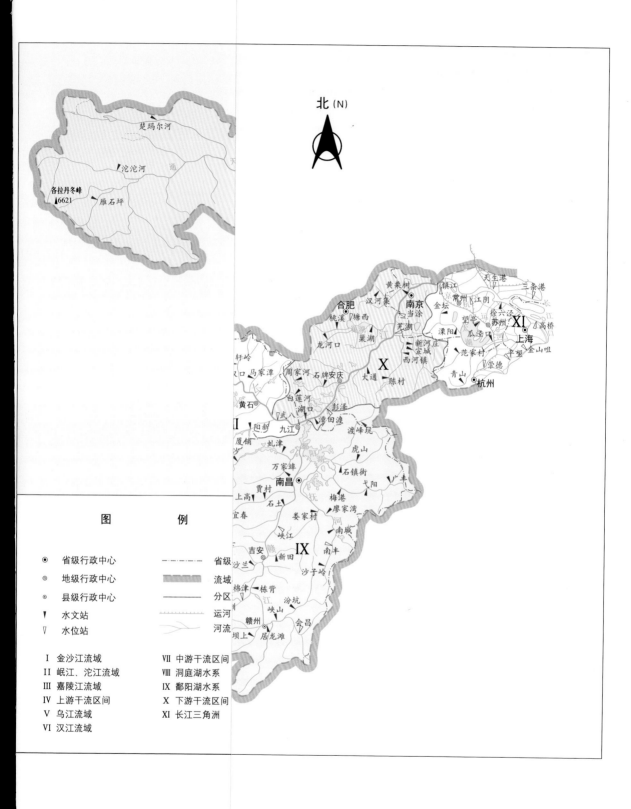

北 (N)

图　例

⊙	省级行政中心	—·—·—	省级
◎	地级行政中心		流域
◦	县级行政中心	———	分区
▼	水文站		运河
▽	水位站		河流

I 金沙江流域　　　VII 中游干流区间
II 岷江、沱江流域　VIII 洞庭湖水系
III 嘉陵江流域　　　IX 鄱阳湖水系
IV 上游干流区间　　X 下游干流区间
V 乌江流域　　　　XI 长江三角洲
VI 汉江流域